国家示范性高等职业院校建设规划

电机及拖动

主　编　龚在礼　肖　兰
副主编　张丽娟　狄藤藤
主　审　陈　芳

黄河水利出版社
·郑州·

内容提要

本书是国家示范性高等职业院校建设规划教材，是为满足国家示范性高职院校四川电力职业技术学院重点建设项目水电站动力设备与管理专业建设的需要，根据教育部水电站动力设备与管理专业及专业群人才培养方案和电机及拖动课程标准的要求编写而成的。本书针对我国当前高等职业教育改革的现状，为适应日益兴起的行动导向教学的需要而编写，共分5个学习项目，主要内容有：变压器及运行，三相异步电动机及拖动，直流电动机及拖动，三相同步电动机及拖动，电动机的控制与选择等。

本书可作为高等职业院校、高等专科学校、成人高等学校及职工培训的机电一体化、工业电气自动化、电气技术等专业的教材，也可作为电气类、机电类专业技术人员的参考书。

图书在版编目（CIP）数据

电机及拖动/龚在礼，肖兰主编．—郑州：黄河水利出版社，2013.6

国家示范性高等职业院校建设规划教材

ISBN 978-7-5509-0466-8

Ⅰ.①电… Ⅱ.①龚… ②肖… Ⅲ.①电机-高等职业教育-教材 ②电力传动-高等职业教育-教材 Ⅳ.①TM3 ②TM921

中国版本图书馆CIP数据核字（2013）第085607号

组稿编辑：王路平　电话：0371-66022212　E-mail：hhslwlp@163.com

出 版 社：黄河水利出版社

地址：河南省郑州市顺河路黄委会综合楼14层　邮政编码：450003

发行单位：黄河水利出版社

发行部电话：0371-66026940、66020550、66028024、66022620（传真）

E-mail：hhslcbs@126.com

承印单位：黄河水利委员会印刷厂

开本：787 mm×1 092 mm　1/16

印张：12

字数：280千字　　印数：1—1 000

版次：2013年6月第1版　　印次：2013年6月第1次印刷

定价：26.00元

前 言

本书是根据《教育部关于全面提高高等职业教育教学质量的若干意见》(教高[2006]16号)、《教育部关于推进高等职业教育改革创新引领职业教育科学发展的若干意见》(教职成[2011]12号)等文件精神,在全国水利水电高职教研会指导下,用中央财政安排的"支持高等职业学校专业建设"项目经费组织编写的教材。

本套教材以学生能力培养为主线,以工作任务为载体,融"教、学、练、做"为一体,适合开展项目化教学,体现实用性、实践性和创新性的特色,是一套紧密联系生产实际的高职高专教育精品规划教材。

电机及拖动是高等职业技术院校机电一体化、工业电气自动化、电气技术等专业的主干课程。它将传统的电机学、电力拖动、控制电路等内容进行解构,按照工作过程中对知识与技能的需求进行重构,最终形成本教材,通过学习和实践,学生可获得工作中所需的职业技能。

本书主要讲述变压器认知及运行,变压器的运行分析及故障处理,三相异步电动机认知及运行,三相异步电动机的运行分析,三相异步电动机的电力拖动,直流电动机认知及运行,直流电动机的电力拖动,三相同步电动机认知及运行,三相同步电动机的电力拖动,三相异步电动机的控制,电动机的选择等几部分内容。

本书由四川电力职业技术学院承担编写工作,编写人员及编写分工如下:前言、项目2、项目3由龚在礼编写,项目1由狄藤藤编写,项目4由肖兰编写,项目5、拓展阅读部分由张丽娟编写。全书由龚在礼、肖兰担任主编,由龚在礼负责全书统稿;由张丽娟、狄藤藤担任副主编;由湖南水利水电职业技术学院陈芳担任主审。

本书在编写过程中参阅了有关文献,特对相关文献作者致以衷心的感谢。

由于编写时间紧,理论和实践经验不足,错误和遗漏在所难免,恳请广大读者对本书提出宝贵意见。

编 者

2013年1月

目 录

项目1 变压器及运行

项目描述

变压器是用来改变电压的设备,在电力系统中被广泛使用。对电力用户,其使用的电源一般是从各用户的配电变压器取得的。因此,工厂、矿山、电气化铁路、学校、企事业单位、乡镇均有自己的配电变压器,故配电变压器的使用就更为广泛。

本项目通过配电变压器的吊芯检查、运行中的巡视检查,熟悉变压器、学习变压器的基本结构与基本原理。通过变压器的空载与短路试验,测定并计算变压器的空载参数和短路参数,学习变压器电动势与磁通的关系、磁动势平衡方程式、电动势平衡方程式、折算、等效电路等知识。通过三相变压器连接组别测定,学习三相变压器并联运行的条件与方法、变压器的空载投入与突然短路等知识。

任务1.1 变压器认知及运行

【学习目标】

1. 技能目标

(1)能进行变压器的吊芯检查;

(2)能监视变压器的运行情况,能对变压器进行巡回检查与维护,能正确填写变压器运行日志、值班记录及其他相关运行记录;

(3)能收集与工作学习相关的信息,能使用各种信息资源完成学习与工作任务,工作结束后能对工作过程和成果进行反思及评价。

2. 知识目标

(1)熟知变压器铭牌、基本结构、基本原理;

(2)知道变压器运行中巡视检查及维护项目。

3. 素质目标

养成与团队成员友好相处、团结协作,动手动脑,遵守劳动纪律与规章制度的好习惯。

【任务描述】

1. 在实训室或工厂对变压器进行吊芯检查

2. 在实训室或工厂对变压器进行巡视检查,在实训室或工厂维护变压器

【任务准备】

1. 变压器进行吊芯检查所需的知识、设备和工具

知识:变压器的铭牌、基本原理和基本结构。

实训设备:配电变压器(实训室里用连接组别为 Y,yn0 的 10/0.4 kV 配电变压器)。

起重设备:手拉葫芦、三角钢架、钢丝绳、绳索、道木等。

运输设备:液压推车。

消防设备:灭火器。

工具:扳手、平口螺丝刀、软毛刷。

仪表:500 V 兆欧表、1 000 V 兆欧表、2 500 V 兆欧表、单臂电桥、温度计。

安全用具:安全帽、防护手套。

2. 变压器的巡视检查和日常维护所需的知识、设备和仪器

知识:变压器的结构、检查和维护项目。

设备:配电变压器。

仪器:温度计。

【任务实施】

一、联系实习地点、确定实习时间、联系实习用车辆。

二、实习动员:安全教育,下达实习任务书,明确实习内容、时间安排及实习成果等。

三、入厂安全教育。

四、实施过程。

(一)变压器吊芯检查

1. 变压器外部检查

(1)检查变压器油位计中油的油色。新油一般为浅黄色,运行一段时间氧化后颜色变深,呈浅红色。运行中油的颜色迅速变暗,表明油质变坏。

(2)检查吸湿器中硅胶的颜色。如超过 2/3 的硅胶已由浅蓝色变成粉红色,则说明硅胶已饱和吸湿,已失去作用,应及时换用干燥的硅胶或对受潮硅胶进行还原处理后再用。

(3)检查绝缘套管是否清洁,有无破损裂纹及放电烧伤痕迹。

(4)检查外壳是否有机械损伤及锈蚀,渗透油部位应做出标记。

(5)检查接地是否良好。

2. 变压器试验

(1)绝缘电阻测量。用兆欧表检测变压器高压绕组对低压绕组绝缘电阻值、高压绕组对外壳绝缘电阻值、低压绕组对外壳绝缘电阻值,记录数据并与绝缘电阻要求值(查运行手册)进行比较,判断变压器的绝缘电阻是否符合要求。

(2)用单臂电桥测试变压器三相电阻平衡情况。GB/T 6451—1999 中规定:对于 1 600 kVA 及以下的变压器,直流电阻不平衡率,相为 4%、线为 2%;2 000 kVA 及以上的变压器,直流电阻不平衡率,相为 2%(有中性点引出时)、线为 1%(无中性点引出时)。

3. 吊芯

(1)将变压器移至检查工位。将三角钢架和手拉葫芦置于指定位置,放置好道木。用液压推车将变压器移至检查工位,置于道木上,用绳索固定好三角钢架。

(2)拆下套管、储油柜、调压分接开关操作机构和大盖螺栓。

(3)起吊装置的检查和起吊时的绑扎。起吊之前,必须认真检查起重用钢丝绳的强

度和挂钩的可靠性。钢丝绳穿过油箱上部的吊环并挂于手拉葫芦挂钩上。钢丝绳每边与铅垂线之间的夹角不可大于30°,以免钢丝绳受力过大,或将吊环拉弯。当该角过大时,应适当加长钢丝绳,或加木撑。起吊时应有专人指挥,变压器周围要有人监视,防止铁芯、绕组及绝缘部件与油箱碰撞损坏。

(4)起吊。对于3 200 kVA及以下的变压器(油箱顶盖与铁芯连成一体的中小型变压器)器身和箱盖一起吊出。

4. 吊芯后的检查

(1)冲洗器身。吊芯后,首先对器身进行冲洗,清除油泥和积垢,用干净的变压器油按照从下到上,再从上到下的顺序冲洗一次。不能直接冲到的地方,可用软刷刷洗,器身的沟凹处可用木片缠上浸有变压器油的布擦洗。切勿用碱水刷洗,以免碱水残留于油中影响油质。油箱外部可用碱水清洗。

(2)检查螺栓、螺母。检查器身和箱盖上的全部螺栓、螺母,对松动的加以紧固。若有螺栓缺螺母,则一定要找到该螺母,将它拧紧在原位置,决不允许它散落在油箱内、器身中。

(3)检查绕组。检查各绕组是否有松动、位移和变形,绕组间隔衬垫是否牢固,木夹件是否完好。检查并清理绕组中的纵、横向油道,使其畅通。

(4)检查铁芯。铁芯是否紧密、整齐,硅钢片漆膜是否完好、颜色有无异常。检查铁芯接地是否牢固而有效,铁芯与绕组间的油道是否畅通。

(5)检查铁轭夹件和穿心螺杆的绝缘状况。检查时,用兆欧表测定它们对铁芯(地)的绝缘电阻。测量时,取下接地铜片,检查铁轭和穿心螺栓是否松动,再用1 000 V兆欧表测绝缘电阻。对10 kV及以下的变压器,绝缘电阻值不应低于2 MΩ。若测得绝缘电阻值很低,可能是绝缘损坏(夹件的绝缘纸板和穿心螺栓的绝缘纸管),应予以更换。

(6)引出线的检查。绕组的引出线应包扎严密、牢固和焊接良好。引出线与分接开关和套管连接正确、接触紧密。引出线间的电气距离符合要求。

(7)检查绕组和引出线的绝缘是否老化,从外观上对绝缘优劣的评定有以下几种情况:

①绝缘物富有弹性,色泽新鲜均衡,用手压无残留变形,为良好绝缘。

②绝缘物颜色较深,质地较硬,用手压无裂痕和脱落,为合格绝缘。

③绝缘物变脆,颜色深暗,用手压有轻微裂纹和变形,为不可靠绝缘,应予以更换。

④绝缘物已碳化发脆,用手压显著变形、开裂和损坏。这种绝缘必须更换,重绕绕组。

检查绕组整体绝缘的同时,还应对局部绝缘的老化迹象进行检查。局部绝缘老化往往是由于绕组内有故障或隐患造成的。发现局部绝缘老化,应立即停运,及时查出故障和故障点,并进行处理。

(8)检查油箱和散热器。清除它们内部的积垢,擦洗干净后,用合格的变压器油清洗一遍。

5. 组装变压器

按照与拆卸相反的顺序组装变压器,组装过程中注意不得损伤变压器各结构部件,油箱的密封要良好。

（二）变压器的巡视检查和维护

1. 变压器的巡视检查

严密监视变压器的电压、电流在规定的范围内运行，各项运行参数包括电压、电流、功率、上层油温、线圈温度。

按表 1-1 所列顺序和内容逐一检查，并将检查结果填入表 1-1 中。

表 1-1 变压器监视与检查内容及其记录

序号	监视与检查内容	检查结果
1	名称、标志齐全，完好	
2	本体温度计值与遥测值相符	
3	借助物件听本体内部声响无异常	
4	本体各部件无渗漏	
5	本体接地体完好、无锈蚀	
6	油位、油色正常，油枕及与油枕相连的油路无渗漏	
7	瓦斯继电器无气体且其他均正常	
8	吸湿器硅胶颜色符合相关规定	
9	瓷瓶无裂纹、破损现象，无放电痕迹，无渗漏现象	
10	避雷器瓷瓶无裂纹，构架正常	
11	避雷器计数器密封良好，指示正确	
12	避雷器接地引线接头无锈蚀、焊接良好	
13	避雷器内部无异常声音	

2. 变压器的维护

(1) 保持变压器区域的清洁。

(2) 定期（一般一周）切换运行变压器冷却装置的备用电源和冷却器。

(3) 吸湿器内有 2/3 的吸附剂变色时应进行更换。

(4) 定期（一般一年）应对变压器冷却器清扫一次。

(5) 定期（一般一年）应对变压器的套管清扫一次。

(6) 定期（一般一年）应对变压器的各种控制箱、二次回路检查和清扫一次。

(7) 定期（一般半年）应对变压器进行取油样分析。

(8) 在更改变压器分接头前后一周各进行一次取油样分析。

【相关知识】

1.1.1 变压器的铭牌

油浸式电力变压器在电力系统中使用最广泛，三相油浸式电力变压器外形如图 1-1 所示。

在其油箱的外壳上，都装有一块金属制成的铭牌，铭牌上标注有与运行管理有关的型号和额定值，如图 1-2 所示。

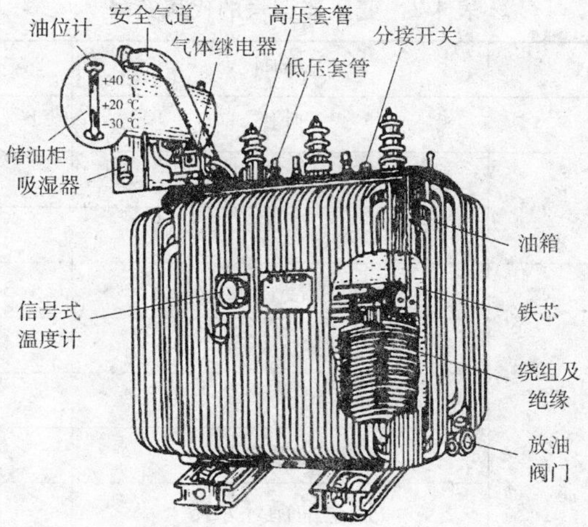

图 1-1　三相油浸式电力变压器外形

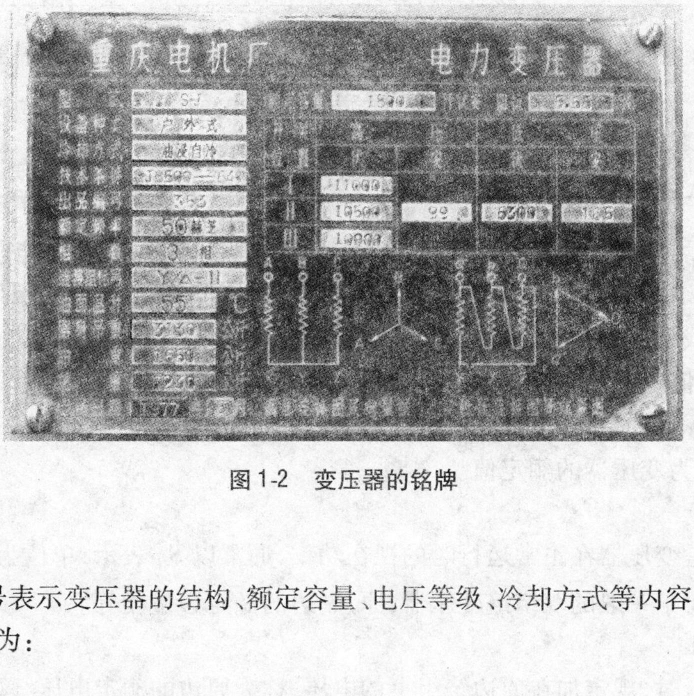

图 1-2　变压器的铭牌

1.1.1.1　型号

变压器型号表示变压器的结构、额定容量、电压等级、冷却方式等内容，由字母和数字组成，表示方法为：

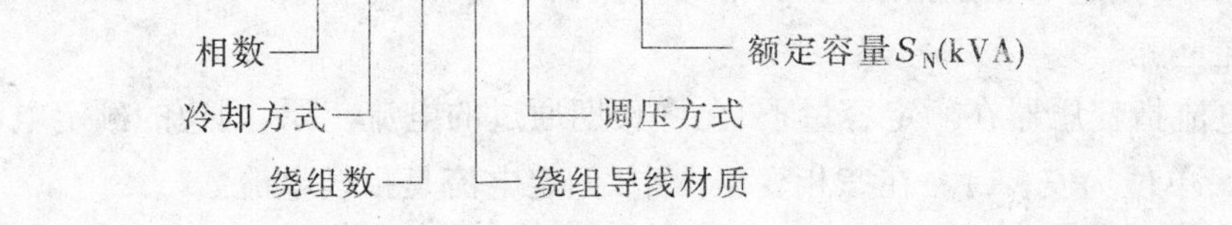

电力变压器产品型号的代表符号如表 1-2 所示。

表1-2　变压器型号的代表符号

分类	类别	代表符号
绕组耦合方式	自耦	O
相数	单相	D
	三相	S
冷却方式	油浸自冷	—
	油浸风冷	F
	油浸水冷	S
	强迫油循环风冷	FP
	强迫油循环水冷	SP
绕组数	双绕组	—
	三绕组	S
绕组导线材质	铜	—
	铝	L
调压方式	无励磁调压	—
	有载调压	Z

例如：SFPL－6300/110 表示三相强迫油循环风冷双绕组铝线、额定容量 6 300 kVA、高压额定电压 110 kV 电力变压器。OSFPSZ－250000/220 表示自耦三相强迫油循环风冷三绕组铜线有载调压、额定容量 250 000 kVA、高压额定电压 220 kV 电力变压器。

1.1.1.2　额定值

按照国家标准规定，标注在铭牌上的，代表变压器在规定使用环境和运行条件下的主要技术数据，称为变压器的额定值。

1. 额定容量

额定容量是变压器在正常运行时的视在功率，通常以 S_N 表示，单位为伏安（VA）或千伏安（kVA）。对于一般的双绕组变压器，原、副边的额定容量相等。

2. 额定电压

在正常运行时，规定加在原边绕组上的电压，称为原边的额定电压，以 U_{1N} 表示。

当原边绕组加额定电压时，副边绕组的开路电压即为副边额定电压，以 U_{2N} 表示。在三相变压器中，额定电压是指线电压，单位为伏（V）或千伏（kV）。

3. 额定电流

额定电流指变压器在额定容量下，允许长期通过的电流。原、副边的额定电流分别用 I_{1N}、I_{2N} 表示，单位为安（A）。在三相变压器中，额定电流是指线电流。

4. 额定频率

额定频率指规定的电源频率，我国以及大多数国家的额定工业频率为 $f_N = 50$ Hz。

额定容量、额定电压和额定电流之间的关系为

单相变压器：$$S_N = U_{1N}I_{1N} = U_{2N}I_{2N}$$

三相变压器：$$S_N = \sqrt{3}\,U_{1N}I_{1N} = \sqrt{3}\,U_{2N}I_{2N}$$

此外，变压器的铭牌上还标注额定运行时的效率、温升等。描述变压器特点的相数、连接组别、短路电压、运行方式、冷却方式、绝缘等级等也均标注在铭牌上。

1.1.2 变压器的基本原理及分类

1.1.2.1 变压器的基本原理

变压器是利用电磁感应定律工作的，它将一种电压等级的交流电能转换成同频率的另一种电压等级的交流电能。变压器基本原理如图1-3所示，在一个闭合的铁芯上缠绕两个与铁芯绝缘的线圈，一个与电源相连，接受交流电能，通常称为原边绕组（一次侧绕组），以A、X标注其出线端；一个与负载相连，送出交流电能，通常称为副边绕组（二次侧绕组），以a、x标注其出线端。与原边绕组相关的物理量均以下角标"1"来表示，与副边绕组相关的物理量均以下标"2"来表示。例如原边的匝数、电压、电动势、电流分别以N_1、u_1、e_1、i_1来表示；副边的匝数、电压、电动势、电流分别以N_2、u_2、e_2、i_2来表示。

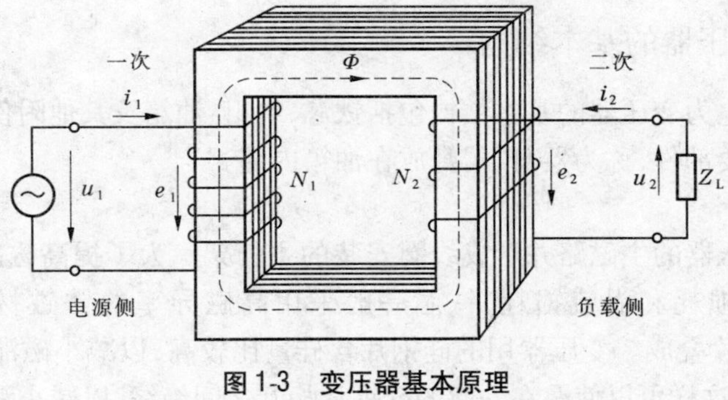

图1-3 变压器基本原理

当原边绕组接入电压为u_1的交流电源时，原边绕组有交流电流i_1流过，便会在铁芯中产生与电源电压同频率的交变磁通Φ。这个磁通同时与原、副边绕组相交链，并在原、副边绕组中感应出电动势e_1、e_2，当副边绕组接上负载时，就有交流电流i_2流过副边绕组和负载，达到了传递交流电能的目的。

根据电磁感应定律，在原、副边绕组感应出的电动势e_1、e_2分别为

$$e_1 = -N_1\frac{d\Phi}{dt}$$

$$e_2 = -N_2\frac{d\Phi}{dt}$$

由于原、副边绕组匝数不等，使得原、副边感应电动势e_1、e_2不相同，由于$e_1 \approx u_1$、$e_2 \approx u_2$，故原、副边绕组端电压u_1、u_2亦不相同，达到了变压的目的。

令
$$\frac{e_1}{e_2} = \frac{N_1}{N_2} \approx \frac{u_1}{u_2} = k$$

k 即为变压器的变比。对降压变压器而言,原边绕组即为高压绕组,副边绕组则是低压绕组;对升压变压器而言,原边绕组为低压绕组,副边绕组则是高压绕组。

1.1.2.2 变压器的分类

电力变压器在电力系统中得到了广泛的应用,它的种类很多,可以从不同的角度予以分类。

(1)按用途分类:电力变压器(又可分为升压变压器、降压变压器、配电变压器等)、仪用变压器(电流互感器、电压互感器)、试验用变压器、整流变压器等。

(2)按绕组数目分类:双绕组、三绕组、多绕组、自耦变压器(单绕组)。

(3)按相数分类:单相、三相和多相变压器。

(4)按铁芯结构分类:芯式、壳式变压器。

(5)按调压方式分类:无载调压、有载调压变压器。

(6)按绝缘介质分类:油浸式、干式变压器。

(7)按冷却方式分类:空气冷却、油浸自冷式、油浸风冷式、油浸强迫油循环式变压器。

(8)按容量大小分类:小型(≤630 kVA)、中型(800 ~ 6 300 kVA)、大型(8 000 ~ 63 000 kVA)和特大型变压器(≥90 000 kVA)。

不管如何进行分类,其工作原理及性能都是一样的。

1.1.3 电力变压器的基本结构

三相油浸式电力变压器的基本结构包括铁芯、绕组、油箱及其他附件等,其中铁芯、绕组是变压器的主要部件,称为器身,器身放在油箱内部。

1.1.3.1 铁芯

铁芯构成变压器的主磁路并形成线圈安装的主骨架。为了提高磁路的导磁性能,减小铁芯中的磁滞损耗和涡流损耗,铁芯一般采用高磁导率的铁磁材料,即用 0.35 ~ 0.5 mm厚的硅钢片叠成。变压器用的硅钢片含硅量比较高,以减小磁滞损耗。硅钢片两面均涂有绝缘漆,这样可以使叠在一起的硅钢片相互之间绝缘,以减小涡流损耗。

电力变压器铁芯主要采用芯式结构,如图 1-4 所示。图 1-4(a)为三相芯式变压器铁芯,图 1-4(b)为单相芯式变压器铁芯。三相变压器铁芯是由三个铁芯柱和上、下铁轭构成的闭合磁路。在每个铁芯柱上,双绕组变压器套有 2 个绕组,三绕组变压器套有 3 个绕组。绕组对铁芯应绝缘,铁芯对油箱也应绝缘。铁芯一点接地是通过接地引线经箱体顶部铁芯接地套管引出,在箱体外接地来实现的。在大容量的变压器中,为使铁芯损耗发出的热量能够被绝缘油在循环时充分带走,以达到良好的冷却效果,常在铁芯中设有冷却油道。

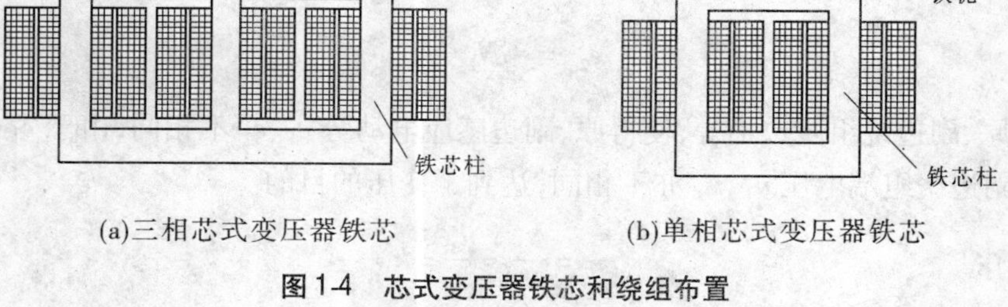

(a)三相芯式变压器铁芯　　(b)单相芯式变压器铁芯

图 1-4　芯式变压器铁芯和绕组布置

小容量变压器多采用壳式结构，如图 1-5 所示。

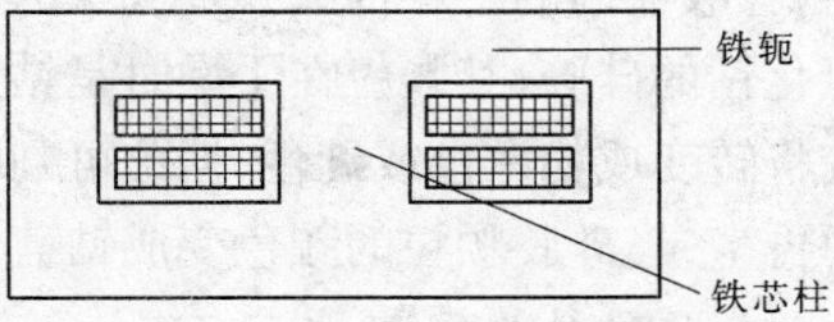

图 1-5 壳式变压器铁芯和绕组布置

1.1.3.2 **绕组**

绕组构成变压器的电路部分。它由铜线或铝导线包绕绝缘纸以后绕制而成，按照线圈绕制的特点，可以分为圆筒式、螺旋式、连续式和纠结式等。在电力变压器中，高压绕组常采用纠结式，低压绕组常采用连续式。高压绕组电压高，绝缘要求高，如果高压绕组在内，离变压器铁芯近，则应加强绝缘，提高了变压器的成本造价。因此，为了绝缘方便，低压绕组紧靠铁芯，高压绕组则套装在低压绕组的外面。两个绕组之间留有油道，既可以起绝缘作用，又可以使油把热量带走。

1.1.3.3 **变压器油**

高、低压绕组和铁芯构成的器身应放在充满油的油箱中。变压器油有两个作用：一是起绝缘作用，因为油的绝缘性能比空气好，可以提高绕组的绝缘强度；二是起散热作用，因为油受热后的对流，可以将绕组和铁芯中的热量带到冷却器，再由冷却器散发到空气中去。对变压器油的要求是介电强度和着火点要高，黏度小，水分和杂质尽可能少。对运行中的变压器油应定期作全面的色谱分析和油质化验。

1.1.3.4 **油箱及其他附件**

1. 油箱

油浸式变压器的器身（绕组及铁芯）都装在充满变压器油的油箱中，油箱用钢板焊成。中小型变压器的油箱由箱壳和箱盖组成，变压器的器身放在箱壳内，将箱盖打开就可吊出器身进行检修。大中型变压器，由于器身庞大和笨重，起吊器身不便，都做成箱壳可吊起的结构。这种箱壳好像一只钟罩，当器身要检修时，吊去较轻的箱壳，即上节油箱，器身便全部暴露出来了。

大容量变压器的油箱广泛采用全封闭结构，即主油箱与油箱顶部钢板之间或上节油箱与下节油箱之间都采用焊接焊死，不使用密封垫，以防止密封不牢靠。为便于检修，在适当部位开有人孔门或手孔门。

漏油是油箱常见的问题。

2. 油枕

油枕又叫储油柜，是一种油保护装置，它是由钢板做成的圆筒形容器，水平安装在变压器油箱盖上，用弯曲管与油箱连接。油枕的一端装有一个油位计（油标管），从油位计中可以监视油位的变化。油枕的容积一般为变压器油箱所装油体积的 8% ~10%。

当变压器油的体积随着油的温度膨胀或缩小时，油枕起着储油及补油的作用，从而保证油箱内充满油。同时，由于装了油枕，变压器油与空气的接触面缩小，减小了油的劣化速度。

为防止油与大气接触，大型变压器常用隔膜式油枕和胶囊式油枕。

3. 呼吸器

呼吸器又称吸湿器，通常由一根管道和玻璃容器组成，内装干燥剂（硅胶或活性氧化铝）。当油枕内的空气随变压器油的体积膨胀或缩小时，排出或吸入的空气都经过呼吸器,呼吸器内的干燥剂吸收空气中的水分,对空气起过滤作用,从而保持油的清洁。浸有氯化钴的硅胶,其颗粒在干燥时是钴蓝色的,但是随着硅胶吸收水分接近饱和时,粒状硅胶将转变成粉白色或红色,据此可判断硅胶是否已失效。受潮后的硅胶可通过加热烘干而再生,当硅胶颗粒的颜色变成钴蓝色时,再生工作就完成了。

4. 压力释放装置

压力释放装置在保护电力变压器方面起着重要作用。充有变压器油的电力变压器中,如果内部出现故障或短路,电弧放电就会在瞬间使油汽化,导致油箱内压力极快升高。如果不能极快释放该压力,油箱就会破裂,将易燃油喷射到很大的区域内,可能引起火灾,造成更大破坏,因此必须采取措施防止这种情况发生。压力释放装置有防爆管和压力释放器两种,防爆管用于小型变压器,压力释放器用于大中型变压器。

(1)防爆管。防爆管装于变压器的顶盖上,喇叭形的管子与大气连接,管口有薄膜封住。当变压器内部有故障时,油温升高,油剧烈分解产生大量气体,使油箱内压力剧增。当油箱内压力升高至 5×10^4 Pa 时,防爆管薄膜破碎,油及气体由管口喷出,防止变压器的油箱爆炸或变形。

(2)压力释放器。压力释放器与防爆管相比,具有开启压力误差小、延迟时间短(仅 2 ms)、控制温度高、能重复动作使用等优点,故被广泛应用于大中型变压器上。

压力释放器也称减压器,装在变压器油箱顶盖上,类似锅炉的安全阀。当油箱内压力超过规定值时压力释放器密封门(阀门)被顶开,气体排出,压力减小后,密封门靠弹簧压力又自行关闭。可在压力释放器投入前或检修时将其拆下来测定和校正其动作压力。

压力释放器动作压力的调整,必须与气体继电器动作流速的整定相协调。如压力释放器的动作压力过低,可能会使油箱内压力释放过快而导致气体继电器拒动,扩大变压器故障范围。

压力释放器安装在油箱盖上部,一般还接有一段升高管使释放器的高度等于油枕的高度,以消除正常情况下油压静压差。

5. 散热器

散热器形式有瓦楞形、扇形、圆形、排管式等,散热面积越大、散热的效果就越好。当变压器上层油温与下部油温有温差时,通过散热器形成油的对流,经散热器冷却后流回油箱,起到降低变压器温度的作用。为提高变压器冷却效果,可采用风冷、强迫油循环风冷和强迫油循环水冷等措施。散热器的主要故障是漏油。

6. 绝缘套管

绝缘套管为瓷质材料的变压器引出线导管,使引线与油箱绝缘。

变压器绕组的引出线从箱内穿出油箱引出时必须经过绝缘套管,以使带电的引线绝缘。绝缘套管主要由中心导电杆和瓷套组成。导电杆在油箱内的一端与绕组连接,在外面的一端与外线路连接。它是变压器易出故障的部件。

绝缘套管的结构主要取决于电压等级,电压等级不同,结构不同。电压低的一般采用简单的实心瓷套管。电压较高时,为了加强绝缘能力,在瓷套和导电杆间留有一道充油层,这种套管称为充油套管。电压在 110 kV 以上,采用电容式充电套管,简称为电容式套管。电容式套管除在瓷套内腔中充油外,在中心导电杆(空心铜管)与法兰之间,还有电容式绝缘体包着导电杆,作为法兰与导电杆之间的主绝缘。

变压器套管漏油是最常见的故障,套管漏油的原因是套管上部算盘珠状橡胶密封圈和套管底部橡胶平垫老化。这两处橡胶件老化除橡胶件本身质量外,一个重要的原因是导管中导电杆两端连接处接触不良发热,尤其是导电杆下部与变压器绕组连接处螺栓松动很难发现。严重的套管故障表现为套管对外壳击穿,套管对外壳击穿的原因往往是套管出现裂纹或脏污。前述原因使导管严重发热遇雨骤然冷却,从而使导管出现裂纹或掉块。

7. 分接开关(又称切换器)

切换分接头的装置称为分接开关,其中无励磁分接开关必须在停电状态操作,而有载分接开关可以在变压器运行状态进行操作切换。

分接开关是调整变压器变比的装置。双绕组变压器的一次绕组及三绕组变压器的一二次绕组一般有3、5、7个或9个分接头位置,分接头的中间分头为额定电压的位置。3个分接头的相邻分头电压相差5%,多个分头的相邻分头电压相差2.5%或1.25%。操作部分装于变压器顶部,经传动杆伸入变压器的油箱。根据系统运行的需要,按照指示的标记来选择分接头的位置。

变压器的调压装置分为无载分接开关和有载分接开关两种。无载分接开关是在不带电情况下切换的,其结构简单。有载分接开关是在不停电情况下切换的,为了在切换过程中不致造成两切换抽头间线匝短路,必须接入一个过渡电路,通常利用一个电阻或电抗跨接在切换器的两抽头之间作为过渡。有载分接开关过渡电路结构较复杂,但其分接头可在带负荷下进行,因此在电力系统中被广泛采用。

分接开关是变压器最易出故障的部位。分接开关的故障大部分是开关的接触面烧毁。其原因是接触面不足或接触面压力不够。当近处发生短路时,因过电流的热作用使其烧毁。分接开关发生事故时,一般是瓦斯保护装置动作。

变压器分接头一般都从高压侧抽头,主要原因在于:①变压器高压绕组一般在外侧,抽头引出连接方便;②高压侧电流小,因而引出线和分接头开关的载流部分导体截面小,接触不良的问题易于解决。

从原理上讲,抽头从哪一侧抽均可,要作技术经济比较。例如500 kV大型降压变压器抽头是从220 kV侧抽出的,而500 kV侧是固定的。

8. 气体继电器

气体继电器构成的瓦斯保护是变压器的主要保护措施之一,它可以反映变压器内部的各种故障及异常运行情况,如油位下降、绝缘击穿、铁芯、绕组等受潮、发热或放电故障等,且动作灵敏迅速、结构连线简单、维护检修方便。气体继电器还有一个难能可贵的优点,就是对匝间短路等轻微故障产生的少量气体存积到一定"量"而动作,有"故障积累"的功能。

气体继电器装设于变压器油箱与油枕之间的连管上,继电器上的箭头方向应指向油枕并要求有1%~1.5%的安装坡度,以保证变压器内部故障时所产生的气体能顺利地流向气体继电器。

安装在地震度为七级以上地区的变压器,应装用防震型气体继电器。除特殊情况外,800 kVA以下变压器,无气体继电器。

1.1.3.5 冷却方式

工厂用配电变压器冷却方式主要有油浸自冷、油浸风冷两种，其他冷却方式在此不作介绍。

1. 油浸自冷

油浸自冷即为油在油箱内自然循环，将热量带到油箱壁，由其周围空气对流传导进行冷却。变压器运行时，绕组和铁芯由于损耗产生的热量使油的温度升高，体积膨胀，密度减小，油自然向上流动，上层热油流经散热器冷却后，因密度增大而下降，于是形成了油在油箱和散热器间的自然循环流动，通过油箱壁和散热器散热而得到冷却。油浸自冷方式用于小型配电变压器。

2. 油浸风冷

油浸风冷是在油浸自冷的基础上，在散热器上加装了风扇，风扇将周围空气吹向散热器，加速散热器中油的冷却，使变压器油温迅速降低。小容量或较小容量的变压器一般采用油浸自冷或油浸风冷冷却方式。加装风冷后，可使变压器容量增加30% ~35%。

油浸风冷变压器运行时，其冷却风扇根据变压器上层油温的高低，自动投入和切除。投、切的原则是：上层油温在45 ℃以下，冷却风扇不启动，变压器无风扇运行；上层油温在55 ℃及以上，冷却风扇自动投入；低于45 ℃，风扇自动停止运行；变压器负荷在额定容量的70%及以上，冷却风扇必须投入运行。根据上述冷却风扇的启、停原则，对风扇实行自动或手动控制。油浸风冷方式常用于中型配电变压器。

1.1.4 电力变压器的巡视检查

1.1.4.1 基本要求

(1)巡视人员应严密监视变压器的电压、电流在规定的范围内运行，各项运行参数，包括电压、电流、功率、上层油温、线圈温度。

(2)每班应对运行和备用中的变压器至少巡回检查两次，每轮值应对运行和备用中的变压器至少每天巡检两次。

(3)备用中的变压器及其全部附属设备应按规定进行运行维护和巡回检查，其安全和技术规定和运行变压器一样，与运行变压器同等对待。

(4)未经调度同意，不得在备用的变压器上工作。

(5)备用变压器及其全部附属设备应经常处于完好状态，保证能随时投入运行。

(6)按照定期工作的安排对变压器进行熄灯检查，检查电气设备有无电晕放电以及过热等现象。

1.1.4.2 变压器的巡视检查

1. 变压器日常检查项目

(1)倾听变压器的声音有无增大、异常。

(2)变压器的油枕、套管的油位、油色是否正常，变压器各部是否有渗油、漏油的现象。

(3)变压器套管是否清洁，有无破裂、严重油污、损坏、放电痕迹以及其他异常现象。

(4)变压器的油温和温度计应正常，油枕的油位应与温度对应，各部位无渗油、漏油。

(5)变压器防爆筒的隔膜是否完好，压力释放阀关闭是否严密。

(6)变压器上的瓦斯继电器通向本体的阀门应打开,瓦斯继电器应无气体。

(7)变压器连接引线接头是否有发热现象,变色漆是否变色,外壳及箱沿无异常发热,接地装置接地是否良好。

(8)变压器的进、出油阀门是否已全部打开。

(9)变压器呼吸器硅胶是否变色。

(10)变压器各引线支持绝缘子是否清洁,有无破损、裂纹、放电痕迹。

(11)变压器事故排油阀门应关严。

(12)变压器油箱外部是否有渗油、漏油的现象。

(13)变压器外部是否清洁。

(14)各控制箱和二次端子箱应关严,无受潮。

(15)干式变压器的外部表面应无积污。

(16)变压器室的门、窗、照明应完好,房屋不漏水,通风设备完好,温度正常。

(17)变压器的贮油池和排油设施应保持良好状态,通向变压器的防火门应处于关闭位置。

(18)变压器的消防设施应齐全、可靠。

2. 主变压器冷却器巡视检查

(1)检查冷却器控制箱内各切换开关的投入位置是否正确,各压接部分有无过热现象,信号指示是否正常。

(2)检查油流继电器指示是否正常。

(3)检查冷却器各部位,特别是法兰接合处是否有漏水、漏油的现象。

(4)冷却器各进、出油阀门,进、出水阀门位置正确。

(5)潜油泵运转正常,无异音和显著振动。

(6)潜油泵检修后,还应判明盘式电动机转向是否正确。

(7)冷却器的备用电源应正常。

(8)干式变压器风扇运转正常,无异音,叶片无裂纹、断裂现象,风扇电动机按《厂用电及电动机运行规程》进行检查。

3. 特殊巡视检查

在下列情况下应对变压器进行特殊巡视检查,增加巡视检查次数:

(1)新设备或经过检修、改造的变压器在72 h内。

(2)有严重缺陷时(如冷却系统不正常、严重漏油、有局部过热现象、油中溶解气体分析结果异常等)或绝缘有弱点时。

(3)气象突变(如大风、大雾、大雪、冰雹、寒潮等)时。

(4)雷雨季节特别是雷雨后。

(5)高温季节、高峰负载期间。

(6)变压器急救负载运行时。

1.1.4.3 变压器的维护保养

1. 变压器的维护保养方法

(1)每日定时抄录一次变压器的顶层油温。

(2)每周切换运行变压器冷却装置的备用电源和冷却器。

(3)吸湿器内有2/3的吸附剂变色时应进行更换。

(4)每年应对变压器冷却器清扫一次。

(5)每年应对变压器的套管清扫一次。

(6)每年应对变压器的各种控制箱、二次回路检查和清扫一次。

(7)每半年应对变压器进行取油样分析。

(8)在更改变压器分接头前后一周各进行一次取油样分析。

2. 变压器的维护保养规定

(1)为保证设备正常运行的安全可靠,变压器必须定期进行测试维护工作,发现问题要及时通知检修维护人员处理。

(2)每月应按照"电站电气设备温度监测表"的要求测量相应电气设备的温度。

(3)运行值守人员应根据变压器的运行状态进行分析,发现设备有异常趋势,应及时对设备进行维护保养,保证变压器的安全运行。

(4)各值守人员应按照要求搞好所辖变压器的清洁卫生。

(5)运行值守人员应按规定进行定期维护工作,并做好记录。

【思考问题】

1. 变压器有哪些主要的额定值?各额定值的含义是什么?

2. 有一台单相变压器,额定容量 $S_N = 250$ kVA,额定电压 $U_{1N}/U_{2N} = 10/0.4$ kV,试求一、二次侧的额定电流 I_{1N}、I_{2N}。

3. 有一台三相变压器,额定容量 $S_N = 5\ 000$ kVA,额定电压 $U_{1N}/U_{2N} = 35/10.5$ kV,Y,d连接,试求一、二次侧的额定电流 I_{1N}、I_{2N}。

4. 变压器是怎样实现能量传递的?又是如何实现变压的?

5. 变压器一次绕组接直流电源,二次绕组有电压输出吗?为什么?

6. 变压器有哪些主要部件?各部件的作用是什么?

7. 变压器铁芯为什么要用厚0.35~0.5 mm、两面涂绝缘漆的硅钢片叠成?

8. 为什么变压器的低压绕组在里面,高压绕组在外面?

9. 变压器绝缘套管起什么作用?如何根据套管的大小和出线的粗细来判别哪一侧是高压侧?

10. 变压器压力释放装置的作用是什么?有哪几种类型?各用在哪些场合?

11. 你实习的工厂变压器巡回检查的项目有哪些?与本书介绍的有何异同?为什么?

12. 你实习的工厂变压器维护的项目有哪些?与本书介绍的有何异同?为什么?

【任务评价】

评价内容

实际操作:学生在实训室或工厂对变压器进行吊芯检查,考核其解体与组装顺序,检查内容等;学生在实训室或工厂对变压器进行巡视、检查和维护,考核其巡视项目的完整性及方法的正确性。教师自行设计考核表格与评分标准进行考核。

解答思考问题:学生解答思考问题,学生根据思考题参考答案自评与互评,老师抽查并审定成绩。

职业素质养成考核:遵守安全规章制度,遵守纪律,吃苦耐劳,一丝不苟地工作,与团队成员、教师和工厂师傅进行有效的沟通、协作共事等,老师在学生的学习过程中考核成绩。

成绩构成

实际操作40%,解答思考问题40%,基本素质20%。

任务1.2 变压器的运行分析及故障处理

【学习目标】

1. 能力目标

(1)能在实训室做空载试验和短路试验,并测取相关数据;

(2)能测定三相变压器的连接组别;

(3)能判断和处理变压器的常见故障;

(4)能收集与工作学习相关的信息,能使用各种信息资源完成学习与工作任务,工作结束后能对工作过程和成果进行反思及评价。

2. 知识目标

(1)知道电动势与磁通的关系,空载电流的大小、性质与波形,绕组折算的原则与方法;

(2)知道变压器空载及负载运行时的电动势平衡方程式、等效电路、相量图和运行特性;

(3)知道变压器并联运行的条件;

(4)知道变压器的常见故障及其处理方法。

3. 素质目标

养成与团队成员友好相处、团结协作,动手动脑,遵守劳动纪律与规章制度的好习惯。

【任务描述】

1. 在实训室做单相变压器的空载试验和短路试验,测取并计算相关参数。

2. 在实训室或水电厂测定三相变压器的连接组别。

【任务准备】

1. 单相变压器的空载试验和短路试验所需的知识、设备和仪表

知识:空载运行及负载运行时的电动势平衡方程式、等效电路,绕组折算的原则与方法。

设备:电机试验台、三相组式变压器、单相调压器。

仪表:交流电压表、交流电流表、单三相智能功率表、低功率因数表。

2. 测定三相变压器的连接组别所需的知识、设备和仪表

知识:三相变压器的连接组别。

设备:三相芯式变压器,单相调压器。

仪表:交流电压表、万用表。

【任务实施】

一、联系实习地点,确定实习时间,联系实习用车辆。

二、实习动员:安全教育,下达实习任务书,明确实习内容、时间安排及实习成果等。

三、入厂安全教育。

四、实施过程。

(一)空载试验和短路试验

1. 按图1-6接线。图1-6(a)所示为空载试验接线图,图1-6(b)为短路试验接线图。

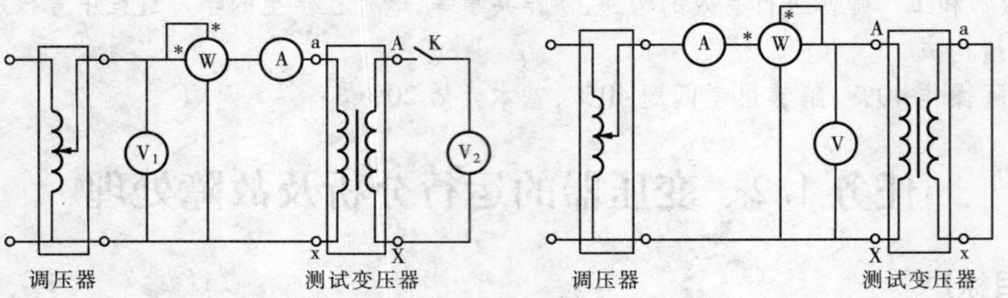

(a)空载试验　　(b)短路试验

图1-6　试验接线

2. 空载试验步骤。

(1)低压侧接110 V电源,高压侧开路。

(2)调节调压器手柄,在输出电压为零时合上开关K。

(3)测变比。

缓慢转动调压器手柄,使 U_1 的读数分别为 $0.5U_{1N}$、$0.8U_{1N}$、U_{1N},读取各个 U_1 及与各 U_1 相对应的 U_{20} 的值,填入表1-3中。

表1-3　空载试验数据(1)

序号	U_1	U_{20}	k
1			
2			
3			

(4)测空载电流与空载损耗。

变压器接通电源前,调压器手柄应旋至零位。合上电源开关K后,转动调压器手柄调节电压,使 $U_1=U_{1N}=110$ V,同时读取 U_0、I_0 和 P_0,并填入表1-4中。

表1-4　空载试验数据(2)

U_0(V)	I_0(A)	P_0(W)

(5)计算。

根据已学公式,计算 k、$I_0\%$、Z_m、R_m、X_m,并填入表1-5中。

表1-5　空载试验数据(3)

k	$I_0\%$	Z_m	R_m	X_m

3. 短路试验步骤。

(1)高压侧接220 V电源,低压侧短路。

(2)转动调压器手柄,在输出电压为零时合上开关K。

缓慢转动调压器手柄,逐渐升高电压,使 $I_k=I_N$ 时为止,读取 I_k、P_k、U_k 的数值,并填入表 1-6 中。

表 1-6　短路试验数据(1)

I_k	P_k	U_k

(3) 计算。

根据已学公式,计算 Z_k、r_k、x_k、$U_k\%$、ΔU、η、β_{max}、η_{max},并填入表 1-7 中。

表 1-7　短路试验数据(2)

Z_k	r_k	x_k	$U_k\%$	ΔU	η	β_{max}	η_{max}

(二) 测定变压器的连接组别

1. 按图 1-7 接线。A、a 两点用导线连接,然后经调压器在一次侧施加额定电压 380 V,测量电压 U_{AB}、U_{BC}、U_{Cc}、U_{Bb}、U_{ab},并填入表 1-8 中。

根据 Y,y0 连接组的相量图(见图 1-8)可知

$$U_{Bb} = U_{Cc} = (K-1)U_{ab}$$
$$U_{BC} = U_{ab}\sqrt{K^2-K-1}$$
$$K = U_{AB}/U_{ab}$$

若实测电压 U_{BC}、U_{Cc}、U_{Bb} 与利用上两式计算所得数值相同,则表示绕组连接正确,属 Y,y0 连接组别。

2. 按图 1-9 接线,即将前面试验中的变压器二次绕组首末端标记对换,然后 A 点与副边标记调换后的 a 点用导线连接,构成 Y,y6 组别。测取 U_{AB}、U_{BC}、U_{Cc}、U_{Bb}、U_{ab},并填入表 1-8 中。

根据 Y,y6 连接组的相量图 1-10 可知

$$U_{Bb} = U_{Cc} = (K+1)U_{ab}$$
$$U_{BC} = U_{ab}\sqrt{K^2+K+1}$$

若实测电压 U_{BC}、U_{Cc}、U_{Bb} 与利用上两式计算所得数值相同,则表示线圈连接正确,属 Y,y6 连接组别。

3. 按图 1-11 接线,试验前先测三角形侧的合口电压。若合口电压 $\Delta U=0$ 或接近于 0,则接线正确,若合口电压 $\Delta U=2U_N$,则有一相极性接错,必须改接后才能做试验。

试验时,将 A、a 两点用导线连接,原边经调压器接额定电压,测量电压 U_{AB}、U_{BC}、U_{Cc}、U_{Bb}、U_{ab},并将测量数据填入表 1-8 中。

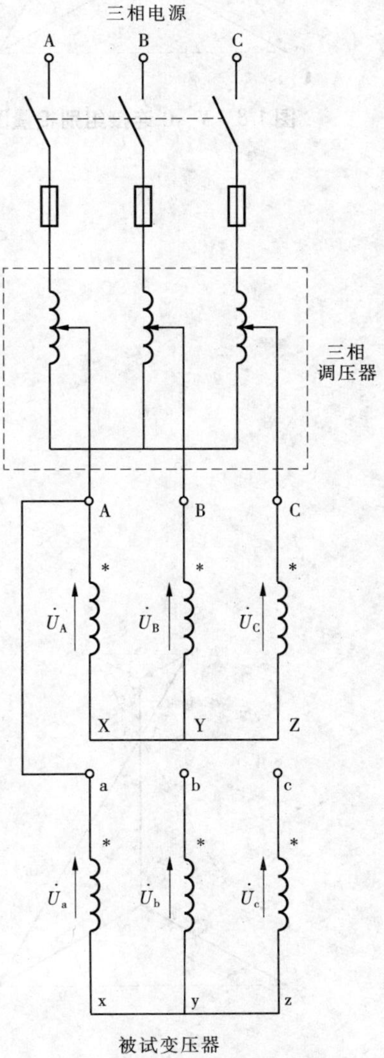

图 1-7　Y,y0 连接组别接线图

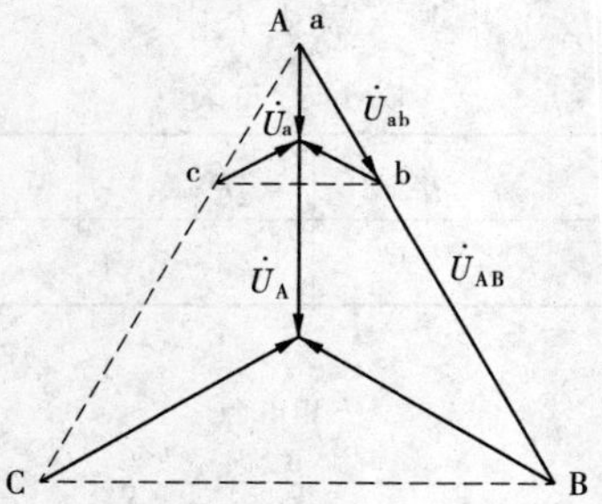

图 1-8　Y,y0 连接组别相量图

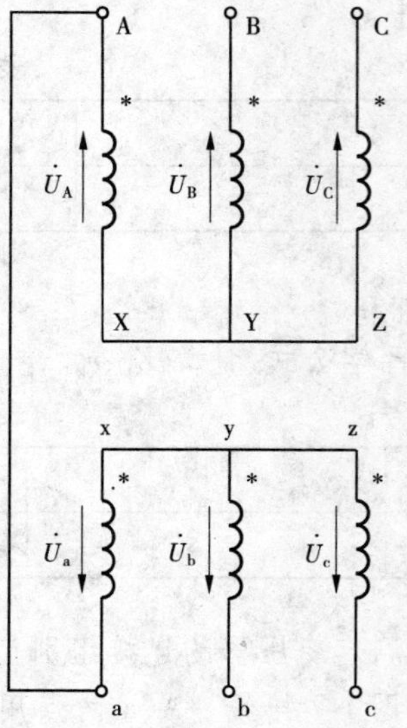

图 1-9　Y,y6 连接组别接线图

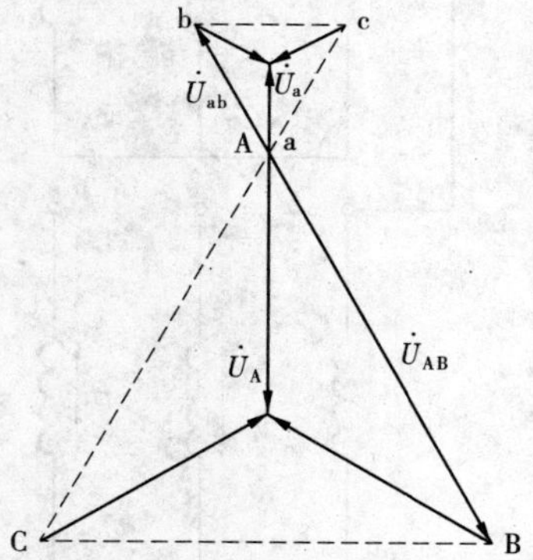

图 1-10　Y,y6 连接组别相量图

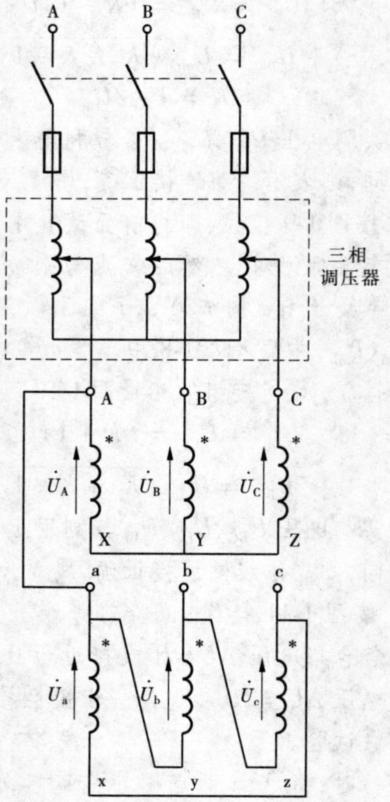

图 1-11　Y,d11 连接组别接线图

由Y,d11连接组的相量图1-12可知

$$U_{Bb} = U_{Cc} = U_{ab}\sqrt{K^2 - \sqrt{3}K + 1}$$

$$U_{BC} = U_{ab}\sqrt{K^2 - \sqrt{3}K + 1}$$

若实测电压 U_{BC}、U_{Cc}、U_{Bb} 与利用上两式计算所得数值相同,则表示线圈连接正确,属Y,d11连接组别。

4. 按图1-13接线,即将前面试验中的变压器副边线圈首末端标记对换,构成Y,d5组别。测取 U_{AB}、U_{BC}、U_{Cc}、U_{Bb}、U_{ab},并填入表1-8中。

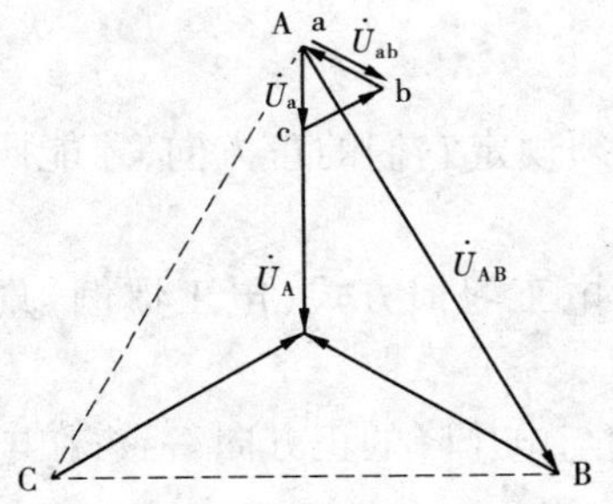

图1-12 Y,d11连接组别相量图

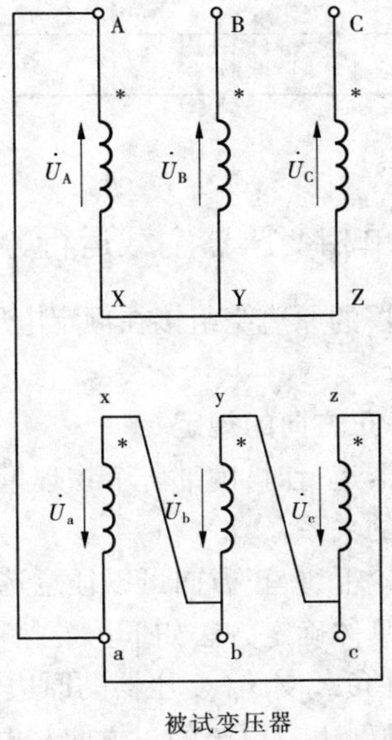

图1-13 Y,d5连接组别接线图

根据Y,d5连接组的相量图1-14可知

$$U_{Bb} = U_{Cc} = U_{ab}\sqrt{K^2 + \sqrt{3}K + 1}$$

$$U_{BC} = U_{ab}\sqrt{K^2 + \sqrt{3}K + 1}$$

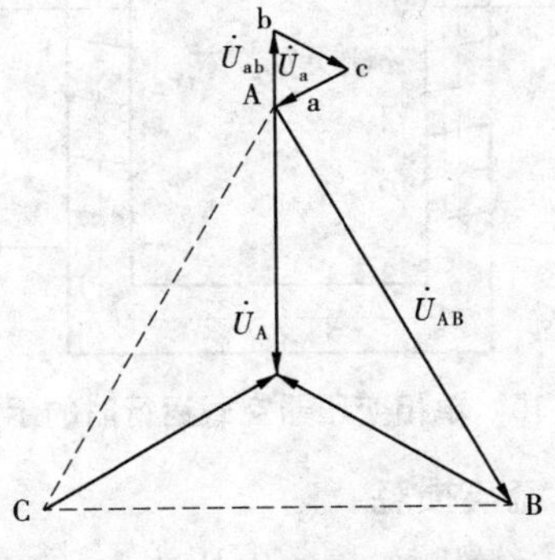

图1-14 Y,d5连接组别相量图

若实测电压 U_{BC}、U_{Cc}、U_{Bb} 与利用上两式计算所得数值相同，则表示线圈连接正确，属 Y，d5 连接组别。

表 1-8　试验数据表

连接组别	试验数据(V)					计算数据(V)			判断组别
	U_{AB}	U_{BC}	U_{Cc}	U_{Bb}	U_{ab}	U_{BC}	U_{Cc}	U_{Bb}	
Y，y0									
Y，y6									
Y，d11									
Y，d5									

【相关知识】

1.2.1　单相变压器空载运行分析

变压器的原边绕组接在额定电压、额定频率的电网上，副边绕组开路的运行状态称为空载运行。

1.2.1.1　正方向的规定

变压器运行时，内部各个物理量都是交变的，必须规定它们的正方向，才能研究各电磁量之间的关系。

从理论上讲，正方向可以任意选择，但通常可以电工习惯方式（电工惯例）规定各量正方向。具体确定方法如下：

（1）在负载支路（变压器的原边），电流的正方向与电压降的正方向一致；在电源支路（变压器的副边），电流的正方向与电动势的正方向一致。

（2）磁通的正方向与产生它的电流的正方向符合右手螺旋定则。

（3）感应电动势的正方向与产生它的磁通的正方向符合右手螺旋定则。

根据这些原则，变压器各物理量的正方向如图 1-15 所示。

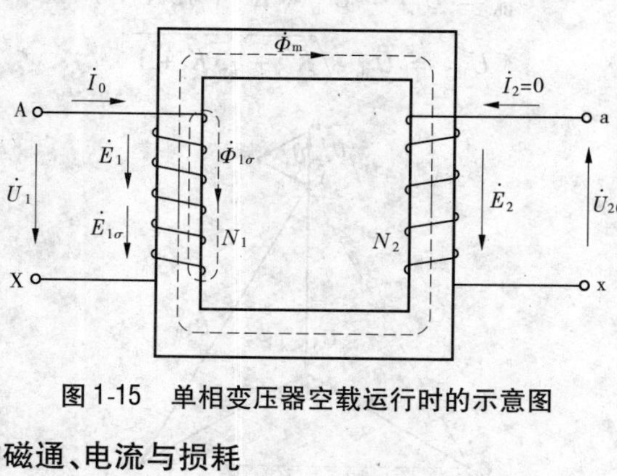

图 1-15　单相变压器空载运行时的示意图

1.2.1.2　空载运行的磁通、电流与损耗

变压器在空载运行时，原边绕组 N_1 接入电压为 u_1 的电网后，便有空载电流 i_0 流过，产生空载交变磁动势 $F_0=i_0N_1$，建立空载磁场。磁场分为两部分：一部分磁通沿铁芯闭

合，同时与原边、副边绕组相交链，称为主磁通 Φ_m，同时在原边绕组和副边绕组中感应电动势 $\dot{E}_1$ 和 $\dot{E}_2$，起到将能量从原边传到副边的作用；另一部分磁通主要沿非铁磁材料闭合，只与原边绕组相交链，称为原边漏磁通 $\Phi_{1\sigma}$，只在原边绕组中感应漏磁电动势 $\dot{E}_{1\sigma}$，起到在原边绕组中引起电压降的作用。空载时，主磁通占总磁通的绝大部分，而漏磁通大约只占主磁通的1%。

变压器的空载电流较小，为额定电流的2%～10%，与铁芯饱和程度和容量有关。铁芯饱和程度高，容量大，空载电流就大，反之则小。变压器的空载电流 i_0 一方面建立磁场，另一方面要补偿空载运行时变压器的损耗。即 i_0 有两个分量：一个是无功分量，其作用是建立空载磁场，即产生主磁通和一次侧漏磁通，其相位与主磁通相同，称为磁化电流或励磁电流；另一个是有功分量，其作用是提供空载时变压器内部的有功损耗，即铁耗和一次侧绕组的电阻损耗，其相位超前主磁通90°。

当铁芯饱和时，励磁电流和磁通之间是非线性的。若磁通为正弦波，励磁电流则是一个尖顶波。采用谐波分析方法，可将励磁电流分解成基波和一系列高次谐波。由于励磁电流关于横轴对称，故只存在奇次谐波。在工程上，通常用一个等效的正弦波代替尖顶波。且等效的正弦波与基波具有相同的频率和相位，若励磁电流是正弦波，则磁通为一平顶波。

空载时因为没有输出功率，从电源吸取的功率全部用于内部消耗，称为空载损耗。其中绝大部分为铁耗 p_{Fe}，只有极少数是原边绕组电阻产生的铜耗 p_{Cu}（即 $r_1I_0^2$），由于空载电流 I_0 和一次侧绕组电阻 r_1 均很小，所以铜耗占空载总损耗的2%左右，故 $p_0 \approx p_{Fe}$，即空载损耗近似等于铁耗。空载损耗为变压器额定容量的0.2%～1%。

1.2.1.3 电动势与磁通的关系

设主磁通按正弦规律变化，即 $\phi_m = \Phi_m \sin\omega t$，则根据电磁感应定律和规定的正方向，一、二次侧中的感应电动势瞬时值为

$$e_1 = -N_1\frac{d\phi_m}{dt} = -\omega N_1\Phi_m\cos\omega t = \sqrt{2}E_1\sin(\omega t - 90°) \tag{1-1}$$

同理

$$e_2 = \sqrt{2}E_2\sin(\omega t - 90°) \tag{1-2}$$

有效值为

$$E_1 = \frac{\omega N_1\Phi_m}{\sqrt{2}} = \frac{2\pi f N_1\Phi_m}{\sqrt{2}} = 4.44fN_1\Phi_m \tag{1-3}$$

同理

$$E_2 = 4.44fN_2\Phi_m \tag{1-4}$$

相量表达式为

$$\dot{E}_1 = -j4.44fN_1\dot{\Phi}_m \tag{1-5}$$

$$\dot{E}_2 = -j4.44fN_2\dot{\Phi}_m \tag{1-6}$$

从式(1-5)、式(1-6)可看出，$\dot{E}_1$ 和 $\dot{E}_2$ 在相位上都滞后于产生它们的主磁通90°。

另外，一次绕组漏磁电动势与漏磁通的关系为

$$e_{1\sigma} = -N_1\frac{d\phi_{1\sigma}}{dt} = -\omega N_1\Phi_{1\sigma}\cos\omega t = \sqrt{2}E_{1\sigma}\sin(\omega t - 90°) \tag{1-7}$$

$$E_{1\sigma}=\frac{\omega N_1\Phi_{1\sigma}}{\sqrt{2}}=\frac{2\pi fN_1\Phi_{1\sigma}}{\sqrt{2}}=4.44fN_1\Phi_{1\sigma}\tag{1-8}$$

同理
$$\dot{E}_{1\sigma}=-\mathrm{j}4.44fN_1\dot{\Phi}_{1\sigma}\tag{1-9}$$

1.2.1.4　**电动势平衡方程式与变比**

按规定的正方向，空载时一次侧的电动势平衡方程式为

$$\dot{U}_1=\dot{I}_0r_1-\dot{E}_{1\sigma}-\dot{E}_1\tag{1-10}$$

其中
$$\dot{E}_{1\sigma}=-\mathrm{j}x_1\dot{I}_0\tag{1-11}$$

式中 x_1 为一次侧的漏电抗。

将式(1-11)代入式(1-10)可得

$$\dot{U}_1=-\dot{E}_1+r_1\dot{I}_0+\mathrm{j}x_1\dot{I}_0=-\dot{E}_1+Z_1\dot{I}_0\tag{1-12}$$

其中，Z_1 为一次侧的漏阻抗，$Z_1=r_1+\mathrm{j}x_1$。

对于电力变压器，空载时一次侧的漏阻抗压降 $Z_1\dot{I}_0$ 很小，可忽略，则

$$\dot{U}_1=-\dot{E}_1$$

由此式可以得出两点结论：①$\dot{E}_1$ 是个反电动势，它与 $\dot{U}_1$ 大小相等、方向相反，外加电压基本由它平衡；②$U_1=E_1=4.44fN_1\Phi_m$，当频率和绕组匝数不变时，变压器主磁通幅值的大小与外加电压成正比，若外加电压不变，则主磁通幅值不变。这两点结论在变压器正常负载运行时也成立。

变压器空载时的二次侧，由于 $\dot{I}_2=0$，则有

$$\dot{U}_{20}=\dot{E}_2$$

在变压器中，一、二次侧的感应电动势 E_1 和 E_2 之比称为变压器的变比，用 k 表示，即

$$k=\frac{E_1}{E_2}=\frac{4.44fN_1\Phi_m}{4.44fN_2\Phi_m}=\frac{N_1}{N_2}\tag{1-13}$$

式(1-13)表明，变压器的变比等于一、二次侧的匝数比。只要选择适当的原边、副边绕组匝数，就可以产生所需要的电压。当变压器空载运行时，忽略绕组压降，则 $U_1=E_1$，$U_{20}=E_2$，故可近似地用空载运行时一、二次侧的电压比来作为变压器的变比，即

$$k=\frac{U_1}{U_{20}}=\frac{U_{1N}}{U_{2N}}\tag{1-14}$$

对于三相变压器，变比指一、二次侧相电动势之比，也就是额定相电压之比。而三相变压器的额定电压指线电压，故其变比与一、二次侧额定电压之间的关系为：

Y，d 连接
$$k=\frac{U_{1N}}{\sqrt{3}U_{2N}}$$

D，y 连接
$$k=\frac{\sqrt{3}U_{1N}}{U_{2N}}$$

而对于 Y，y 和 D，d 连接，其变比与式(1-14)相同。

1.2.1.5　**漏电抗的物理意义**

空载电流 $\dot{I}_0$ 流过一次绕组产生一次漏磁通 $\dot{\Phi}_{1\sigma}$，一次漏磁通在一次绕组中感应漏磁

电动势 $\dot{E}_{1\sigma}$，$\dot{E}_{1\sigma}$ 对一次侧电路的影响是阻碍电流的流通。对这种物理现象，可以用另一种表述方法，即可以说是空载电流 $\dot{I}_0$ 流过一次侧电路的漏电抗 x_1 产生了电压降 $\mathrm{j}\dot{I}_0 x_1$。这样就把磁场对电路的影响变成了一个电抗元件对电路的影响。因为漏电抗 $x_1=\frac{E_{1\sigma}}{I_0}$，即漏电抗的大小等于单位电流产生的漏磁电动势的大小。漏电抗就是反映一次侧漏磁场对一次侧电路影响大小的一个电路元件。漏电抗越大，说明单位电流流过一次绕组产生的漏磁通越多，漏磁场越强，对一次侧电路的影响越大。

漏电抗 x_1 与有关因素的关系为

$$x_1=\frac{2\pi f N_1^2}{R_m}$$

$$R_m=\frac{l}{\mu S}$$

式中　N_1——一次绕组的匝数；

R_m——一次漏磁通所经路径的磁阻，它正比于磁路长度 l，反比于磁路截面面积 S 和磁导率 μ。

1.2.1.6　空载时的等效电路

由图1-16可列出回路方程为

$$\dot{U}_1=-\dot{E}_1-\dot{E}_{1\sigma}+\dot{I}_0 r_1 \tag{1-15}$$

前已述及

$$\dot{E}_{1\sigma}=-\mathrm{j}x_1\dot{I}_0$$

所以

$$\dot{U}_1=-\dot{E}_1+r_1\dot{I}_0+\mathrm{j}x_1\dot{I}_0 \tag{1-16}$$

感应电动势 $\dot{E}_1$ 也可以用一个电路参数来等效它的作用，即用空载电流 $\dot{I}_0$ 在一个励磁阻抗 Z_m 上的电压降来等效代替。即 $Z_m=\frac{E_1}{I_0}=r_m+\mathrm{j}x_m$，所以

$$\dot{U}_1=Z_m\dot{I}_0+r_1\dot{I}_0+\mathrm{j}x_1\dot{I}_0=Z_m\dot{I}_0+Z_1\dot{I}_0=(r_m+\mathrm{j}x_m+r_1+\mathrm{j}x_1)\dot{I}_0 \tag{1-17}$$

由式(1-17)可得空载时的等效电路如图1-16所示。图中，r_1 为一次绕组电阻，x_1 为一次绕组漏电抗，r_m 为励磁电阻，反映变压器的铁耗，x_m 为励磁电抗，反映变压器铁芯导磁性能的重要参数。

r_1、x_1 是一个常数，相当于一个空心线圈的参数，r_m、x_m 不是常数，随铁芯的饱和程度增高而减小。当电源频率 f 一定，电源电压 $\dot{U}_1$ 升高时，$\dot{\Phi}_m$ 增大，铁芯饱和度增大，使铁芯磁阻增大，故 x_m 减小，同时 $\dot{\Phi}_m$ 增大，使铁耗增大，但铁耗增大速度小于 $\dot{I}_0^2$ 增大的速度，故 r_m 也将减小。通常电源电压 U_1 保持恒定，故 r_m、x_m 基本不变。

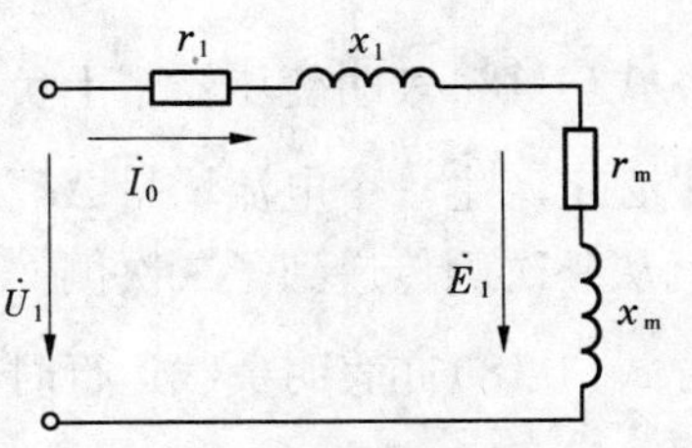

图1-16　空载时的等效电路

1.2.2 单相变压器负载运行分析

将变压器的一次侧接上电源电压,二次侧接上负载,此时二次绕组中有电流流过,功率从一次侧传递到二次侧,并提供给负载,变压器在负载状态下运行。

图1-17是单相变压器负载运行时的示意图。一次绕组接入额定频率、额定电压的交流电源,二次绕组接负载阻抗 Z_L,在感应电动势 $\dot{E}_2$ 的作用下,二次绕组便会有电流 $\dot{I}_2$ 产生,进而产生磁动势 $\dot{F}_2=\dot{I}_2N_2$,该磁动势也作用在主磁路上,企图改变空载运行时 $\dot{I}_0$ 所建立起来的主磁通 $\dot{\Phi}_m$。由于 $\dot{I}_2$ 的出现,变压器负载运行时内部的物理情况与空载运行时不同。

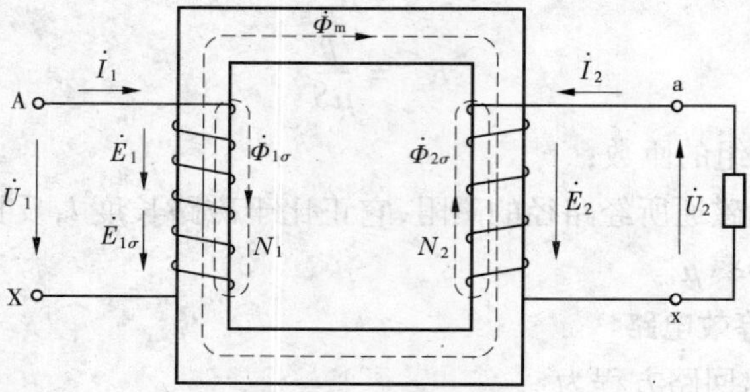

图1-17 单相变压器负载运行时的示意图

一般变压器一次侧绕组漏阻抗是很小的,即便是在额定运行时,$I_{1N}Z_1$ 也只占到 U_1 的 2% ~6%,故仍可忽略,即 $U_1\approx E_1$。所以,只要原边绕组所加电压 U_1 不变,就可以认为变压器由空载到负载时 E_1 保持不变,这在工程上是允许的。

1.2.2.1 磁动势平衡方程式

由 $\dot{E}_1=-j4.44fN_1\dot{\Phi}_m$ 可知,Φ_m 基本保持不变,这就是变压器恒磁通原理。即无论变压器工作在空载状态还是在负载状态,其主磁通近似保持不变。正是由于这一原理,负载与空载时,产生主磁通的总磁动势应该相同,即

$$\dot{I}_1N_1+\dot{I}_2N_2=\dot{I}_0N_1$$

或

$$\dot{I}_1=\dot{I}_0+\left(-\frac{N_2}{N_1}\dot{I}_2\right)=\dot{I}_0+\left(-\frac{\dot{I}_2}{k}\right) \tag{1-18}$$

式(1-18)表明变压器带上负载以后,二次绕组中便会有电流产生,与此同时,一次绕组中必定产生一个电流增量 $\Delta\dot{I}_1$ 来抵消 $\dot{I}_2$ 对主磁通的影响,以保持恒磁通关系,这样电能就从一次侧传递到了二次侧。

式(1-18)亦表明负载运行时,一次绕组中的电流 $\dot{I}_1$ 可以看成是由两部分组成:一部分为产生主磁通的励磁分量 $\dot{I}_0$,一部分为抵消副边绕组磁动势作用的负载分量 $-\frac{\dot{I}_2}{k}$。

由于空载电流量 $\dot{I}_0$ 很小,忽略之后,$\dot{I}_1=-\frac{\dot{I}_2}{k}$,这表明,当二次侧负载电流增大时,一

次侧电流也随之增大，即一次侧输入功率要满足二次侧负载功率增大或减小，即变压器是一个能量传递装置。

由 $\dot{I}_1 = -\frac{\dot{I}_2}{k}$可得

$$\frac{I_1}{I_2} = \frac{N_2}{N_1} = \frac{1}{k} \tag{1-19}$$

式(1-19)表明，变压器一、二次侧电流大小与一、二次侧绕组匝数成反比。这说明变压器在改变电压的同时还可以改变电流。

1.2.2.2 电动势平衡方程式

变压器在负载运行时，除原边、副边绕组共同产生主磁通 Φ_m 外，还会分别产生只与自身绕组相交链的、少量漏磁通 $\Phi_{1\sigma}$、$\Phi_{2\sigma}$，它们又分别会在原边、副边绕组中感应产生漏电动势 $E_{1\sigma}$、$E_{2\sigma}$。另外，绕组本身也会存在电阻压降。于是在各量所选参考方向如图1-17所示的情况下，根据基尔霍夫第二定律，可得原边、副边绕组电动势平衡方程式为

$$\dot{U}_1 = -\dot{E}_1 - \dot{E}_{1\sigma} + \dot{I}_1 r_1 = -\dot{E}_1 + \mathrm{j}\dot{I}_1 x_1 + \dot{I}_1 r_1 = -\dot{E}_1 + \dot{I}_1 Z_1 \tag{1-20}$$

$$\dot{U}_2 = \dot{E}_2 + \dot{E}_{2\sigma} - \dot{I}_2 r_2 = \dot{E}_2 - \mathrm{j}\dot{I}_2 x_2 - \dot{I}_2 r_2 = \dot{E}_2 - \dot{I}_2 Z_2 \tag{1-21}$$

$$\dot{U}_2 = \dot{I}_2 Z_L \tag{1-22}$$

式中 Z_2——二次绕组漏阻抗，是常数，与负载大小无关，$Z_2 = r_2 + \mathrm{j}x_2$；

Z_L——负载阻抗。

综上所述，将变压器负载时的基本电磁关系归纳起来，可得以下基本方程组

$$\begin{cases} \dot{U}_1 = -\dot{E}_1 + \dot{I}_1(r_1 + \mathrm{j}x_1) \\ \dot{U}_2 = \dot{E}_2 - \dot{I}_2(r_2 + \mathrm{j}x_2) \\ \dot{I}_1 = \dot{I}_0 + (-\dot{I}_2/k) \\ E_1/E_2 = k \\ \dot{E}_1 = -\dot{I}_0 Z_m \\ \dot{U}_2 = \dot{I}_2 Z_L \end{cases} \tag{1-23}$$

上述基本方程均反映了变压器负载运行时各电磁量的主要关系，利用这组联立方程组，就能对变压器进行定量的分析计算。但是，解联立复数方程组非常复杂，为了便于分析和简化计算，需要对变压器进行折算。

1.2.2.3 折算

对于既有电路又有磁路的变压器而言，用方程组计算十分烦琐，为此我们希望有一个能正确反映变压器内部电磁关系的单纯电路来代替实际的变压器，用电路的理论对其进行分析和计算，这种电路称为等效电路。要得到变压器的等效电路须进行折算。折算就是用一台一、二次绕组匝数相等的假想变压器，来等效地代替一、二次绕组匝数不相等的实际变压器的计算方法。所谓等效，就是折算前后变压器内部的磁动势不变、主磁通不变、功率不变。

在变压器中,常把二次绕组的匝数变换成一次绕组的匝数,即 $N_2' = N_1$,折算后的变压器一、二次绕组的匝数相同,即折算后变压器的变比为1。折算后二次侧各物理量的数值,称为二次侧折算到一次侧的折算值。折算值用原来二次侧各物理量的符号在右上角加上一撇"′"来表示。

1. 电流折算

根据折算前后的磁动势保持不变,有

$$I_2' N_2' = I_2 N_2$$

$$I_2' = \frac{N_2}{N_2'} I_2 = \frac{N_2}{N_1} I_2 = \frac{1}{k} I_2 \tag{1-24}$$

2. 电动势折算

由于折算前后磁动势保持不变,因此主磁通也不会改变,感应电动势就与所对应的匝数成正比,由此可得

$$\frac{E_2'}{E_2} = \frac{N_2'}{N_2} = \frac{N_1}{N_2} = k$$

即

$$E_2' = kE_2 = E_1 \tag{1-25}$$

同理有

$$U_2' = kU_2 = U_1 \tag{1-26}$$

3. 电压折算

根据折算前后的二次绕组从一次绕组得到的视在功率不变,可得

$$U_2' I_2' = U_2 I_2$$

即

$$U_2' = \frac{I_2}{I_2'} U_2 = kU_2 \tag{1-27}$$

4. 阻抗折算

根据折算前后二次绕组的铜耗和无功功率保持不变的原则,可得

$$I_2'^2 r_2' = I_2^2 r_2;\quad I_2'^2 x_2' = I_2^2 x_2;\quad I_2'^2 Z_L' = I_2^2 Z_L$$

即

$$r_2' = \left(\frac{I_2^2}{I_2'^2}\right) r_2 = k^2 r_2; x_2' = \left(\frac{I_2^2}{I_2'^2}\right) x_2 = k^2 x_2; Z_L' = k^2 Z_L \tag{1-28}$$

综上所述,把二次侧各物理量折算到一次侧时,凡单位是伏特的物理量折算值等于原值乘以变比 $k(k>1)$,凡单位为安培的物理量折算值等于原值除以变比 k,凡单位为欧姆的物理量的折算值等于原值乘以 k^2。若已知折算值,可用逆运算的方法求得实际值。

折算后,式(1-23)的基本方程组将变为

$$\begin{cases} \dot{U}_1 = -\dot{E}_1 + \dot{I}_1(r_1 + jx_1) \\ \dot{U}_2' = \dot{E}_2' - \dot{I}_2'(r_2' + jx_2') \\ \dot{I}_1 = \dot{I}_0 + (-\dot{I}_2') \\ \dot{E}_1 = -\dot{I}_0 Z_m \\ \dot{U}_2' = \dot{I}_2' Z_L' \end{cases} \tag{1-29}$$

1.2.2.4 负载时的等效电路

根据基本方程组,可推出负载运行时变压器的等效电路。

1. T型等效电路

根据方程式 $\dot{U}_1 = -\dot{E}_1 + \dot{I}_1 r_1 + \dot{I}_1 \mathrm{j}x_1$，可画出一次侧的等效电路；根据方程式 $\dot{U}'_2 = \dot{E}'_2 - \dot{I}'_2 r'_2 - \dot{I}'_2 \mathrm{j}x'_2$ 和 $\dot{U}'_2 = \dot{I}'_2 Z'_L$，可画出二次侧的等效电路，因为把一、二次侧的分布参数用等效的集中参数 r_1、x_1、r_2、x_2 表示，并移到绕组外，则一、二次绕组成了一个有 N_1 匝线圈、没有电阻和漏抗的"理想"绕组，如图1-18中的 bh、$b'h'$所示。在一、二次侧的理想绕组中，只有电动势 $\dot{E}_1$、$\dot{E}'_2$，且 $\dot{E}_1 = \dot{E}'_2$，若将一、二次绕组合并在一起（bb'、hh'分别接在一起）成为一个绕组，就将磁耦合的变压器变成了直接电联系的等效电路，如图1-19所示。此时，一次绕组中的电流为 $\dot{I}_1 = \dot{I}_0 - \dot{I}'_2$，而根据 $-\dot{E}_1 = \dot{I}_0(r_m + \mathrm{j}x_m)$，则 $\dot{E}_1$ 所在的支路可用 r_m 和 x_m 的串联电路来表示，如图1-19所示。最后得到变压器T型等效电路，如图1-20所示。

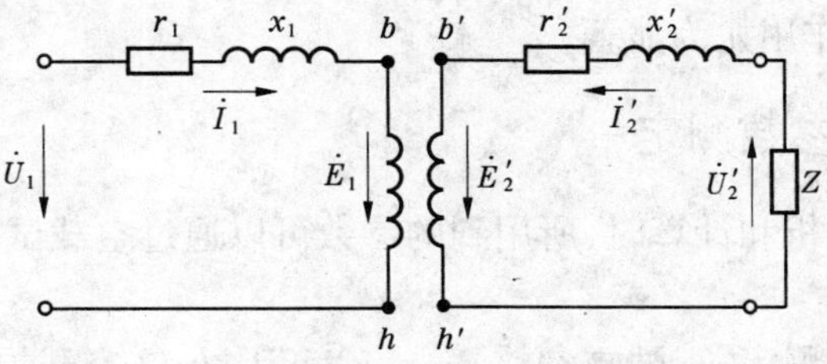

图1-18 负载时一、二次侧等效电路

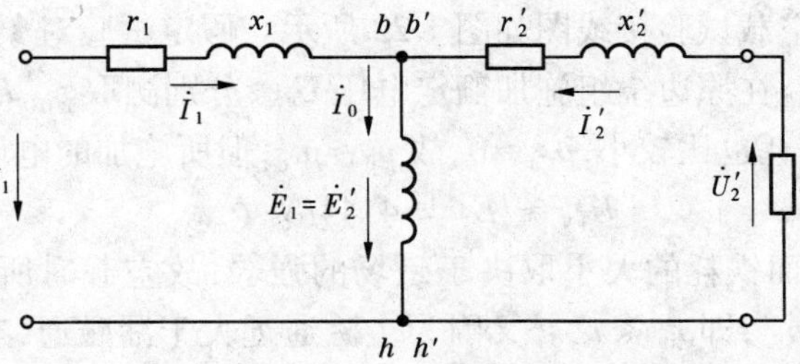

图1-19 负载时一、二次侧等效电路合并图

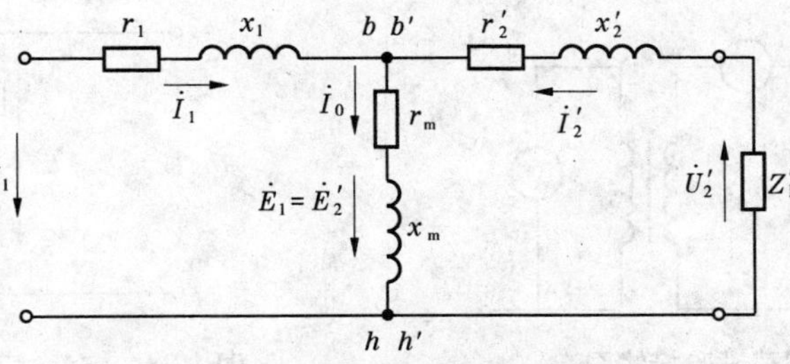

图1-20 变压器T型等效电路

图1-20所示电路中各参数的意义，在前面都已经分别作过介绍，这里再明确一下：二次侧的各量，都是已折算到一次侧的量；由 r_m、x_m 组成的回路称为变压器的励磁回路；由 r'_2、x'_2 和 Z'_L 所组成的回路称为负载回路。

2. 简化等效电路

变压器的空载电流很小，在实际工程中可以忽略不计，即可去掉励磁支路，从而得到一个简单的串联电路,如图 1-21 所示,这个电路称为变压器的简化等效电路,由于这个电路很简单,用来进行计算和定性分析都非常方便。

在图 1-21 中,$r_k = r_1 + r_2'$,称为短路电阻;$x_k = x_1 + x_2'$,称为短路电抗;$Z_k = r_k + jx_k$,称为短路阻抗。

对应于简化等效电路,有 $\dot{U}_1 = -\dot{U}_2' + \dot{I}_1 r_k + j\dot{I}_1 x_k$。

对应短路阻抗,称 $\varphi_k = \arctan(x_k / r_k)$ 为短路阻抗角。

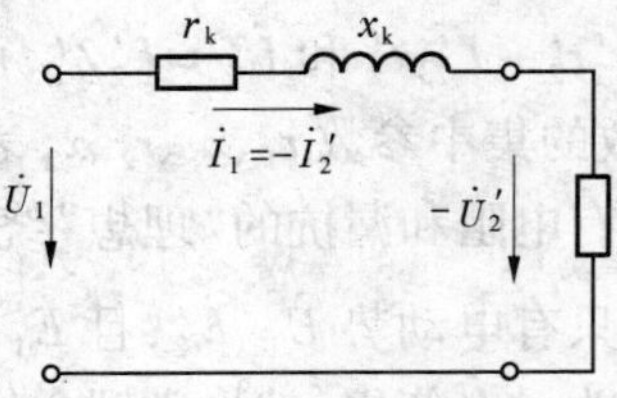

图 1-21　变压器简化等效电路

从变压器一次侧所接的电网来看,变压器只不过是整个电力系统中的一个元件,有了等效电路,就很容易用一个等效阻抗接在电网上来代替整个变压器及其所带的负载,这给研究和计算电力系统的运行情况带来很大的方便,从这一点看,等效电路的作用尤为显著。

1.2.3　单相变压器参数测定

在对变压器进行分析和计算时,所用到的参数可以通过空载试验和短路试验来求取。

1.2.3.1　空载试验

通过空载试验可以测定:①励磁参数 r_m、x_m;②变比 k;③空载损耗 p_0 及空载电流 I_0。

空载试验可以在高压侧进行,也可以在低压侧进行,但为了安全起见,一般是在低压侧进行。单相变压器空载试验接线图如图 1-22 所示。假定试验对象为一台升压变压器,则一次绕组为低压侧。在原边绕组施加额定电压 U_{1N},分别测取 p_0、I_0、U_{20}。空载运行时,I_0 比较小,所以绕组铜耗也比较小,$p_{Cu} \approx 0$,故 $p_0 \approx p_{Fe}$,但所施加的电压为额定电压,根据

$$U_{1N} \approx E_1 = 4.44 f N_1 \Phi_m$$

主磁通 Φ_m 为额定值,而铁耗的大小取决于磁场的强弱,故空载时所测功率 p_0 可认为近似等于铁芯中的铁耗 p_{Fe},即 $r_1 \ll r_m$。又因为主磁通远大于漏磁通,有 $x_1 \ll x_m$,其等效电路如图 1-23 所示。

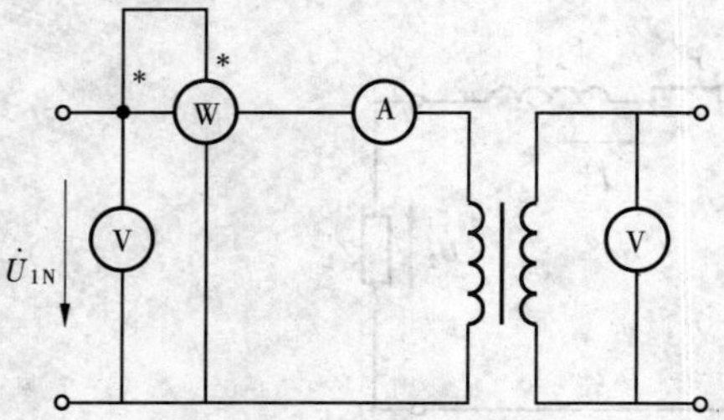

图 1-22　空载试验接线图

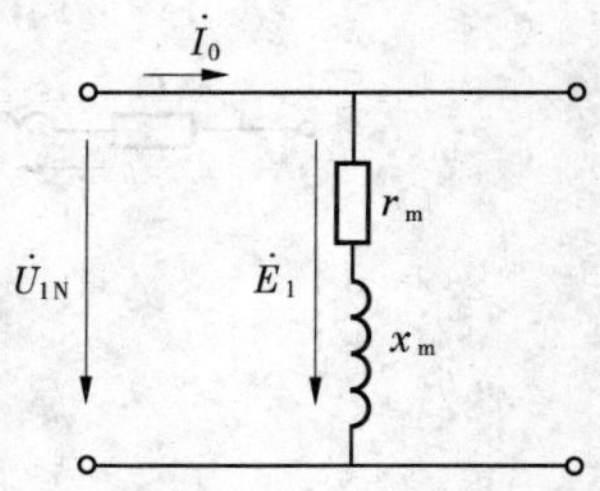

图 1-23　空载试验等效电路图

空载时所测阻抗可近似等效为励磁阻抗,即

$$Z_0 = \frac{U_{1N}}{I_0} \approx Z_m, \quad R_0 = \frac{p_0}{I_0^2} \approx \frac{p_{Fe}}{I_0^2} = r_m, \quad x_m = \sqrt{Z_m^2 - r_m^2} \tag{1-30}$$

$$k = \frac{U_{1N}}{U_{20}}, \quad I_0\% = \frac{I_0}{I_{1N}} \times 100\% \tag{1-31}$$

对三相变压器而言,公式中的各量都要采用相值,即一相的损耗、相电压和相电流。

所测励磁阻抗是否需要折算,视要求而定。例如一台降压变压器,副边绕组属于低压侧,试验在副边绕组进行,测得的参数便属于副边绕组参数,如要求得到折算到原边绕组的参数,便须在计算值的基础上乘以变比的平方 k^2。需要指出的是,励磁阻抗 Z_m 与铁芯的饱和程度有关,电压超过额定值越多,饱和程度越高,Z_m 越小。常用的励磁阻抗为对应于额定电压下所测的 Z_m。

1.2.3.2 短路试验

通过短路试验可以测定:①短路参数 r_k、x_k;②额定铜耗 p_{Cu}。

短路试验既可以在高压侧进行,也可以在低压侧进行,但为了安全起见,一般在高压侧进行。短路试验接线图如图1-24所示。

下面以降压变压器为例来说明其试验步骤。原边绕组为高压侧,故在原边绕组加压。开始时电压必须很低,然后逐渐增加原边电流,直到原边、副边绕组电流达到额定值。此时测得 U_k、I_k、p_k。

由于短路试验所施加电压很低,U_k 仅为 U_{1N} 的4% ~10%,根据 $U_1 \approx E_1 = 4.44fN_1\Phi_m$,可知 Φ_m 很小,铁耗也很小,铁芯的饱和程度低,故 Z_m 就很大,励磁支路可认为处于开路状态,从电源所吸收的功率也可以认为是全部消耗在绕组电阻上。此时,等效电路如图1-25所示。可以由以下公式求取短路参数

$$Z_k = \frac{U_k}{I_k}, \quad r_k = \frac{p_k}{I_k^2}, \quad x_k = \sqrt{Z_k^2 - r_k^2} \tag{1-32}$$

$$r_1 = r_2' = \frac{1}{2}r_k, \quad x_1 = x_2' = \frac{1}{2}x_k \tag{1-33}$$

绕组电阻与温度有关,根据国家标准,对于绝缘等级为A、B、E的油浸式变压器,在试验温度为 θ 时所测得的电阻值要折算到75 ℃时的电阻值,折算公式为

$$r_{k75\,℃} = \frac{T+75}{T+\theta} r_{k\theta} \tag{1-34}$$

当绕组为铜线时,式(1-34)中,$T = 234.5$ ℃;绕组为铝线时,$T = 228$ ℃。

短路试验中,绕组电流达到额定值时,加在原边绕组两端的电压称为短路电压或阻抗电压,$U_k = I_{1N}Z_{k75\,℃}$;所测得 Z_k 称为短路阻抗。它们一般用标幺值来表示,其等效电路如图1-25所示。

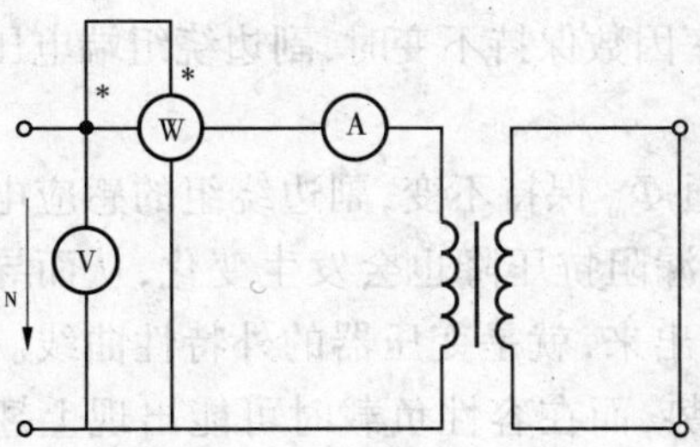

图1-24 短路试验接线图

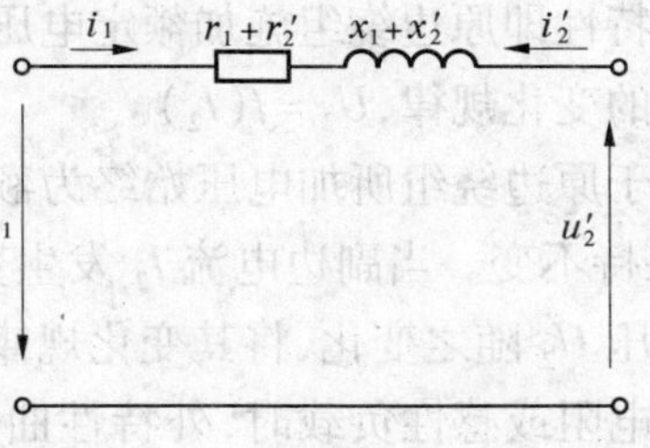

图1-25 短路试验等效电路图

短路电压是一个重要参数,其大小反映了变压器在额定负载下运行时漏抗压降的大

小。短路电压小,变压器输出电压随负载变化波动小,但短路时短路电流过大,会损坏变压器。

1.2.3.3 标幺值

在变压器的分析和计算中,有时会采用标幺值来表示某一物理量的大小。所谓标幺值,是指某一物理量的实际值与所选基值之间的比值,即:标幺值 = 实际值/基值。标幺值用原来各物理量的符号在右上角加上“ * ”来表示。基值一般选择为额定值。对变压器而言,其标幺值的计算及基值的选择如下:

(1)电压: $$U_1^* = \frac{U_1}{U_{1N}},\quad U_2^* = \frac{U_2}{U_{2N}}$$

(2)电流: $$I_1^* = \frac{I_1}{I_{1N}},\quad I_2^* = \frac{I_2}{I_{2N}}$$

(3)阻抗: $$Z_1^* = \frac{Z_1}{Z_{1N}},\quad Z_2^* = \frac{Z_2}{Z_{2N}}, \text{其中}, Z_{1N} = \frac{U_{1N}}{I_{1N}},\quad Z_{2N} = \frac{U_{2N}}{I_{2N}}$$

一般来说,选择所属侧相应的额定值作为标幺值的基值。

用标幺值来描述某一物理量具有以下优点:

(1)可以直观地看出变压器的运行状况。如果我们知道 $U_1^* = 1, I_1^* = 0.5$,便可以知道,原边所加的电压为额定值,而电流只达到额定电流的50%,处于半载的工作状态。

(2)可以根据标幺值判定变压器的性能是否正常。无论变压器容量的大小,其空载电流的标幺值 I_0^* 一般为2% ~5%,短路阻抗的标幺值 Z_k^* 一般为4% ~10%。如果已知一台变压器的 $I_0^* = 25\%$,初步可以判断该变压器已经出现了不正常的工作状态。

(3)绕组折算前后,物理量的标幺值保持不变。为此,我们就没有必要知道到底是从哪一侧往另外一侧折算。以副边绕组电压折算为例

$$U_2^* = \frac{U_2}{U_{2N}} = \frac{kU_2}{kU_{2N}} = \frac{U_2'}{U_{2N}'} = \frac{U_2'}{U_{1N}} = U_2'^*$$

(4)采用标幺值后,可以使计算变得简单。

1.2.4 单相变压器运行特性

变压器的运行特性包含外特性和效率特性。

1.2.4.1 外特性

外特性即原边绕组施加额定电压、负载的功率因数保持不变时,副边绕组端电压随负载电流的变化规律,$U_2 = f(I_2)$。

由于原边绕组所加电压始终为额定值,主磁通 Φ_m 保持不变,副边绕组的感应电动势 E_2 也保持不变。当副边电流 I_2 发生变化时,副边漏阻抗压降也会发生变化,从而导致副边端电压 U_2 随之变化,将其变化规律用曲线描述出来,就是变压器的外特性曲线。变压器在纯电阻或感性负载时,外特性曲线呈下降趋势,而在容性负载时可能出现上翘的情况。纯电阻时,端电压变化比较小,感性或容性成分增加时,端电压变化量会加大,如图1-26所示。

在变压器分析过程中,通常用电压变化率 ΔU 来衡量端电压变化的程度。电压变化

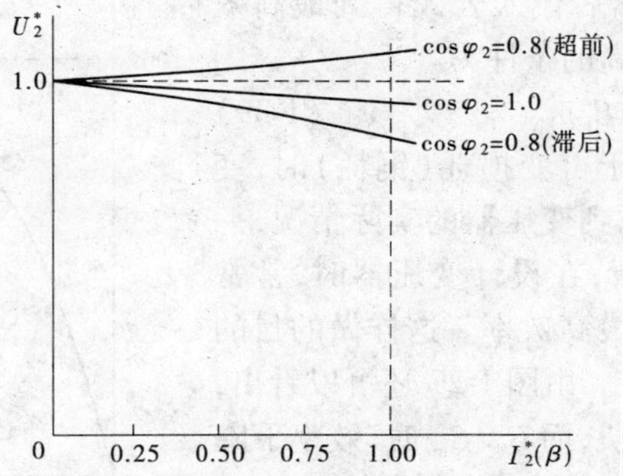

图 1-26　变压器的外特性

率指的是在原边绕组施加额定电压、负载功率因数一定，变压器从空载到负载时，额定电压与端电压之差（$U_{20}-U_2$）与副边额定电压 U_{2N} 之比的百分值，即

$$\Delta U = \frac{U_{20}-U_2}{U_{2N}} \times 100\% = \frac{U'_{2N}-U'_2}{U'_{2N}} \times 100\% = \frac{U_{1N}-U'_2}{U_{1N}} \times 100\% \tag{1-35}$$

在一定程度上，电压变化率表征了电网电压的稳定性，可以反映出变压器的供电品质，是衡量变压器性能的一个非常重要的指标。

1.2.4.2　**效率特性**

变压器在负载运行时，存在两种损耗，即铁耗与铜耗。变压器的铁耗与原边绕组所施加的电压有关，在电压不变的前提下，铁耗为一常数，通常称为不变损耗。由于变压器原边绕组所加电压为额定电压，其铁耗可认为与空载试验时所测的空载损耗相等。变压器的铜耗为原边、副边绕组电阻上所消耗的功率，由变压器负载运行时的简化等效电路可知

$$p_{Cu} = I_1^2 r_k = \beta^2 I_{1N}^2 r_k = \beta^2 p_{kN} \tag{1-36}$$

由式(1-36)可以看出，变压器的铜耗等于负载系数的平方与额定铜耗的乘积，即铜耗随负载的变化而变化，故可称之为可变损耗。

变压器的效率指的是输出的有功功率与输入的有功功率之比，即

$$\eta = \frac{P_2}{P_1} \times 100\% = \frac{P_1-\sum p}{P_1} \times 100\% = \left(1-\frac{\sum p}{P_2+\sum p}\right) \times 100\% \tag{1-37}$$

设变压器负载运行时，副边端电压的变化可以忽略。则

$$P_2 = U_2 I_2 \cos\varphi_2 = U_{2N} I_2 \cos\varphi_2 = \beta U_{2N} I_{2N} \cos\varphi_2 = \beta S_N \cos\varphi_2$$

三相变压器的输出功率与上式具有相同的形式，但 $S_N=\sqrt{3}\,U_{2N}I_{2N}$。故三相变压器的效率公式为

$$\eta = \left(1-\frac{\sum p}{P_2+\sum p}\right) \times 100\% = \left(1-\frac{p_0+\beta^2 p_{kN}}{\beta S_N \cos\varphi_2 + p_0 + \beta^2 p_{kN}}\right) \times 100\% \tag{1-38}$$

变压器的效率特性曲线 $\eta=f(\beta)$ 如图 1-27 所示。从该特性曲线可以看出，在某一负载时效率最高。

令

$$\frac{d\eta}{d\beta}=0$$

求得效率最高时的 η_m，然后代入公式得到最高效率。经求解，可得效率最高的条件为

$$p_{Fe} = \beta_m^2 p_{kN} \tag{1-39}$$

即当不变损耗（铁耗）等于可变损耗（铜耗）时，变压器具有最高效率。考虑到变压器的实际情况，一般并不在额定状态下运行，在设计变压器时，常常让变压器在 $\beta < 1$ 时达到最高效率。这样做的目的主要是让铁耗尽量小一些。由图 1-27 还可以看出，当 $\beta < \beta_m$ 时，效率降低很快，而 $\beta > \beta_m$ 时，效率下降不明显，故变压器在负载较低时运行经济性很差。

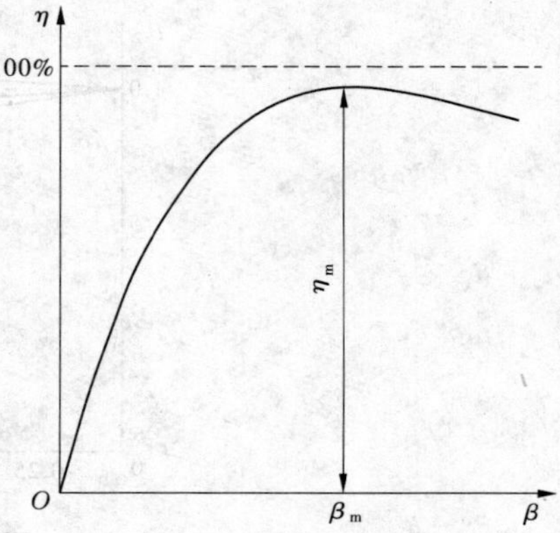

图 1-27　变压器的效率特性

效率的高低可以反映出变压器运行的经济性能，它也是一项重要指标。由于变压器是一种静止的装置，在能量传递过程中没有机械损耗，所以其效率比同容量的旋转电机要高一些。一般电力变压器的额定效率 $\eta_m = 0.95 \sim 0.99$。

1.2.5　变压器连接组别

变压器不但能改变电压的大小，也能使高、低压侧的电压具有不同的相位关系。所谓变压器的连接组别，就是讨论高、低压侧绕组的连接以及高、低压侧电压（电动势）之间的相位关系。

1.2.5.1　同名端

单相变压器的原、副绕组被同一主磁通 Φ 所交链，当 Φ 交变时，在原、副绕组中感应电动势有一定的极性关系，即在任一瞬间，高压绕组的某一端头的电位若为正时，低压绕组必有一个端头的电位也为正，这两个具有相同极性的端头，称为同极性端或同名端。对同名端在端头用符号“·”或“*”标注。

如图 1-28（a）所示的单相绕组，高、低压绕组绕向相同，当 $d\Phi/dt < 0$ 瞬间，根据楞次定律可判定两个绕组感应电动势的实际方向，均由绕组上端指向下端，在此瞬间，两个绕组的上端同为负电位，即为同名端，而两个绕组的下端同为正电位，也为同名端。同理，当 $d\Phi/dt > 0$ 瞬间，同名端的关系仍然没有改变。将两绕组极性不相同的端子称为异极性端或异名端。

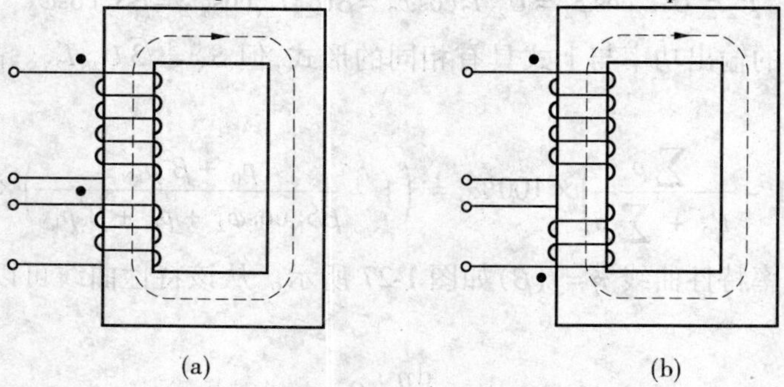

图 1-28　单相绕组的同名端

用同样的方法分析，如果两绕组绕向不同，同名端的标记就要改变，如图 1-28(b)所示。可见，单相绕组的极性与绕组的绕向有关。

对于绕制好的变压器来说，绕组的绕向是一定的，因此同名端也是确定的。

1.2.5.2 单相变压器的连接组别

连接组别用来表述变压器高、低压绕组的接法及高、低压侧感应电动势(电压)的相位关系。

由于变压器的电动势(电压)为交变量，因此先规定高、低压绕组相电动势的正方向：各绕组相电动势正方向从首端指向尾端，即高压绕组相电动势正方向为 $\dot{E}_{AX}$，为了简便，用 $\dot{E}_A$ 表示，低压绕组相电动势正方向为 $\dot{E}_{ax}$，也用 $\dot{E}_a$ 表示，如图 1-29 所示。

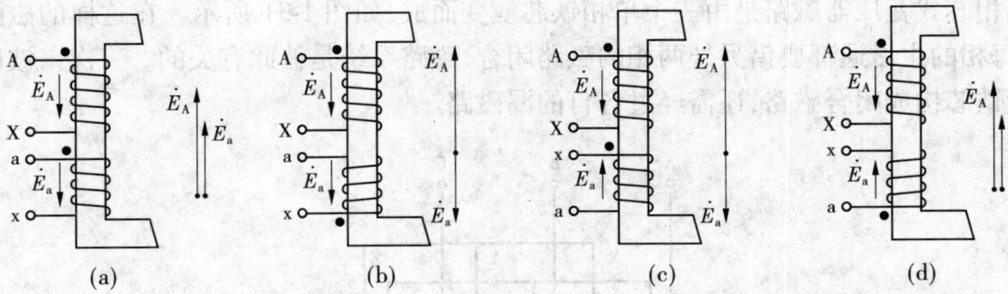

图 1-29 单相变压器高、低压相电动势的相位关系

对于单相变压器来说，高、低压绕组相电动势之间只有两种相位关系：

(1)若高、低压绕组首端 A 与 a 为同名端，则高、低压相电动势 $\dot{E}_A$、$\dot{E}_a$ 相位相同；

(2)若高、低压绕组首端 A 与 a 为异名端，则高、低压相电动势 $\dot{E}_A$、$\dot{E}_a$ 相位相反。

通常，用连接组别这一表示方法来表明高、低压绕组的连接法及其电动势的相位关系，相位关系采用时钟法表示。时钟法是指：把变压器高压侧电动势相量看成时钟的长针(分针)，并固定指向时钟的"12"点，把低压侧同名的电动势的相量看成时钟的短针(时针)，短针所指的时数就是变压器组别的标号。对于单相变压器，上述电动势指的是相电动势，如 $\dot{E}_{AX}$、$\dot{E}_{ax}$；对于三相变压器，上述电动势指的是线电动势，如 $\dot{E}_{AB}$、$\dot{E}_{ab}$。

单相变压器高、低压绕组的连接方式用 I,I 表示。如图 1-29(a)、(d)所示的单相变压器，其高、低压绕组首端 A 与 a 为同名端，高、低压相电动势 $\dot{E}_A$、$\dot{E}_a$ 相位相同，所以它的连接组别为 I,I0；如图 1-29(b)、(c)所示的单相变压器，其高、低压绕组首端 A 与 a 为异名端，高、低压相电动势 $\dot{E}_A$、$\dot{E}_a$ 相位相反，所以它的连接组别为 I,I6。单相变压器的标准连接组别为 I,I0。

1.2.5.3 三相变压器的连接组别

1. 三相变压器的磁路结构

目前三相变压器有两种磁路结构：一种是三相组式变压器；另一种是三相芯式变压器。

三相组式变压器由三台独立的单相变压器按一定的方式作三相连接，构成一台三相变压器，其特点是每相有独立的磁路，三次谐波磁通可以经自己的铁芯构成闭合磁路，如图 1-30 所示。

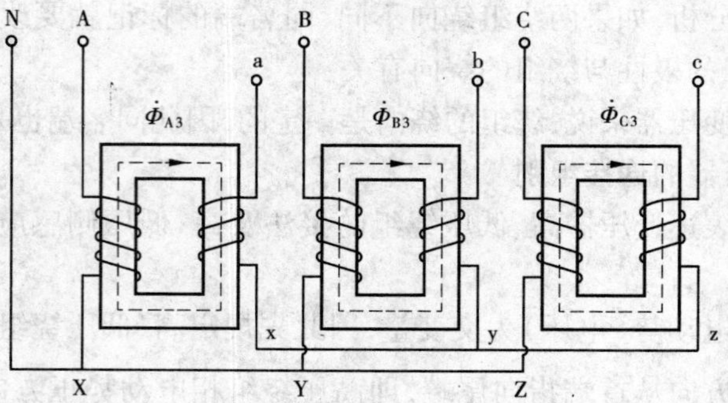

图 1-30　三相组式变压器中的三次谐波磁通

三相芯式变压器磁路是由三个单相铁芯演变而成,如图 1-31 所示。在这样的磁路系统中,每相的主磁通都要借另外两相的磁路闭合,磁路系统是彼此有关的。三次谐波磁通不能沿铁芯构成闭合磁路,还需经过各自的漏磁路。

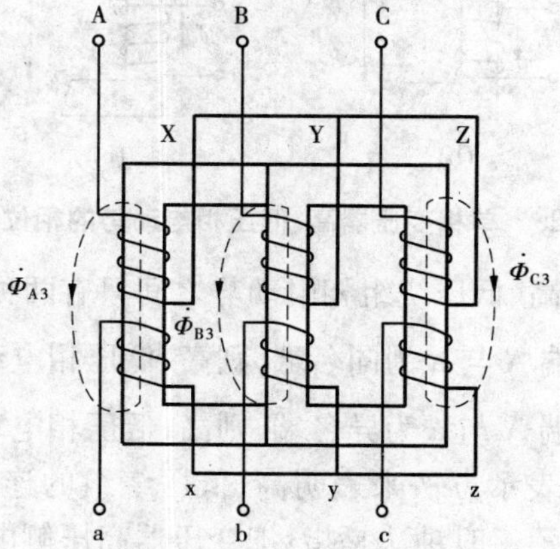

图 1-31　三相芯式变压器中的三次谐波磁通

2. 三相变压器绕组的连接及电动势相量图

三相变压器的高、低压绕组主要有星形和三角形两种连接法。

1) 星形连接

将三相绕组的末端 X、Y、Z 连接在一起,而把它们的三个首端 A、B、C 引出,便构成星形连接,其接线及电动势相量图如图 1-32(a)所示。在图示的正方向下,有 $\dot{E}_{AB}=\dot{E}_{A}-\dot{E}_{B}$,$\dot{E}_{BC}=\dot{E}_{B}-\dot{E}_{C}$,$\dot{E}_{CA}=\dot{E}_{C}-\dot{E}_{A}$。

2) 三角形连接

将一个绕组的末端与另一个绕组的首端连接在一起,顺次构成一个闭合回路,便构成三角形连接。三角形连接可以按 a—xc—zb—ya 的次序连接,称为逆序三角形连接,如图 1-32(b) 所示。也可以按 a—xb—yc—za 的次序连接,称为顺序三角形连接,如图 1-32(c)所示。

对逆序三角形连接,其接线及电动势相量图如图 1-32(b)所示,根据绕组的连接顺

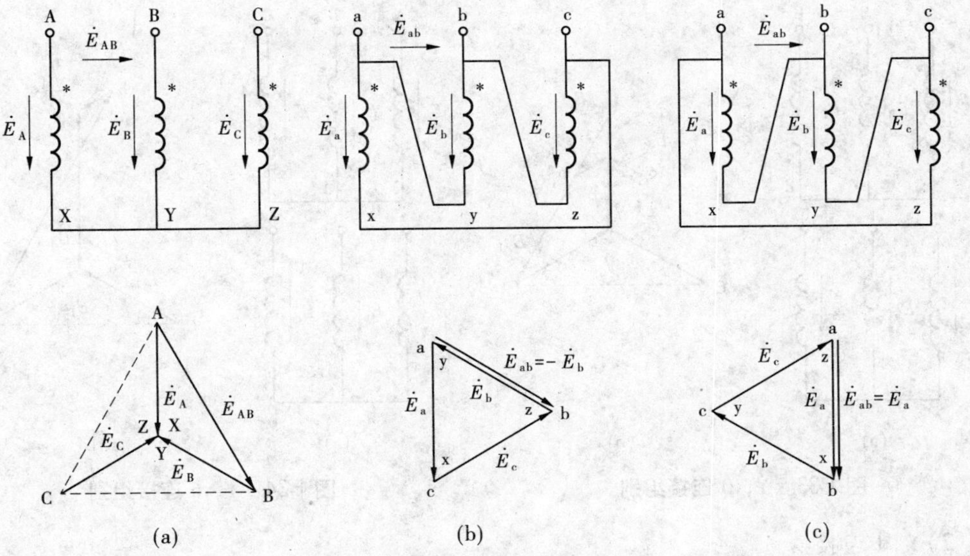

图1-32 三相绕组的连接及电动势相量图

序，将a相电动势相量的尾端x与c相电动势相量的首端c相连接，c相电动势相量的尾端z与b相电动势的首端b相连，b相电动势相量的尾端y与a相电动势的首端a相连，构成一个相量的箭头沿逆时针闭合的三角形。在图示的正方向下，有 $\dot{E}_{ab}=-\dot{E}_b$，$\dot{E}_{bc}=-\dot{E}_c$，$\dot{E}_{ca}=-\dot{E}_a$。

对顺序三角形连接，其接线及电动势相量图如图1-32(c)所示。在图示的正方向下，有 $\dot{E}_{ab}=\dot{E}_a$，$\dot{E}_{bc}=\dot{E}_b$，$\dot{E}_{ca}=\dot{E}_c$。

3. 三相变压器的连接组别

在讨论三相变压器的组别时，要利用单相变压器的组别结论。

1) Y，y 连接

图1-33(a)为Y，y连接的三相变压器绕组接线图。图中垂直对应的高、低压绕组为同一芯柱上的绕组，如AX和ax绕组，因此可得到对应的三个单相变压器。图中各相高、低压绕组的首端为同名端，因此各相高、低压绕组相电动势同相位。取A、a点重合的相量图，如图1-33(b)所示，可见，若将 $\dot{E}_{AB}$ 指向“12”，则 $\dot{E}_{ab}$ 也指向“12”，其连接组别就记为Y，y0。

在保证高、低压绕组同相序的情况下，改变低压绕组端头标记，还可以得到4、8两个偶数组别号。

若高、低压绕组的首端为异名端，如图1-34(a)所示，则高、低压绕组各对应相的相电动势相位相反。取A、a点重合的相量图，如图1-34(b)所示，可见，$\dot{E}_{AB}$ 指向“12”，$\dot{E}_{ab}$ 指向“6”，其连接组别就记为Y，y6。

在保证高、低压绕组同相序的情况下，改变低压绕组端头标记，还可以得到2、10两个偶数组别号。

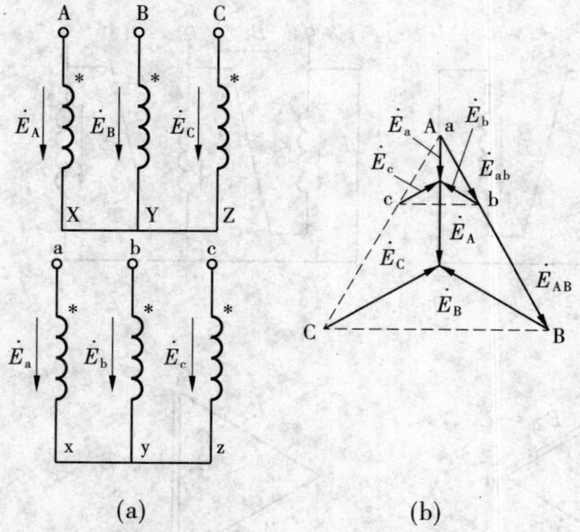

图 1-33　Y,y0 连接组别

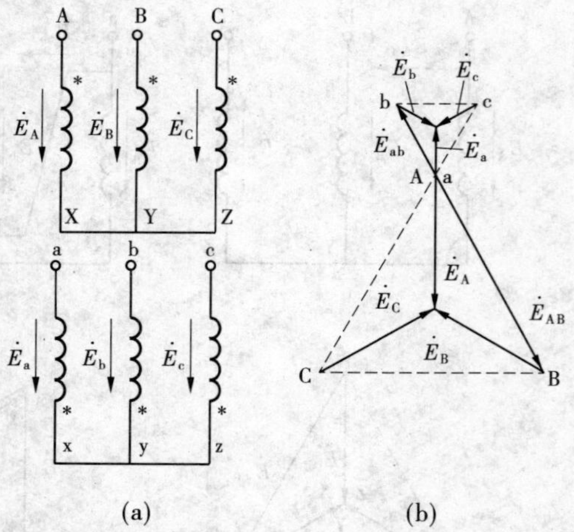

图 1-34　Y,y6 连接组别

2）Y,d 连接

图 1-35(a)的低压绕组为逆序三角形连接,高、低压绕组首端为同名端,高、低压绕组各对应相的相电动势相位相同。取 A、a 点重合的相量图,如图 1-35(b)所示,可见,$\dot{E}_{AB}$指向"12",$\dot{E}_{ab}$指向"11",其连接组别就记为 Y,d11。

在保证高、低压绕组同相序的情况下,改变低压绕组端头标记,还可以得到 3、7 两个奇数组别号。

图 1-36(a)的低压绕组为顺序三角形连接,高、低压绕组首端为同名端,高、低压绕组各对应相的相电动势相位相同。取 A、a 点重合的相量图,如图 1-36(b)所示,可见,$\dot{E}_{AB}$指向"12",$\dot{E}_{ab}$指向"1",其连接组别就记为 Y,d1。

在保证高、低压绕组同相序的情况下,改变低压绕组端头标记,还可以得到 5、9 两个奇数组别号。

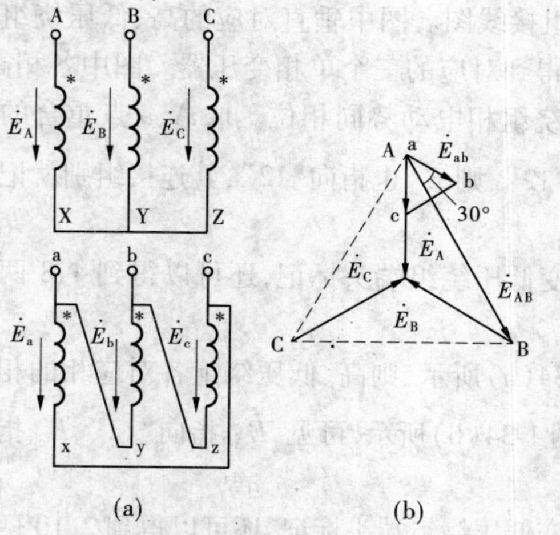

图 1-35　Y,d11 连接组

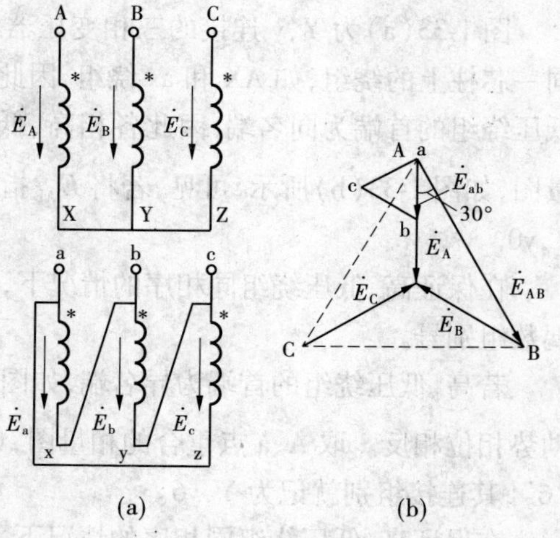

图 1-36　Y,d1 连接组

从以上分析可以看出,变压器高、低压绕组连接方式采取不同的组合后,可以得到多个连接组别。为了制造和并联运行的方便,我国规定同一铁芯柱上的一、二次绕组采用相同字母。对于三相电力变压器,国家标准规定了五种标准连接组别:Y,yn0;Y,d11;YN,d11;YN,y0 和 Y,y0。其中前三种最为常用。Y,yn0 表示低压侧可引出中性线,成为三相四线制,用作配电变压器时可兼供动力和照明负载。YN,d11 表示高压侧可引出中性线,使电力系统的高压侧中性点可接地,主要用于高压输电线路中。

1.2.6 变压器并联运行

将两台或两台以上的变压器的一次侧和二次侧分别接在公共母线上,共同向负载供电,这种运行方式称为变压器的并联运行,如图 1-37 所示。

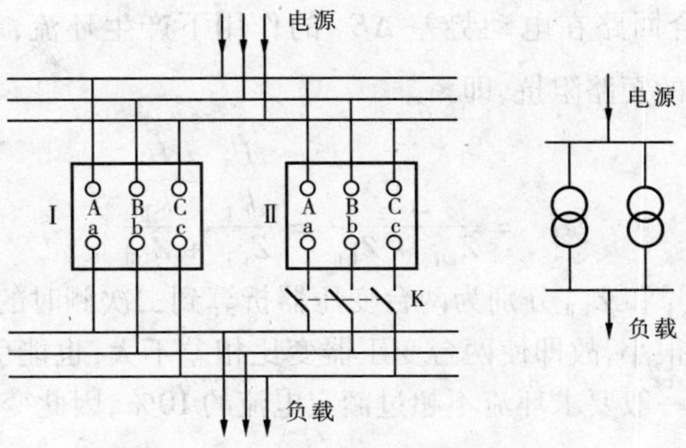

图 1-37 三相变压器并联运行示意图

变压器采用并联运行有以下优点:

(1)可以提高供电的可靠性。采用并联运行后,若其中某台变压器发生故障或需要检修,将其退出运行后,其他变压器仍可继续供电。

(2)可以提高运行的经济性。采用并联运行后,可根据负荷的大小,调整投入变压器运行的台数,充分利用变压器的容量,使运行中的变压器始终处于高效率区,从而达到提高效率、减小损耗的目的。

(3)可随着负荷的增加,分批安装新增变压器,以减少初次投资。

1.2.6.1 理想的并联运行条件

(1)各台变压器的一、二次侧额定电压分别相等,即各变压器变比相等;

(2)各台变压器的连接组别相同;

(3)各台变压器的短路电压(或短路阻抗)的标幺值相等,且短路阻抗角相同。

1.2.6.2 变比不等时的并联运行

设并联运行的两台变压器的连接组别相同,短路阻抗标幺值相同,但变比不同,其简化等效电路如图 1-38 所示。若第Ⅰ台变压器的变比为 k_{I},第Ⅱ台变压器的变比为 k_{II},且 $k_{\mathrm{I}} < k_{\mathrm{II}}$。因两台变压器的一次侧接到同一电源上,一次侧电压相等。但由于两台变压器变比不同,因此二次侧的空载电压不等。第一台变压器二次绕组电动势 $E_{2\mathrm{I}} = U_1/k_{\mathrm{I}}$,第二台变压器二次绕组电动势 $E_{2\mathrm{II}} = U_1/k_{\mathrm{II}}$。因为 $k_{\mathrm{I}} < k_{\mathrm{II}}$,所以 $E_{2\mathrm{I}} > E_{2\mathrm{II}}$。两台变压器二次绕组接在同一母线上,在两台变压器二次绕组所构成的闭合回路内出现电动势差:

$$\Delta \dot{E}_2 = \dot{E}_{2\text{I}} - \dot{E}_{2\text{II}}$$

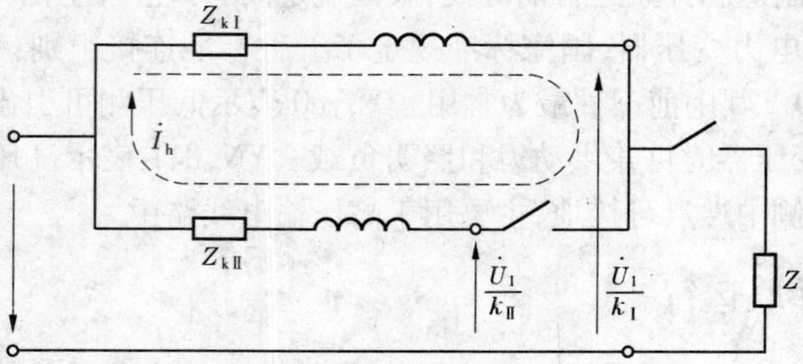

图 1-38　变比不相等的两台变压器并联运行

并联投入后，闭合回路在电动势差 $\Delta\dot{E}_2$ 的作用下产生环流，环流值等于电动势差 $\Delta\dot{E}_2$ 除以两台变压器的短路阻抗，即

$$\dot{I}_h = \frac{\Delta\dot{E}_2}{Z_{k\text{I}} + Z_{k\text{II}}} = \frac{\frac{\dot{U}_1}{k_{\text{I}}} - \frac{\dot{U}_1}{k_{\text{II}}}}{Z_{k\text{I}} + Z_{k\text{II}}} \tag{1-40}$$

式(1-40)中的 $Z_{k\text{I}}$ 和 $Z_{k\text{II}}$ 分别为两台变压器折算到二次侧时的短路阻抗。由于一般电力变压器短路阻抗很小，故即使两台变压器变比相差不大，也能引起很大的环流，影响变压器的正常运行。一般要求环流不超过额定电流的 10%，因此变比的差值 $\Delta k = (k_{\text{I}} - k_{\text{II}})/\sqrt{k_{\text{I}} k_{\text{II}}}$ 不应大于 1%。

从式(1-40)可以看出，此时环流的方向是从变比小的第Ⅰ台变压器流向变比大的第Ⅱ台变压器，即在空载状态下第Ⅰ台变压器相当于已有了输出电流。若变压器带上负载，每台变压器的实际电流分别为各自的负载电流与环流的合成，那么第Ⅰ台变压器的实际输出电流就要比负载电流大，第Ⅱ台变压器的实际输出电流就要比负载电流小。显然，若第Ⅰ台变压器满载，则第Ⅱ台变压器就达不到满载。

综上所述，变压器变比不等的情况下并联运行，在变压器之间产生环流，产生额外的功率损耗。负载时，由于环流的存在，使变比小的变压器电流大，可能过载；变比大的变压器电流小，可能欠载。因此，当变比稍有不同的变压器如需并联运行时，容量大的变压器具有较小的变比为宜。

1.2.6.3　连接组别不同时的并联运行

如果两台变压器的变比和短路阻抗均相等、连接组别不同时并联运行，其后果十分严重。因为连接组别不同时，两台变压器二次侧电压的相位差就不同，它们的线电压相位差至少相差 30°，因此会产生很大的电压差 ΔU_2。图 1-39 所示为 Y,y0 和 Y,d11 两台变压器并联运行的电压差，其二次侧线电压之间的电压差数值约为

$$\Delta U_2 = 2U_{2N}\sin\frac{30°}{2} = 0.518U_{2N}$$

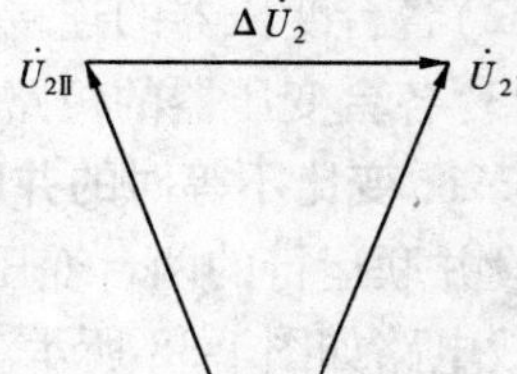

图 1-39　Y,y0 和 Y,d11 两台变压器并联运行的电压差

这样大的电压差将在两台并联变压器的绕组中产生比额定电流大得多的空载环流，将导致变压器损坏。故连接组别不同的变压器绝对不允许并联运行。

1.2.6.4 短路阻抗标幺值不等时的并联运行

设并联运行的两台变压器的变比相等，组别相同，但短路阻抗标幺值不等。由于两台变压器一、二次侧分别接在公共母线 U_1 和 U_2 上，故其简化电路如图 1-40 所示。

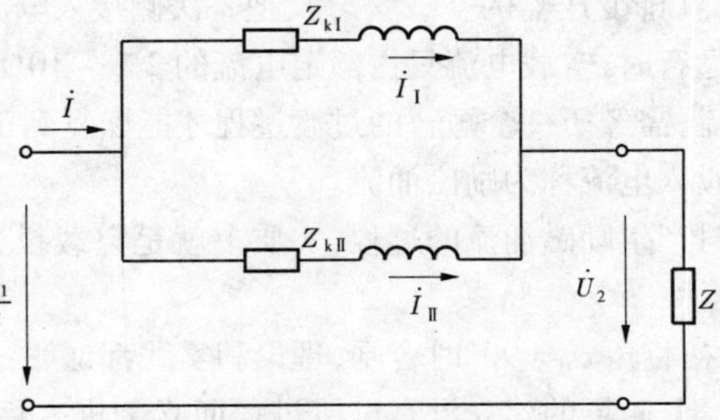

图 1-40 并联运行时的简化等效电路图

1. 短路阻抗标幺值相等（$Z^*_{k\mathrm{I}}=Z^*_{k\mathrm{II}}$）而阻抗角不等（$\varphi_{k\mathrm{I}}\neq\varphi_{k\mathrm{II}}$）时的并联运行

由图 1-40 可知，变压器二次侧输出的总电流为

$$\dot{I}=\dot{I}_{\mathrm{I}}+\dot{I}_{\mathrm{II}} \tag{1-41}$$

由于短路阻抗角 $\varphi_{k\mathrm{I}}\neq\varphi_{k\mathrm{II}}$，故 $\dot{I}_{\mathrm{I}}$ 与 $\dot{I}_{\mathrm{II}}$ 之间必有相位差 $\varphi_i=\varphi_{k\mathrm{I}}-\varphi_{k\mathrm{II}}$，$|\dot{I}|<|\dot{I}_{\mathrm{I}}|+|\dot{I}_{\mathrm{II}}|$，即两台变压器输出的总电流小于两台变压器电流绝对值之和。又由于两台变压器二次侧电压相等，因此 $\sqrt{3}U_2I_{\mathrm{I}}+\sqrt{3}U_2I_{\mathrm{II}}>\sqrt{3}U_2I$。这说明，两台变压器并联运行时，如果 $\varphi_{k\mathrm{I}}\neq\varphi_{k\mathrm{II}}$，输出总容量小于两台变压器容量之和。在一般情况下，两台变压器容量差越大，φ_i 也越大，而输出总容量越小，故并联运行的两台变压器容量比一般不得超过 3:1。

2. 阻抗角相等（$\varphi_{k\mathrm{I}}=\varphi_{k\mathrm{II}}$）而短路阻抗标幺值不等（$Z^*_{k\mathrm{I}}\neq Z^*_{k\mathrm{II}}$）时的并联运行

由图 1-40 可知，两台并联运行的变压器的短路阻抗压降应相等，即

$$I_{\mathrm{I}}Z_{k\mathrm{I}}=I_{\mathrm{II}}Z_{k\mathrm{II}} \tag{1-42}$$

所以

$$I_{\mathrm{I}}Z_{k\mathrm{I}}=\frac{I_{\mathrm{I}}}{I_{N\mathrm{I}}}\frac{I_{N\mathrm{I}}Z_{k\mathrm{I}}}{U_N}U_N=\beta_{\mathrm{I}}Z^*_{k\mathrm{I}}U_N$$

$$I_{\mathrm{II}}Z_{k\mathrm{II}}=\frac{I_{\mathrm{II}}}{I_{N\mathrm{II}}}\frac{I_{N\mathrm{II}}Z_{k\mathrm{II}}}{U_N}U_N=\beta_{\mathrm{II}}Z^*_{k\mathrm{II}}U_N$$

有

$$\beta_{\mathrm{I}}Z^*_{k\mathrm{I}}=\beta_{\mathrm{II}}Z^*_{k\mathrm{II}} \tag{1-43}$$

其中，β_{I}、β_{II} 为第一、二台变压器的负载系数。

可得

$$\beta_{\mathrm{I}}:\beta_{\mathrm{II}}=\frac{1}{Z^*_{k\mathrm{I}}}:\frac{1}{Z^*_{k\mathrm{II}}} \tag{1-44}$$

式(1-44)表明，变压器并联运行时，各台变压器的负载系数与短路阻抗（短路电压）的标幺值成反比。当短路阻抗标幺值大的变压器满载时，短路阻抗标幺值小的变压器已过载；当短路阻抗标幺值小的变压器满载时，短路阻抗标幺值大的变压器处于轻载运行。

为了充分利用各台变压器的容量，合理分配负载，各台变压器短路阻抗标幺值应尽量相等。要求各变压器短路阻抗标幺值的算术平均值相差不超过 ±10%。

1.2.7 变压器空载合闸和突然短路时的影响

1.2.7.1 空载合闸

变压器二次侧开路（即变压器的空载状态），把一次侧接入电源称为空载投入。

变压器空载稳态运行时，空载电流只占额定电流的 2% ~10%。而空载投入瞬间，可能出现一个较大的电流，需经历一个短暂的过渡过程才能恢复到正常的空载电流值，在过渡过程中出现的空载投入电流称为励磁涌流。

变压器空载投入时产生励磁涌流的过程，实质上就是空载投入时建立空载磁场的过程。

当投入电压 u_1 的初相角 $\alpha_0 = 90°$时合闸，理论和实践都证明：刚一合闸就建立起了稳态磁通，即在这种情况下，磁场的建立没有过渡过程而立刻进入稳定状态，与之对应的合闸电流没有暂态分量而立即达到稳态空载电流值。

当投入电压 u_1 的初相角 $\alpha_0 = 0°$时合闸，这时建立的磁通有两个分量，一个是稳态分量，另一个是暂态分量，如图 1-41 所示。从图中可以看出，若不考虑磁通的暂态分量衰减，在合闸后半个周期，即 $t = \pi/\omega$，磁通达到最大值 $\Phi_{tmax} = 2\Phi_m$。

由于铁芯磁化曲线是非线性的，见图 1-42 所示，一般变压器在正常运行时，主磁通较为饱和，Φ_m 的工作点在磁化曲线的拐弯处。而现在主磁通 $\Phi_t = 2\Phi_m$，铁芯的饱和情况非常严重，因而空载电流的数值很大，超过稳态空载电流的几十倍至百余倍，可达额定电流的 5~8 倍。

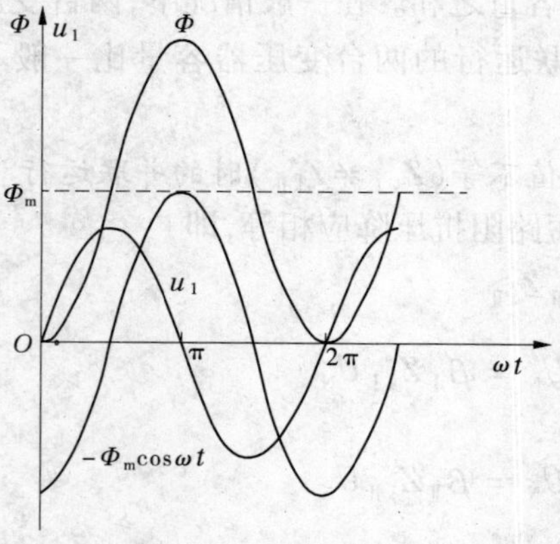

图 1-41 当 $\alpha_0 = 0°$空载合闸时，磁通 Φ_t 的变化曲线

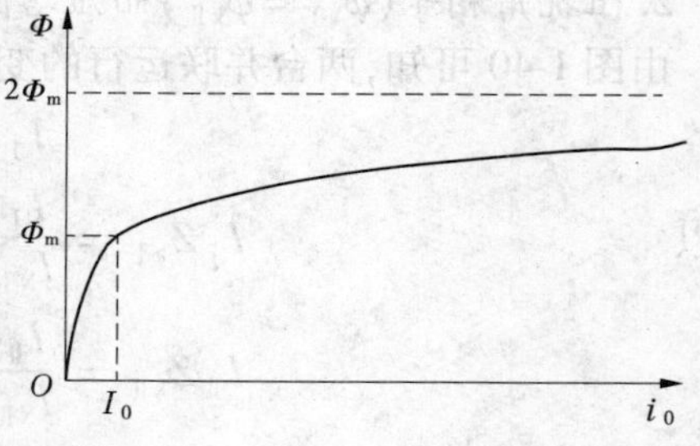

图 1-42 变压器铁芯的磁化曲线

由于电阻 r_1 的存在，合闸电流的暂态分量将逐渐衰减，衰减快慢取决于时间常数 T，$T = L_1/r_1$（L_1 为一次绕组的自感）。一般小容量变压器衰减快，几个周期便达到稳态；大型变压器衰减较慢，有的可延续达二十多秒。

在三相变压器中，由于三相电压相位互差 120°，故合闸时总有一相的电压初相角为零或接近于零，因而总有一相的合闸电流较大。

空载合闸电流对变压器本身没有多大危害，但当它衰减较慢时，可能引起变压器的过电流保护装置误动作而跳闸。为此，变压器的继电保护在进行参数整定时，需要考虑躲过励磁涌流，以防止保护误动作。

1.2.7.2　突然短路

变压器二次侧在运行中发生突然短路，其简化等效电路如图1-43所示。突然短路是一种严重故障，流过变压器的短路电流很大，有可能使变压器因发热或受到电磁力的冲击而遭到破坏。

1. 突然短路电流

突然短路时短路电流的大小与电压 u_1 的初相角有关，下面讨论两种极限情况。

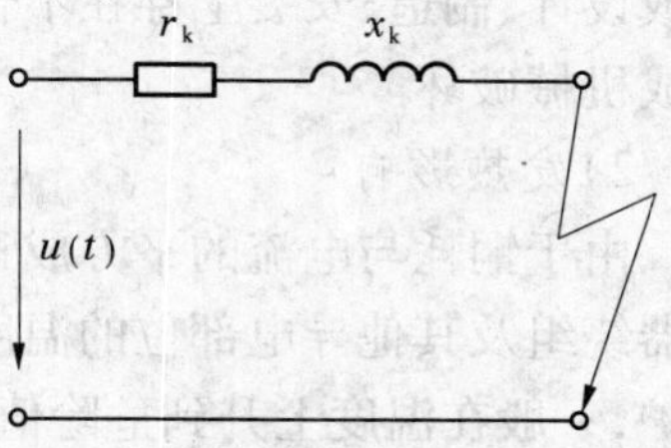

图1-43　变压器二次侧突然短路时的简化等效电路

(1) 当 $t=0$，$\alpha=90°$ 时发生突然短路。理论和实践证明，此时短路电流表达式为

$$i_k = \sqrt{2}I_k\sin\omega t \tag{1-45}$$

式(1-45)表明，当 $\alpha=90°$ 时发生突然短路，短路电流立即达到稳定值，无过渡过程。

(2) 当 $t=0$，$\alpha=0°$ 时发生突然短路。此时短路电流表达式为

$$i_k = \sqrt{2}I_k(e^{-\frac{r_k}{L_k}} - \cos\omega t) \tag{1-46}$$

短路电流的波形如图1-44所示，短路电流瞬时值在 $t=\pi/\omega$ 时达到最大值 i_{kmax}，即

$$i_{kmax} = \sqrt{2}I_k(e^{-\frac{r_k}{L_k}\cdot\frac{\pi}{\omega}} - \cos\pi) = \sqrt{2}I_k(1 + e^{-\frac{r_k}{L_k}\cdot\frac{\pi}{\omega}}) = k_y\sqrt{2}I_k \tag{1-47}$$

其中
$$k_y = 1 + e^{-\frac{r_k}{L_k}\cdot\frac{\pi}{\omega}}$$

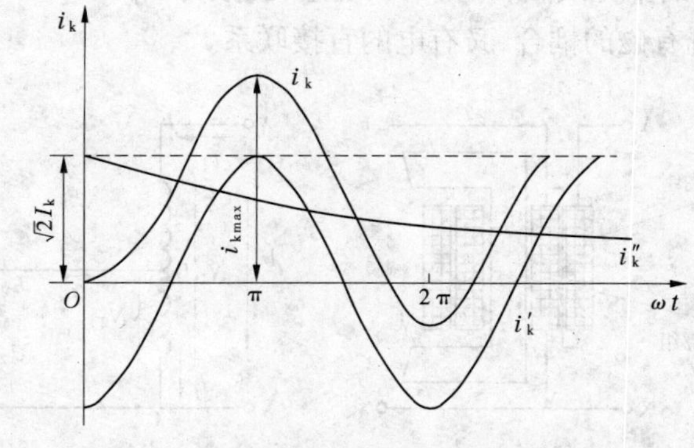

图1-44　$\alpha=0°$ 时发生突然短路的电流变化曲线

对小容量变压器，可取 $k_y=1.2\sim1.3$；对大容量变压器，可取 $k_y=1.5\sim1.8$。

将式(1-47)用标幺值表示，则

$$i^*_{kmax} = \frac{i_{kmax}}{\sqrt{2}I_{1N}} = k_y\frac{I_k}{I_{1N}} = k_y\frac{U_{1N}}{I_{1N}Z_k} = k_y\frac{1}{Z^*_k} \tag{1-48}$$

式(1-48)表明，短路电流幅值的标幺值 i^*_{kmax} 与短路阻抗标幺值 Z^*_k 成反比，短路阻抗越小，短路电流越大。如果 $Z^*_k=0.06$，则

$$i_{kmax}^* = (1.5 \sim 1.8) \times \frac{1}{0.06} = 25 \sim 30 \tag{1-49}$$

式(1-49)表明，变压器二次侧突然短路时，短路电流可达额定电流的25~30倍。

2. 突然短路电流的影响

1)电磁力的影响

由于突然短路电流可达额定电流的25~30倍，而电磁力与电流的平方成正比，因此突然短路时，变压器受到的电磁力是正常运行时的几百倍，若变压器绕组及其他设备有缺陷或设计、制造、安装上存在不合理状况，在突然短路电流所产生的电磁力的作用下，就会造成机械破坏。

2)发热影响

由于铜耗与电流的平方成正比，因此突然短路时的铜耗是正常运行时的几百倍，使变压器绕组及其他导电部位的温度急剧上升。但由于变压器都装有可靠、快速动作的继电保护，一般在温度上升到危险值之前，继电保护动作，将电源断开，变压器因突然短路过热而烧坏绕组的情况较少，但其他设备仍有可能因发热受损。

1.2.8　自耦变压器认知

在高电压、大容量的输电系统中，自耦变压器常用于连接两个电压等级相近的电网，作为联络变压器使用。将自耦变压器的二次触点采用滑动接触，则二次电压可以连续调节，这种自耦变压器称为调压器。

1.2.8.1　结构特点

图1-45所示为自耦变压器的结构示意图。高、低压侧共用的部分线圈，称为公共绕组，匝数为N_2；非共用的部分线圈，称为串联绕组，匝数为$N_1 - N_2$。自耦变压器的特点就是高、低压绕组之间既有磁的耦合，又有电的直接联系。

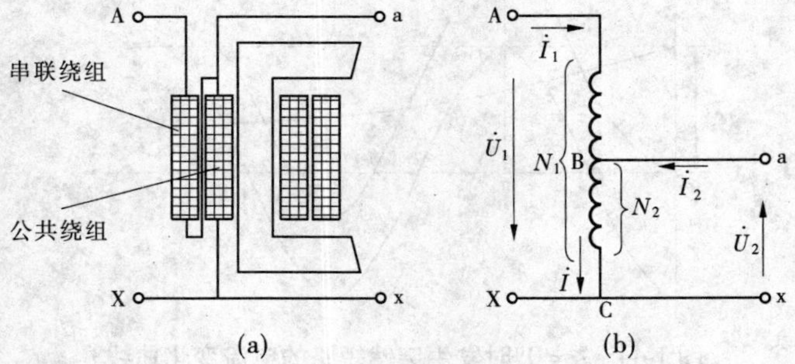

图1-45　自耦变压器的结构示意图

1.2.8.2　电流与容量的关系

如图1-45所示，当一次侧加上额定电压U_{1N}后，若忽略漏阻抗压降，则

$$\frac{U_{1N}}{U_{2N}} \approx \frac{E_1}{E_2} = \frac{N_1}{N_2} = k_z \tag{1-50}$$

式中　k_z——自耦变压器的变比。

1. 电流关系

根据磁动势平衡关系，在有负载时 AB 和 BC 两部分磁动势在忽略空载电流时应大小相等、方向相反，即

$$\dot{I}_1 N_1 + \dot{I}_2 N_2 = \dot{I}_0 N_1 \approx 0$$

或

$$\dot{I}_1 = -\dot{I}_2 (N_2/N_1) = -\dot{I}_2/k_z \tag{1-51}$$

式(1-51)表明，一、二次侧电流的大小与其匝数成反比，但在相位上相差180°。

根据图1-45(b)所规定正方向，在绕组公共部分 BC 中的电流为

$$\dot{I} = \dot{I}_1 + \dot{I}_2 = (-\dot{I}_2/k_z) + \dot{I}_2 = \dot{I}_2(1 - 1/k_z) \tag{1-52}$$

2. 容量关系

自耦变压器的容量为

$$S_{zN} = U_{1N} I_{1N} = U_{2N} I_{2N} \tag{1-53}$$

绕组 AB 段的容量为

$$S_{AB} = U_{AB} I_{1N} = \left(U_{1N} \frac{N_1 - N_2}{N_1}\right) I_{1N} = S_{zN}\left(1 - \frac{1}{k_z}\right) \tag{1-54}$$

绕组 BC 段的容量为

$$S_{BC} = U_{BC} I = U_{2N} I_{2N}\left(1 - \frac{1}{k_z}\right) = S_{zN}\left(1 - \frac{1}{k_z}\right) \tag{1-55}$$

若有一台普通的双绕组变压器，其一、二次绕组的匝数分别为 $N_{AB} = N_1 - N_2$ 和 $N_{BC} = N_2$，额定电压为 U_{AB} 和 U_{BC}，额定电流为 I_{1N} 和 I，则这台普通变压器的变比为

$$k = \frac{N_{AB}}{N_{BC}} = \frac{N_1 - N_2}{N_2} = k_z - 1 \tag{1-56}$$

其额定容量为

$$S_N = U_{AB} I_{1N} = U_{BC} I = U_{2N} I \tag{1-57}$$

由式(1-53)和式(1-57)可得

$$S_{zN} = \frac{k_z}{k_z - 1} S_N = S_N + \frac{1}{k_z - 1} S_N \tag{1-58}$$

式(1-58)表明，额定容量中仅有计算容量 S_N 这部分功率是通过电磁感应关系从一次侧传递到二次侧的，这部分功率就称为感应(电磁)功率；剩下的 $S_N/(k_z - 1)$ 这部分功率则是通过一、二次绕组之间的电联系直接传递的，称为传导功率。一、二次绕组间除磁的耦合外，还有电的联系，输出功率中有部分(或大部分)功率是从一次侧传导而来的，这是自耦变压器和普通双绕组变压器的根本差别。

由于 $[k_z/(k_z - 1)] > 1$，所以 $S_{zN} > S_N$，与双绕组变压器比较，自耦变压器可以节省材料，变比 k_z 越接近于1，传导功率所占的比例越大，感应功率所占的比例越小，其优越性就越显著。所以，自耦变压器适用于变比不大的场合，一般适用于变比 k_z 在1.2~2.0范围内的场合。

1.2.8.3 自耦变压器的优缺点及其应用

与普通双绕组变压器比较优缺点时，可将一台普通双绕组变压器改接成自耦变压器，并将它与原来作普通变压器运行来比较。

1. 优点

(1) 与相同容量双绕组变压器比较，自耦变压器用料省、体积小、造价低。

(2) 由于用料省，铜耗和铁耗小、效率高。

(3) 由于用料省，则体积小、重量轻，便于运输和安装。

2. 缺点

(1) 自耦变压器短路阻抗标幺值比普通变压器小，短路电流大，若发生短路对设备的冲击大，因此需采用相应的限制和保护措施。

(2) 由于自耦变压器一、二次侧有电的直接联系，当高压侧过电压时，会引起低压侧过电压，因此继电保护及过压保护较复杂，高、低压侧都要装避雷器，且变压器中性点必须可靠接地。

3. 应用场所

(1) 用于变比小于 2 的电力系统。由于上述特点，自耦变压器在高电压、大容量而且电压相近的电力系统中应用越来越广泛。

(2) 在实验室中用作调压器。

(3) 用于某些场合异步电动机的降压启动。

1.2.9 变压器常见故障及处理

1.2.9.1 变压器的温升和绝缘寿命

变压器运行中由于存在铜耗和铁耗，这些损耗转变成热能，使铁芯和绕组发热，变压器的温度会升高。当变压器内部产生的热量与变压器散发出去的热量相等时，变压器的温度达到稳定的状态。

若变压器的温度超过绝缘的允许值时，则变压器的绝缘容易老化，当绝缘老化到一定程度时，由于在运行中受到振动，便会使绝缘层破坏，绝缘的性能变差后，容易被高电压击穿而造成故障。因此，变压器正常运行时，不允许超过绝缘的允许温度。

为了使绝缘材料获得最经济的使用寿命，按其在正常运行条件下允许的最高工作温度进行分级，其耐热等级分为：Y 级—90 ℃；A 级—105 ℃；E 级—120 ℃；B 级—130 ℃；F 级—155 ℃；H 级—180 ℃；C 级—180 ℃以上。

我国电力变压器大部分采用 A 级绝缘，即浸渍处理过的有机材料如纸、木材、棉纱等。在变压器运行时的热量传播过程中，各部分的温度是不相同的，绕组的温度最高，其次是铁芯的温度，再次是绝缘油的温度，且上部油温高于下部油温。变压器运行中的允许温度是按上层油温来检查的，上层油温的允许值应遵守制造厂的规定。采用 A 级绝缘的变压器，在正常运行中，变压器绕组的极限温度为 105 ℃，由于绕组的平均温度比油温高 10 ℃，所以规定变压器上层油温最高不超过 95 ℃，而在正常情况下，为了保护绝缘油不致过度氧化，上层油温应不超过 85 ℃。

经验表明，变压器的使用年限主要取决于绕组绝缘的运行温度，绕组温度越高，绝缘损坏越快。因此，对变压器绕组的允许温度作出上述规定，以保证变压器具有经济上合理的使用期限。

在变压器运行过程中，必须随时监视其运行温度，并确保其运行温度在允许范围内，以保证变压器的使用寿命。变压器的预期寿命应为30年甚至更长。

1.2.9.2 变压器在非额定条件下运行及过负荷运行

1. 变压器在非额定电压下运行

变压器的铭牌上给出了变压器在运行过程中一、二次侧的电压——额定电压,规程规定变压器运行中电压变动范围不得超过额定电压的±5%。变压器在运行过程中,由于电源电压的波动或分接开关挡位选择不恰当,就有可能造成变压器电压偏离额定电压,电压的偏离对变压器及用户都会产生不良影响。

1)电压高于额定电压

电压高于额定电压是指由于电源的波动而使施加在变压器一次侧的电压高于额定电压,对于降压变压器,若电源电压本来就较高而又将分接开关调到绕组匝数最小的挡位也属此种情况。

根据式 $U_1 \approx E_1 = 4.44fN_1\Phi_m$ 可知,当一次侧电压 U_1 升高时,铁芯内磁通量 Φ_m 就会增加,铁芯的饱和程度相应增大,致使磁通和电动势的波形发生严重畸变;空载电流也相应增大;同时电压波形中的高次谐波值也大大增加。由此对变压器产生的影响如下:

(1)由于铁芯中磁通 Φ_m 的增加,变压器铁芯的损耗增大,铁芯的发热增加而容易使变压器过热,进而降低变压器的带负载能力。

(2)畸变的电动势波形中的高次谐波对用电设备也会产生危害,如增大用电设备的损耗,对电子设备产生干扰。

(3)高次谐波有可能在系统中造成谐波共振现象,并导致过电压,从而使系统中设备的绝缘损坏。

因此,运行电压增高对变压器和用户均不利,不论电压分接头在何位置,变压器的一次侧电压一般均不应超出额定电压的5%。

2)电压低于额定电压

电压低于额定电压指电源电压降低。对于降压变压器,若电源电压本来就较低而又将分接开关调到绕组匝数最大的挡位也属于此种情况。

根据 $U_1 \approx E_1 = 4.44fN_1\Phi_m$ 可知,当一次侧电压 U_1 降低时,则铁芯内磁通量 Φ_m 就会减小。由于磁通量的减小,铁芯的饱和程度降低,这时变压器的铁耗和空载电流都会减小,一般来讲,这种情况对变压器不会有不良影响。但是电压太低,变压器二次侧电压就达不到电压质量要求,影响用电设备的正常运行。

2. 变压器过负荷运行

变压器在设计时,其带负载的能力考虑了一定的裕度,即变压器有一定的过负荷能力。变压器的过负荷能力是指它在较短的时间内输出的最大容量大于变压器的额定容量的能力。变压器过负荷能力分为正常情况下的过负荷能力和事故情况下的过负荷能力。变压器正常过负荷能力可以经常使用,而事故过负荷能力只允许在事故情况下使用。

1)变压器的正常过负荷能力

变压器在正常运行时允许过负荷。这是因为变压器在一昼夜内的负载有高峰和低谷,在低谷时,变压器在较低的温度下运行。在一年内,气温也在变化,冬季变压器周围冷却介质的温度较低。当负荷较轻,温度较低时,绝缘老化速度较正常慢,从而使变压器的使用寿命延长。在不影响变压器使用寿命的前提下，变压器可以带比额定容量大的负荷运行一段时间，即变压器可以在高峰负荷及冬季时过负荷运行。在国家所制定的变压器运行规程中，对正常过负荷作了规定。

（1）如果变压器的昼夜负荷率β（负荷率β=24 h 的平均负荷/最大负荷）小于1，则在高峰负荷期间变压器的允许过负荷的持续时间可由图 1-46 曲线查得。

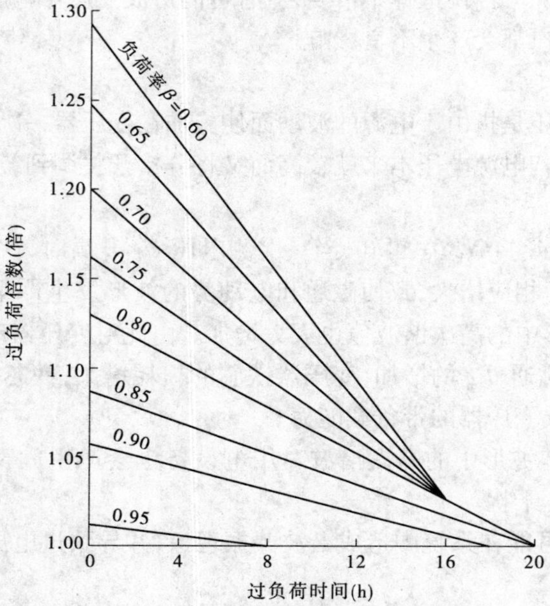

图 1-46　允许过负荷曲线

如果缺乏负荷率资料，也可根据过负荷前变压器上层油的温升，参照表 1-9 规定的数值，确定允许过负荷倍数及允许的持续时间。

表 1-9　自然冷却或风冷却油浸式电力变压器的过负荷允许时间　（单位：h：min）

过负荷倍数	过负荷前上层油的温升（℃）					
	18	24	30	36	42	48
1.05	5：50	5：25	4：50	4：00	3：00	1：30
1.10	3：50	3：25	2：50	2：10	1：25	0：10
1.15	2：50	2：35	1：50	1：20	0：35	
1.20	2：05	1：40	1：15	0：45		
1.25	1：35	1：15	0：50	0：25		
1.30	1：10	0：50	0：30			
1.35	0：55	0：35	0：15			
1.40	0：40	0：25				
1.45	0：25	0：10				
1.50	0：15					

(2)在夏季(6、7、8 三个月),变压器按典型负荷曲线,其最高负荷低于额定容量时,每低 1%,可以在冬季过负荷 1%,但以 15% 为限。

《电力变压器运行规程》(DL/T 572—95)规定,上述两种过负荷可以叠加使用,但对室外变压器的过负荷总数不得超过 30%,对室内变压器则不得超过 20%。

2)变压器的事故过负荷能力

当电力系统或用户变电所发生事故时,为保证对重要设备的连续供电,变压器允许短时间过负荷的能力,称为事故过负荷能力。变压器事故过负荷时,效率的高低、绝缘损坏率的大小问题已退居次要地位,更主要的是考虑保证连续供电、人身和设备安全。这时,在确定过负荷的倍数和允许时间时要让绝缘的使用寿命做一些牺牲。

变压器事故过负荷的能力和时间应按制造厂的规定执行。如无制造厂资料时,对于自然冷却和风冷却油浸式变压器,可参照表 1-10 规定的数值来过负荷。

表 1-10 自然冷却和风冷却油浸式变压器允许的事故过负荷能力

过负荷倍数	1.3	1.45	1.6	1.75	2.0	2.4	3.0
允许持续时间(min)	120	80	30	15	7.5	3.5	1.5

1.2.9.3 变压器常见故障及其处理

变压器是静止的电气设备,因而运行相当可靠。只要做好经常性的维护工作,在运行中严密地加以监视,并按期进行大小检修,变压器的故障是可以避免的。变压器故障主要发生在绕组、铁芯、套管、分接开关和油箱等部位。

1. 绕组故障的危害及其处理

绕组是变压器的电路部分,用来感应电动势和引导电流。为了保证绕组安全、正常运行,在变压器绕组的匝与匝之间、绕组与绕组之间、绕组与铁芯之间及绕组与油箱之间,都有由电缆纸、绝缘纸筒、绝缘纸板及变压器油等构成的绝缘。绕组故障即指绕组绝缘受到损坏。下列原因可能造成绕组绝缘损坏:

(1)变压器在制造时存在缺陷;

(2)长期过负荷运行,使绕组温度过高而绝缘老化;

(3)绕组绝缘受潮;

(4)绕组接头或分接开关触头接触不良;

(5)雷电波侵入,使绕组过电压击穿绝缘;

(6)变压器出口多次短路,绕组的机械强度变差。

若变压器的绝缘损坏,变压器在运行过程中就有可能发生绕组的匝间、层间、相间、绕组与铁芯间或绕组与油箱间绝缘损坏而引起的短路。一旦绕组发生短路,就会形成短路电流,相应形成电弧,电弧的温度可达几千甚至上万摄氏度,在这样的高温下,绕组的绝缘会受到进一步的损坏,短路故障会加剧,最终使绕组彻底损毁,甚至引起变压器爆炸、火灾等事故。

变压器内部是否发生短路故障,可通过仪表、保护及声音等反映出来,主要会产生下列现象:

(1)一次侧电流增大;

(2)油温、油面增高,变压器内部发出“咕嘟”声;

(3)二次侧电压不稳定,忽高忽低;

(4)防爆管或压力释放阀喷油;

(5)轻重瓦斯保护、差动保护或电流速断保护等变压器的主保护动作,跳开变压器各侧断路器。

若经综合判定,确认绕组发生了故障,变压器就必须退出运行,进行检查与修理后才能再运行。

2. 铁芯故障的危害及其处理

铁芯是变压器的磁路部分,用于引导磁场。变压器在运行时,铁芯中通过的是交变磁场,为减小交变磁场所产生的涡流损耗,铁芯是用 0. 35 mm 或 0. 5 mm 的硅钢片叠装而成,且硅钢片的两面均涂有绝缘漆。

铁芯故障主要有铁芯局部温度升高(俗称“发火”)和铁芯接地线断线。

变压器铁芯局部温度升高可能是铁芯涡流所致,或夹紧铁芯用的穿心螺丝与铁芯接触。此时差动保护装置不动作,在其逐渐发展的过程中,瓦斯保护装置也可能不动作。铁芯局部温度升高逐渐发展,引起油色逐渐发暗,且靠近温度升高部分的铁芯温度很快上升,可使油的温度渐渐达到燃烧点的危险范围。在这种情况下,若不及时地断开变压器,就有可能发生火灾或爆炸。

变压器在运行中,铁芯以及固定铁芯的金属结构、零件、部件等均处在强电场中,在电场作用下,它们具有较高的对地电位。如果铁芯不接地,它与接地夹件及油箱之间就会有电位差存在,在电位差作用下,会产生断续的放电现象。另外,在绕组的周围,具有较强的磁场,铁芯和零件、部件都处在非均匀的磁场中,它们与绕组的距离各不相等,所以各零件、部件中感应出来的电流和电动势大小也各不相等,彼此之间存在着电位差。电位差虽然不大,但也能击穿很小的绝缘间隙,因而会引起持续的微量放电。这些现象都是不允许的,而且要检查这些断续放电的部位也是非常困难的。因此,必须将铁芯以及固定铁芯、绕组等的金属零部件可靠地接地,使其与油箱同处于地电位。

铁芯局部温度升高和铁芯接地线断线,可通过声音、温度及油色进行判断。在负荷正常的情况下,铁芯故障时噪声比平时大,音调异常,或响声性质特别及其他不正常鸣音,铁芯接地线断开时还会产生如放电般的劈裂声;温度会比正常情况高,时间长了会引起油的颜色变浑,这时可对油进行色谱分析判断。

若音响特大,而且很不均匀或有爆裂声时,应停电检查、修理。

3. 套管故障的危害及其处理

绝缘套管用于将变压器内部的高、低压引线引到油箱的外部,它不但作为引线的对地绝缘,而且还担负着固定引线的任务,因此绝缘套管必须具有相应的电气强度和足够的机械强度。

套管故障是指套管受到损坏。套管受到损坏的因素很多,归纳起来主要有两方面。一是机械原因造成的损坏,如固定套管的铁制卡盘或铁角的紧固螺栓拧得过紧,且受力不均时,套管如稍受外力将造成损坏,或是搬运、安装过程中有碰撞造成损坏。二是电气损坏,套管有轻微的质量缺陷,如有轻微裂纹,在雨雪水浸入时发生闪络击穿;套管表面脏污,遇潮湿天气发生闪络或漏泄电流增大,使套管局部发热,引起炸裂;异物如小动物、树枝导体引起的端子放电,可能会灼伤套管表面瓷质。

瓷套管的损坏可能会造成短路故障,使故障扩大,一旦发现瓷套管有闪络或裂纹,就应停电进行处理,若有必要,应更换套管。对瓷套管的表面应定期进行清扫。

4. 分接开关故障的危害及其处理

分接开关是用来改变高压绕组的抽头挡位,即增、减高压绕组的匝数来调整电压比来调整变压器的输出电压。

分接开关故障是指分接开关触头接触不良或分接开关相间短路。当运行中的变压器油箱内有"吱吱"的放电声,电流表随着响声发生摆动,或瓦斯保护发出信号时,可判断为分接开关故障。故障原因有:

(1)分接开关触头弹簧压力不足,滚轮压力不均匀,使有效接触面积减小,以及表面银镀层严重磨损等,引起分接开关在运行中损坏。

(2)分接开关接触不良,引线连接和焊接不良,经受不起短路电流冲击而造成分接开关损坏。

(3)切换分接开关挡位时,分接开关分接头位置不对位,形成短路,引起分接开关烧坏。

(4)由于三相引线相间距离不够,或者使用的绝缘材料绝缘强度低,在过电压的情况下绝缘击穿,造成分接开关相间短路。

若发生了分接开关损坏,应停电检修。

5. 变压器油故障的危害及其处理

变压器油主要起两方面的作用:一是进行散热;二是增强油箱内部各部件的绝缘强度。

变压器油故障是指油质劣化,失去了绝缘作用,甚至导致变压器内部发生短路,造成变压器的损坏。导致变压器油油质劣化的原因有:

(1)变压器油在运行中,有可能与空气相接触,空气中的水分和杂质溶入变压器中,引起油中大量沉淀物的生成。

(2)在与空气接触的过程中,油被空气氧化,生成各种氧化物,这些氧化物具有酸性特点。

(3)变压器油在运行中,由于长期受温度、电场及化学复分解的作用,也会使油质劣化。特别是温度过高会加速油质劣化。

(4)变压器内部发生故障,如发生短路故障,使变压器油碳化。

在运行过程中应对变压器油的颜色进行观察,并应定期地对变压器油进行取样试验。在一般情况下可进行下列项目的试验:

(1)酸价;

(2)电气绝缘强度;

(3)闪点;

(4)游离碳;

(5)机械混合物;

(6)水分;

(7)水溶性酸和碱。

当变压器油混有水分和杂质时,可以用真空压力式滤油机滤去水分和杂质,使油净化,恢复油原有的性能。若油质低于油试验标准规定时,应予以换油。

【思考问题】

1. 主磁通和一次绕组漏磁通所经路径有何区别?它们的作用和性质有何不同?在等效电路中如何反映它们的作用?

2. 试述空载电流的大小、性质、波形。

3. 空载损耗近似等于铁耗吗?为什么?

4. 变压器空载运行时,一次侧加额定电压,为什么空载电流 I_0 很小?如果接在直流电源上,一次侧也加额定电压,这时一次绕组中空载电流 I_0 也很小吗?为什么?

5. 变压器空载运行时,为什么功率因数较低?

6. 在下述三种情况下,变压器的 Φ_m、x_m、I_0、p_{Fe} 各有何种变化?(1)电源电压 U_1 增高;(2)一次绕组匝数 N_1 增加;(3)铁芯接缝变大。

7. 变压器变比为 2,能否一次绕组用 2 匝,二次绕组用 1 匝?为什么?

8. 变压器铁芯中的主磁通是否随负载变化?为什么?

9. 变压器二次侧电流增大,一次侧电流也增大吗?为什么?

10. 说明变压器等效电路中各参数的物理意义。

11. 对一台给定的变压器,可通过什么方法获取其等效电路中的励磁参数和短路参数?

12. 有一台单相变压器,额定电压为 220/110 V,做极性试验时,将 A 与 a 相连,如图 1-47 所示。如果 A 与 a 为同名端,电压表的读数为多少?如果 A 与 a 为异名端,电压表的读数又为多少?

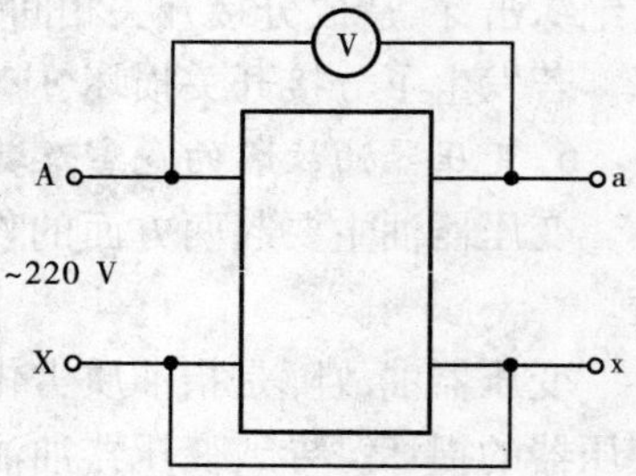

图 1-47

13. 根据图 1-48 判断连接组别。

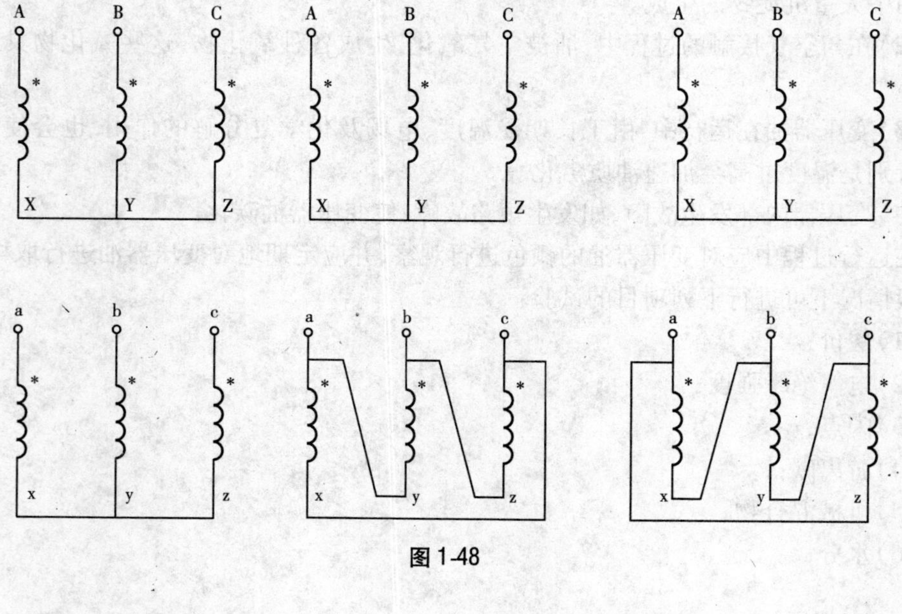

图 1-48

14. 若把图1-48中的x、y、z分别定为A、B、C的同名端,则其连接组别又如何?

15. 什么是变压器的并联运行?变压器为什么需要进行并联运行?

16. 变压器并联运行应满足什么条件?哪些条件需要严格遵守?

17. 一台Y,yn0和一台Y,yn4的三相变压器,其变比和相对应的额定电压分别相等、短路电压标幺值相等,能否想办法并联运行?

18. 什么是励磁涌流?形成励磁涌流的原因是什么?什么情况下励磁涌流最大?有多大?励磁涌流对变压器的运行可能会带来什么影响?

19. 在什么情况下发生突然短路,短路电流最大?有多大?会带来什么危害?

20. 自耦变压器有何优、缺点?用于哪些场合?

21. 电源电压高于变压器额定电压时,会造成哪些危害?

22. 变压器正常及事故情况下,过载运行的规定是什么?

23. 变压器绕组绝缘损坏是由哪些原因造成的?变压器绕组发生层间或匝间短路时有哪些异常现象?

24. 变压器的铁芯为什么要一点接地?变压器铁芯绝缘损坏会造成什么后果?

25. 变压器绝缘套管损坏的原因有哪些?

26. 引起分接开关故障的原因有哪些?

27. 运行中的变压器油时间长了为什么会老化?有何办法延长变压器油的使用寿命?

【任务评价】

评价内容

实际操作:学生在实训室做单相变压器的空载试验和短路试验,并测取和计算相关参数,考核其接线、操作过程,记录与计算的正确性;学生在实训室或水电厂测定三相变压器的连接组别,考核其接线、操作过程,记录、计算及组别判断的正确性。教师自行设计考核表格与评分标准进行考核。

解答思考问题:学生解答思考问题,学生根据思考问题的参考答案,自评与互评,老师抽查并审定成绩。

职业素质养成考核:遵守安全规章制度,遵守纪律、吃苦耐劳,一丝不苟地工作,与团队成员、教师和工厂师傅进行有效的沟通、协作共事等,由教师在学习过程中考核。

成绩构成

实际操作40%,解答思考问题40%,职业素质20%。

项目2 三相异步电动机及拖动

项目描述

异步电动机具有结构简单、制造容易、运行可靠、维护方便、成本较低、效率较高等优点,是现代工农业生产中应用最广泛的一种拖动设备。例如,轧钢设备、矿山机械、机床、起重机、鼓风机、水泵等工业机械,脱粒机、磨粉机等农副产品加工机械等。

本项目通过异步电动机本体的拆卸与组装,运行中的观测检查,学习异步电动机的基本结构与基本原理。通过绘制三相异步电机空载、负载时的简化电路图,空载试验和短路试验,测定空载特性和转矩特性(机械特性),学习三相异步电动机电动势与磁通的关系,磁动势平衡方程式,电动势平衡方程式,转子各量与转差率的关系,等效电路,转矩公式,转矩平衡方程式和转矩特性。通过三相异步电动机的启动、调速、反转与制动操作,学习三相异步电动机的各种启动方法与原理、各种调速方法与原理、各种制动方法与原理。通过对异步电动机非常态运行情况的观察与分析,熟悉三相异步电动机的常见故障、现象、原因及处理方法。

任务2.1 三相异步电动机认知及运行

【学习目标】

1. 能力目标

(1)能进行三相鼠笼式异步电动机的拆卸与组装;

(2)能进行三相异步电动机运行中的观测检查和日常维护;

(3)能收集与工作学习相关的信息,能使用各种信息资源完成学习与工作任务,工作结束后能对工作过程和成果进行反思及评价。

2. 知识目标

(1)熟知三相异步电机铭牌、转动原理及结构;

(2)熟知三相异步电机的转差率及三种运行方式;

(3)熟知三相异步电动机的检查和维护项目。

3. 素质目标

养成与团队成员友好相处、团结协作,动手动脑,遵守劳动纪律与规章制度的好习惯。

【任务描述】

1. 在实训室或实习工厂拆卸与组装一台小型三相鼠笼式异步电动机,记录拆卸、组装过程及注意事项。

2. 在实训室或工厂对三相异步电动机进行观测检查和日常维护，记录相关数据和异常状况。

【任务准备】

1. 三相鼠笼式异步电动机解体与组装所需的知识、设备、工具和材料

知识：三相鼠笼式异步电动机的铭牌和基本结构。

设备与仪器：5 kVA 三相感应调压器，空气压缩机；钳形电流表，万用表，转速表，500 V兆欧表。

工具：手锤、扳手、螺丝刀、刷子、拉轴器、铜棒等；零件箱。

材料：布，汽油或煤油，钙基润滑脂等。

2. 三相异步电动机的检查和日常维护所需的知识、仪器

知识：三相异步电动机的结构、检查和维护项目。

仪器：温度计，钳形电流表等。

【任务实施】

一、联系实习地点、确定实习时间、联系实习用车辆。

二、实习动员：安全教育，下达实习任务书，明确实习内容、时间安排及实习成果等。

三、入厂安全教育。

四、实施过程。

(一)三相鼠笼式异步电动机的拆卸与组装

1. 皮带轮或联轴器的拆卸：将皮带轮或联轴器上的固定螺丝或销子松脱，用专用工具(两脚卡子或四脚卡子)拔下皮带轮或联轴器，将键取下。拔下皮带轮的方法如图 2-1 所示。

图 2-1　皮带轮或联轴节拆卸

2. 卸下风扇罩与风扇：拆卸时注意保存好螺钉、垫圈或弹簧止退垫圈。

3. 将前端盖与转子一起抽出：拆下前、后端盖螺丝及后轴承盖螺丝，并在端盖与机座的接缝处打上标记(两边的记号不应相同)，取下后轴承盖。对准电动机轴伸，通过木块或黄铜棒用手锤轴向敲击，使轴承脱开后端盖轴承位，双手吊住轴伸和前端盖，从定子中缓缓取出前端盖和转子。

应当注意：切勿擦伤定子绕组，拆卸步骤如图 2-2 所示。

4. 退下前端盖：拆下前端轴承盖螺丝，取下轴承盖，将前端盖及转子竖立(转子在上)，用手锤轻轻着力轮流敲打端盖凸耳，取下前端盖(若转子、前端盖及轴承完好，可以

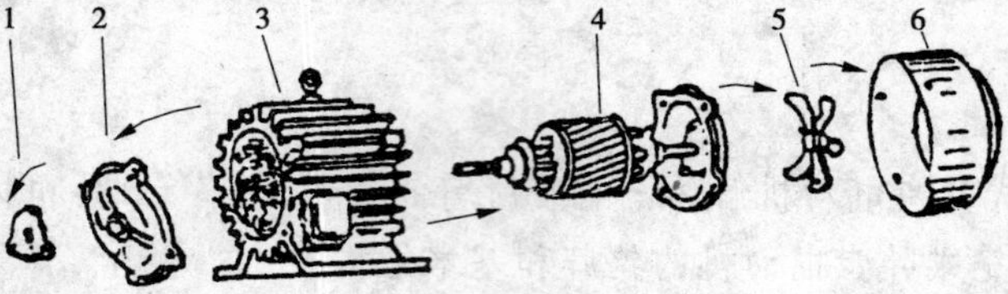

1—轴承盖;2—后端盖;3—定子;4—转子连端盖;5—风叶;6—风罩

图 2-2 三相鼠笼式异步电动机的拆卸步骤

不拆前端盖)。

5. 用手锤柄从定子内腔将后端盖取出。

6. 清洗各部件:用布、毛刷、汽油(或煤油)等擦净电机各部件的油垢,检查各部件状况,确定更换件,或部件修理范围。

7. 组装:对已清洁或已修复的部件用压缩空气吹扫。将轴承加满润滑油,轴承盖内腔所加润滑油量占轴承盖总容积的$\frac{1}{3} \sim \frac{2}{3}$。组装电动机步骤与解体步骤相反,电动机组装完毕后,手动盘车,转子在定子中应转动自如,无摩擦现象。用兆欧表检查绕组对地绝缘电阻值,冷态(即常温下)绝缘电阻不应低于0.5 MΩ。

应当注意:若电动机有部件须作局部维修或定子绕组须重绕时,应将解体后的所有电动机零部件放入特定零件箱中,以防丢失或人为损坏。

(二)电动机运行中的检查与维护

1. 观测检查

(1)听声音;

(2)测温度;

(3)测电流。

2. 日常维护

(1)保持清洁;

(2)检查安装部位;

(3)检查电动机各处紧固螺丝和皮带顶丝;

(4)定期更换轴承润滑脂;

(5)清理电动机内部和加强绝缘。

【相关知识】

2.1.1 三相异步电动机的铭牌

三相异步电动机是电力拖动系统中应用最广泛的一种电机,金属切削机床、卷扬机、冶炼设备、农业机械、船舰、轧钢设备、各种泵、工业机械等,绝大部分都采用三相异步电动机拖动,水电厂中也常用作水泵、油泵、空压机及闸门启闭机的拖动电机。

三相异步电动机因为结构简单、使用维护方便、运行可靠、效率较高,以及制造容易、成本低廉等优点而得到广泛应用。

三相异步电动机调速性能较差,在要求平滑调速范围较宽的场合,一般用直流电动机替代;异步电动机功率因数较低,大功率异步电动机运行时要从电网吸收大量的无功功率,常被同步电动机取代。

异步电动机的机座上都装有一块铭牌,铭牌上标出了该电动机的型号及一些技术数据,了解铭牌上的额定值及有关数据,对正确的选择、使用和维修电动机具有重要意义。

异步电动机按照转子结构不同常分为两种基本形式:鼠笼式异步电动机和绕线式异步电动机。图2-3所示为鼠笼式异步电动机的外形图及铭牌,图2-4所示为绕线式异步电动机的外形图及铭牌。

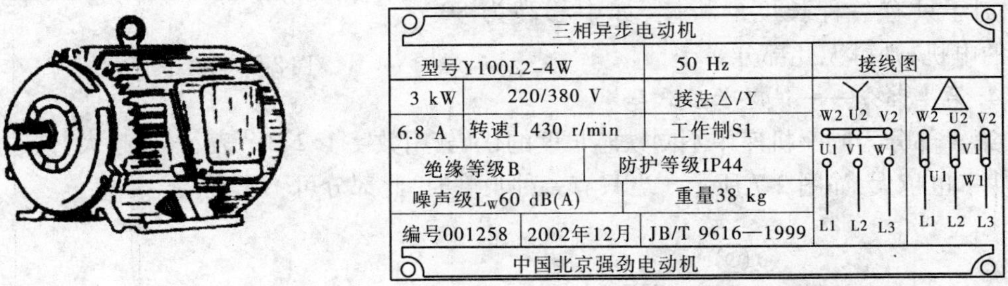

图2-3 鼠笼式异步电动机的外形图及铭牌

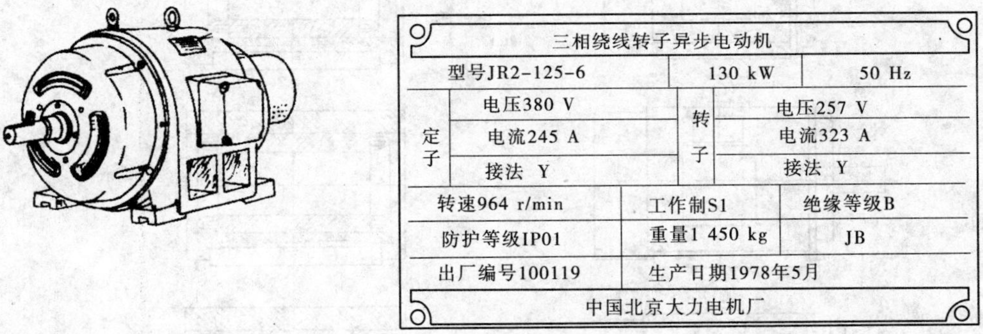

图2-4 绕线式异步电动机的外形图及铭牌

2.1.1.1 型号

国家标准《电机产品型号编制方法》(GB 4831—1984)中规定:中小型交流异步电动机的型号一般应由如下6部分组成:

1	2	3	4	5	6

1. 第1部分——电机系列代号

第1部分为该电机所属系列的代号与设计方案序号(第一次设计方案的无此序号)。由1~4个该电机名称汉字拼音字头组成。第一个字一般为“Y”。普通单速电机只用这一个字母,其他系列的电机则在Y的后面加上表示其特征的1~3个字母,例如普通多速电机则用“YD”表示,若这些字母后面紧跟一个阿拉伯数字,则该数字为本系列电机的设计序号。

2. 第 2 部分——机座号

第 2 部分为该电机的机座号。机座号以电动机中心至地面高度表示，单位为 mm。例如 132 即中心高为 132 mm，如图 2-5 所示。

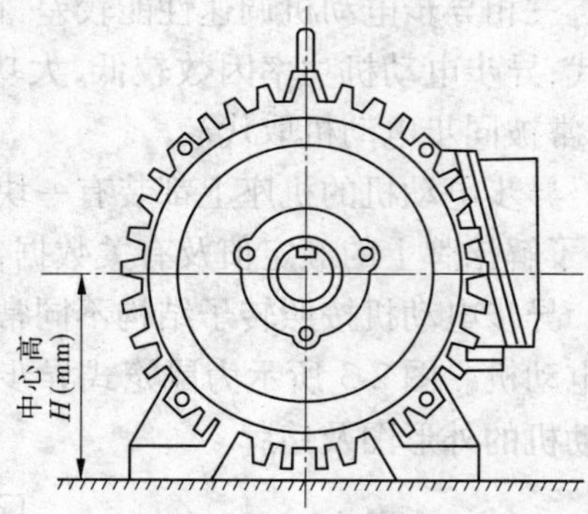

图 2-5　中心高示意图

3. 第 3 部分——机座长度代码

第 3 部分为机座长度代码。一般为 3 个档次，即长、中、短，分别用 L、M、S 表示，如图 2-6 所示。

对于只有一种长度的机座，如中心高为 80 mm 的电机，则可无此部分。

4. 第 4 部分——铁芯长度代码

第 4 部分为同一机座中不同铁芯长度的代码，用数字 1、2、3…表示，号越大，铁芯越长，功率也越大，如图 2-7 所示。当只有一种长度时，此部分可不出现。

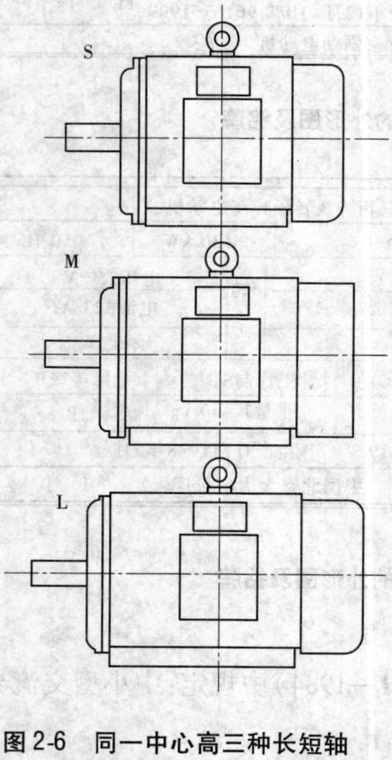

图 2-6　同一中心高三种长短轴机座(S、M、L)示意图

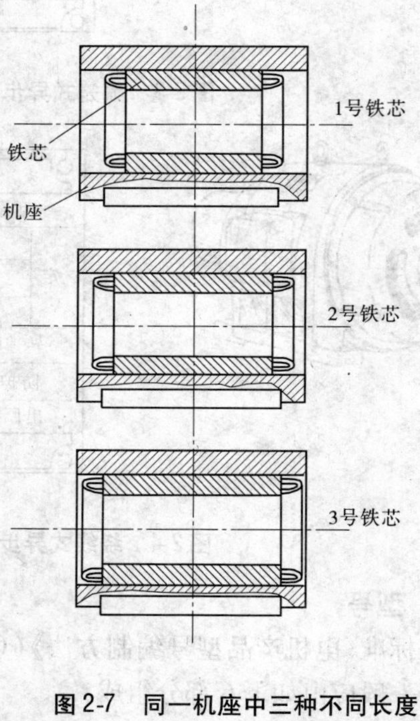

图 2-7　同一机座中三种不同长度铁芯示意图

Y 系列电机及其派生产品，此代码作为机座长度代码的脚标形式出现，例如 $Y160M_2-4$ 中的 M_2；无机座长度代码的，作为中心高(机座号)的脚标形式出现，例如 $Y80_2-4$。

Y2 系列电机及其派生产品，则以正常文字的大小出现。

5. 第 5 部分——极数

第 5 部分用数字形式给出该电机定子磁场的极数，如 2、4 极等。由此数和所用电源频率 f(Hz)可计算出该电机定子旋转磁场的转速 n_1，又称为同步转速，单位为转/分钟

(r/min)。用 p 表示极对数(极数的一半),则

$$n_1 = \frac{60f}{p}$$

当 $f=50$ Hz(我国所用交流电源频率,又称为工频)时,2 极电机 $n_1=3\ 000$ r/min,4 极电机 $n_1=1\ 500$ r/min,6 极电机 $n_1=1\ 000$ r/min,……

6. 第 6 部分——特殊环境代码

第 6 部分用特定的字母表示该电机可适用的特殊工作环境,如表 2-1 所示。一般电机无此部分。

表 2-1 电机适用特殊环境代码

适用特殊环境	高原	船(海)	户外	化工防腐	热带	湿热带	干热带
代码	G	H	W	F	T	TH	TA

7. 型号实例

实例 1:Y2 - 160M_2 - 2WF

解读:Y 系列基本型三相交流异步电动机,第 2 次设计,机座号为 160 mm,中等长度机座,2 号铁芯长,2 极,可在屋外并伴有腐蚀性气体的工作环境中使用。

实例 2:YZR355L1 - 10TH

解读:Y 系列冶金起重用绕线转子三相异步电动机,第 1 次设计,机座号为 355 mm,长机座,1 号铁芯长,10 极,可在湿热环境中使用。

2.1.1.2 额定值

1. 额定功率 P_N

电动机的额定功率是指在输入额定电压和额定频率的三相对称交流电并在符合规定的环境条件下,轴上输出机械功率,通常又称为容量。一般用千瓦(kW)作单位,不足 1 kW的有时用瓦(W)作单位。

2. 额定电压 U_N、额定频率 f_N 及接线方式

额定电压、额定频率及接线方式三者是相互关联的。

额定电压是保证电机正常工作时的电压,一般指线电压,用伏(V)或千伏(kV)作单位。我国的低压电机一般为 380 V 或 220 V,高压电机有 3 kV、6 kV 和 10 kV 等。电机所用实际电源电压一般应在额定值的 95% ~105%,有要求时可放宽到 90% ~110%。当可采用两种电压时,用"/"线隔开,如 380/220 V。

额定频率是保证电机输出规定转速的频率。我国一般用 50 Hz,某些国家(如美洲各国、日本等)为 60 Hz。

接线方式与电压有直接关系。普通电机一般将三相绕组的头尾共 6 根线均引出到接线盒内。一般有两种接法,分别称为星形接法和三角形接法,分别用符号 Y 和△表示。当三相绕组的头尾分别用 U1、U2、V1、V2、W1、W2 表示时,接线如图 2-8 所示。其他情况则按电机上所带接线图(在使用说明书中绘出)进行接线。

我国小型电机(低压)有关标准中规定,3 kW 及以下的电机所接电压为 220 V 时为△

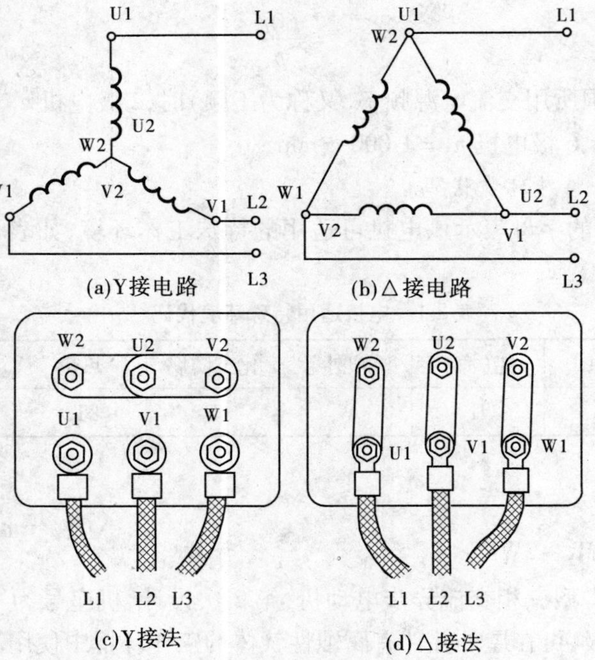

图 2-8 普通单速小型低压电机接线

接,380 V 时为 Y 接;3 kW 以上的电机,380 V 时为△接。一般情况下,电机按图 2-8 接线时,从主轴伸端看,轴的转向应为顺时针方向。

3. 额定电流 I_N

额定电流是电机施加额定频率的额定电压且输出额定功率时的定子输入线电流,一般用安(A)作单位。这是一个理论计算值,计算方法如下

$$I_N = \frac{P_N}{\sqrt{3}U_N\eta_N\cos\varphi_N}$$

式中 I_N——额定电流,A;

P_N——额定功率,W;

U_N——额定电压,V;

η_N——该电机技术条件中规定的效率标准值;

$\cos\varphi_N$——该电机技术条件中规定的功率因数标准值。

例如:某电动机,$P_N = 15$ kW,$U_N = 380$ V,$\eta_N = 88.5\%$,$\cos\varphi_N = 0.85$,求 I_N。

$$I_N = \frac{P_N}{\sqrt{3}U_N\eta_N\cos\varphi_N} = \frac{15\ 000}{\sqrt{3}\times 380\times 0.885\times 0.85} = 30.3(\text{A})$$

4. 额定转速 n_N

额定转速是电机加额定频率的额定电压并且输出额定功率时的转子转速,单位为转/分钟(r/min)。

5. 绝缘等级

绝缘等级实际是指绝缘材料的耐热等级。它表示电机中各种绝缘材料所能承受温度

的能力，用 E、B、F、H 等字母表示。其各自长期耐热的最高允许温度如表 2-2 所示。

表 2-2 绝缘材料耐热分级水平对应表

等级代码	E	B	F	H
耐热温度(℃)	120	130	155	180

6. 外壳防护等级

外壳防护等级是指电机外壳(含接线盒等)防护电机电路和旋转部分的能力。在铭牌中以 IPxy 的方式给出，其中，IP 是国际通用的防护等级代码，后面的 x 和 y 分别是一个数字，第一位数字 x 是 0 ~6 共 7 个，代表防固体能力；第二位数字 y 是 0 ~8 共 9 个，代表防液体(一般指水)的能力。数字越大，防护能力越强。表 2-3 和表 2-4 分别给出了目前国家标准规定内容的简述。

表 2-3 第一位数字——防固体能力——不能进入的固体尺寸 (单位:mm)

数字	0	1	2	3	4	5	6
可防护物体的最小尺寸	无专门防护						严密防尘

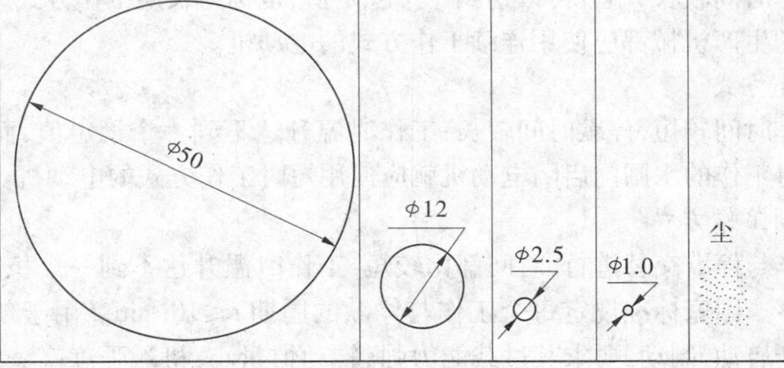

表 2-4 第二位数字——防水能力——不能进入体内水的状态

数字	0	1	2	3	4	5	6	7	8
可防进入水的状态	无专门防护	滴水	15°滴水	60°方向内的淋水	任何方向的溅水	一定压力的喷水	海浪或强喷水	一定压力的浸水	长期潜水

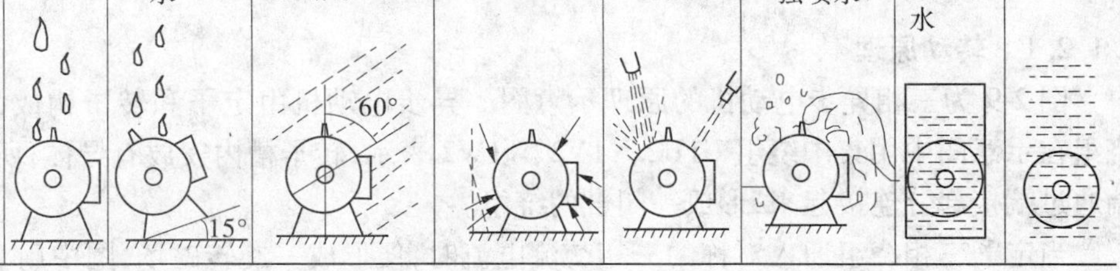

7. 效率和功率因数

效率和功率因数一般采用该电机技术条件中所规定的数值，有的厂家采用样机实测平均值，其分别用符号 η 和 $\cos\varphi$ 表示。实测时分别用下述公式求得

$$\eta = \frac{P_2}{P_1} \times 100\% = \frac{P_1 - \sum p}{P_1} \times 100\%$$

$$\cos\varphi = \frac{P_1}{\sqrt{3} U_1 I_1}$$

式中 P_2——输出功率,W;

P_1——输入功率,W;

$\sum p$——电机损耗总和,W;

U_1——输入电压(线值),V;

I_1——输入电流(线值),A。

8. 工作方式

工作方式又称工作制,它是电动机承受负载情况的说明,包括启动、电气制动、空载、断电停转以及这些阶段的持续时间和先后顺序。工作方式是设计和选择电动机的基础,在使用中通常把工作方式分为三种。

1)连续工作方式

电动机工作时间较长,温升可以达到一个稳定值,也称为长期工作方式,如通风机、水泵等连续工作的生产机械都应使用连续工作方式的电动机。

2)短时工作方式

电动机工作时间较短,停歇时间较长;工作时温升达不到一个稳定值,而停歇后温升降为零。如短时工作的水闸门启闭电动机就应使用短时工作方式的电动机。

3)断续周期工作方式

电动机工作与停歇交替进行,时间都比较短,工作时温升达不到一个稳定值,停歇时温升又降不到零。国家标准规定每个工作与停歇的周期 $t \leqslant 10$ min。用于断续周期工作的电动机会频繁启动、制动,要求其过载能力强,转动惯量小,机械强度高。如起重机、电梯等应使用此种工作方式的电动机。

值得注意:对于两台额定功率相同,而工作方式不同的电动机,连续工作方式的电动机可作为断续周期工作方式使用,断续周期工作方式的电动机可作为短时工作方式使用,反之则不行。

2.1.2 三相异步电动机的转动原理

2.1.2.1 转动原理

图 2-9 为三相异步电动机的原理示意图。异步电动机由定子和转子构成,定子三相绕组在示意图中用集中绕组 U1U2、V1V2、W1W2 表示,转子槽内安放有导体,所有导体两端通过端接部分连接起来,形成一闭合的绕组。

当定子三相绕组通入对称的三相交流电流时,便形成一旋转磁场,图中用 N、S 表示,该旋转磁场以同步转速 n_1 旋转,其磁力线切割转子导体而感应电动势,方向可用右手定则确定,在该电动势作用下,转子导体有电流产生;根据电磁力定律,转子导体电流与旋转磁场相互作用产生电磁力,方向由左手定则确定;在该电磁力形成的转矩作用下,转子顺着旋转磁场的转向转动起来,将电能转换为机械能。运用这种原理工作的电动机称为异

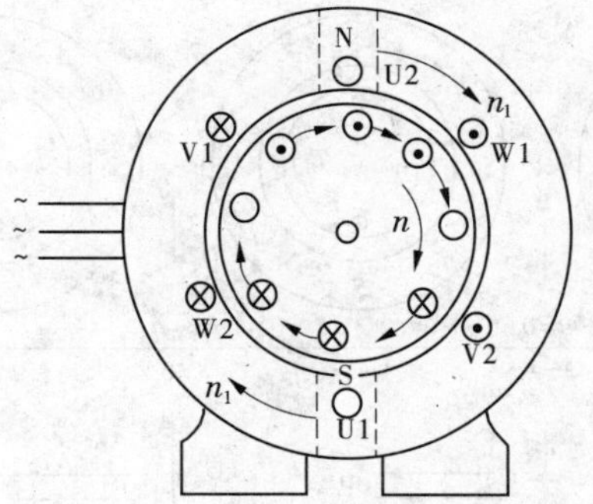

图2-9 三相异步电动机的原理示意图

步电动机,也称为感应电动机。

异步电动机转子转速 n 恒小于旋转磁场的转速 n_1,因为若转子以同步转速 n_1 旋转,则磁场与转子导体间就没有相对运动,导体便不能生成感应电动势与电流,进而无法产生电磁力的作用。异步电动机因此而得名。

异步电动机的转子旋转方向始终与旋转磁场的方向一致,而旋转磁场的方向又取决于通入的交流电流的相序,因此改变异步电动机通入电流的相序,即任意对调电动机的两根电源线,便可使电动机反转。

2.1.2.2 转差率

异步电动机的特点在于转子转速 n 与旋转磁场的转速 n_1(即同步转速)不同,可用转差率表征这一差异。转差率就是同步转速 n_1 与转子转速 n 的差值对同步转速 n_1 的比值,以 s 表示,即

$$s = \frac{n_1 - n}{n_1} \tag{2-1}$$

由式(2-1)可以推出异步电动机实际转速为

$$n = (1 - s)n_1 \tag{2-2}$$

当转子静止时,$n=0$,转差率 $s=1$;若 $n=n_1$,转差率 $s=0$。一般情况下,异步电动机额定转差率为0.01~0.05。转差率是一个决定异步电动机运行情况的重要参数。

2.1.2.3 异步电机的三种运行状态

异步电机根据转差率大小和正负情况,分为三种运行状态。

1. 电动机运行状态

当异步电机的转子与旋转磁场同方向(即 n 与 n_1 同向),且 $0<n<n_1$ 时,旋转磁场将以 $\Delta n = n_1 - n$ 的速度切割转子导条,在转子导条上产生感应电动势和电流,并同时产生电磁力,形成电磁转矩,如图2-10(b)所示。电磁转矩克服负载制动转矩,使电动机旋转,把从定子上输入的电能转变为机械能从转子轴上输出。此时,异步电机处于电动机运行状态,转差率的变化范围为 $0<s<1$。当电动机定子绕组接通电源,转子将启动但还未旋转的时候,$n=0$,$s=1$;当电动机处于空载运行状态时,转速 n 接近于同步转速 n_1,s 接近于0;当电动机处于额定运行状态时,s 较小,为0.01~0.05。

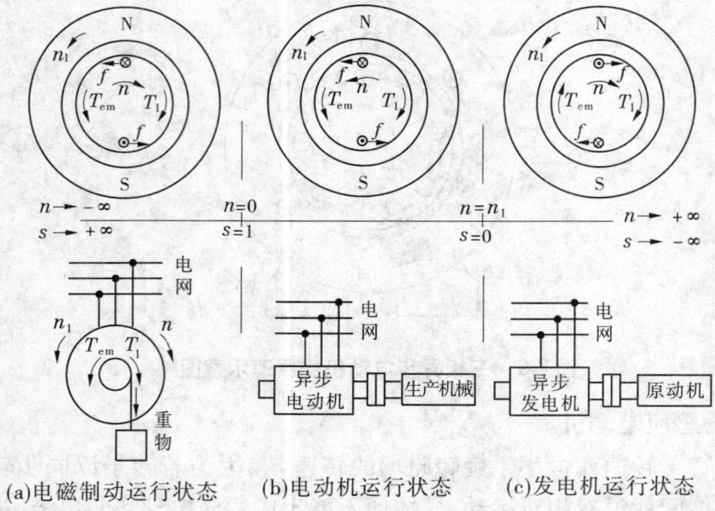

图 2-10　异步电机的三种运行状态

2. 发电机运行状态

如果用原动机拖动异步电机使转子转速 n 大于同步转速 n_1，且两者旋转方向相同，即 $+\infty > n > n_1$，$-\infty < s < 0$，此时，磁场切割转子导体的方向与电动机运行状态时相反。因此，转子的感应电动势、电流、电磁力和电磁转矩与异步电动机运行状态时相反，如图 2-10(c)所示。电磁转矩与转子转向相反，阻碍转子的旋转而起制动作用，转子从原动机吸收机械轴功率。由于转子电流改变了方向，定子电流跟随改变方向，也就是说，定子绕组由原来从电网吸收电功率，变成向电网输出电功率。这时，电机处于发电机运行状态。目前，异步发电机一般用在风力发电中。

3. 电磁制动运行状态

当外力使转子逆着定子旋转磁场的方向转动，这时 $-\infty < n < 0$，$+\infty > s > 1$，则定子旋转磁场将以 $\Delta n = n_1 - (-n) = n_1 + n$ 的速度切割转子导条；旋转磁场和转子导条的相对切割方向与电动机运行状态相同。因此，转子电动势、电流、电磁力和电磁转矩的方向与电动机运行状态时相同，如图 2-10(a)所示。电磁转矩与电机旋转的方向相反，电磁转矩对电机起制动作用，故称为电磁制动状态。在这种状态下，因电流方向不变，所以电机仍然通过定子从电网吸收电功率。同时，外力要克服制动力矩而做功，也要向电机输入机械功率，这两部分功率最终在电机内部以损耗的形式转化为热能消耗。吊车(或行车)在下放重物时，闸门启闭机在下放闸门时，电动机处于电磁制动状态。

2.1.3　三相异步电动机的基本结构

2.1.3.1　三相异步电动机的分类

异步电动机有鼠笼式和绕线式两类，结构如图 2-11 及图 2-12 所示。它们的区别在于转子结构不同。

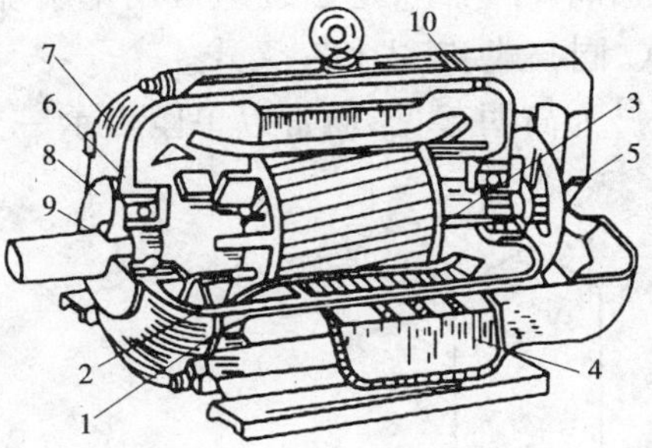

1—定子;2—定子绕组;3—转子;
4—出线盒;5—风扇;6—轴承;7—端盖;
8—内盖;9—外盖;10—风罩

图2-11　鼠笼式异步电动机的结构

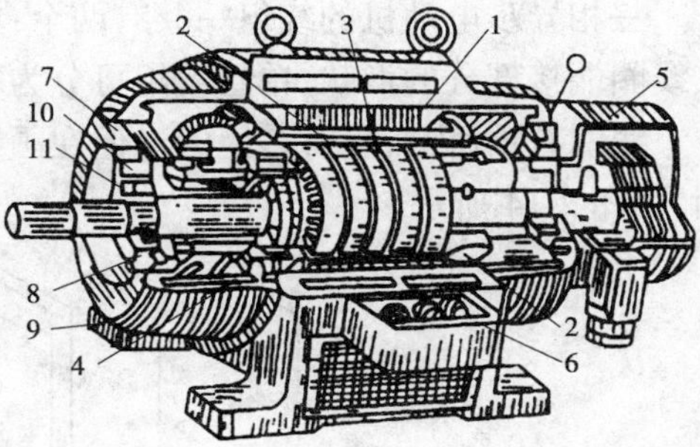

1—定子;2—定子绕组;3—转子;4—转子绕组;
5—滑环风扇;6—出线盒;7—轴承;8—轴承盒;
9—端盖;10—内盖;11—外盖

图2-12　绕线式异步电动机的结构

2.1.3.2　三相异步电动机的结构

异步电动机主要由固定不动的定子和旋转的转子构成。定子和转子间存在很小的间隙,称为气隙。

1. 定子

电动机定子由定子铁芯、定子绕组和机座等部件组成,定子用来产生旋转磁场。

1)定子铁芯

定子铁芯是电动机磁路的一部分,由于异步电动机中的磁场是旋转的,定子铁芯中的磁通为交变磁通。为了减小磁场在铁芯中引起的涡流及磁滞损耗,定子铁芯由导磁性能较好的厚0.5 mm、表面具有绝缘层(涂绝缘漆或硅钢片表面具有氧化膜绝缘层)的硅钢片叠压而成。定子铁芯叠片内圆冲有均匀分布的一定形状的槽,用以嵌放定子绕组。中小型电动机的定子铁芯采用整圆冲片,如图2-13所示。大中型电动机常采用扇形片拼成一圆。

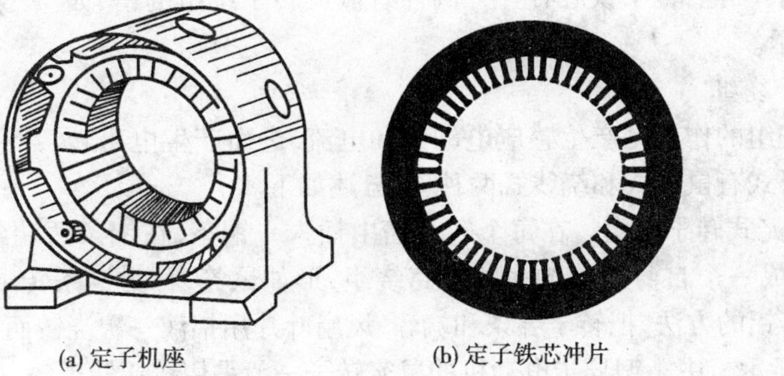

(a) 定子机座　　(b) 定子铁芯冲片

图2-13　定子机座和铁芯冲片

2)定子绕组

定子绕组是电动机的电路部分,由许多线圈按一定的规律连接而成。小型异步电动机的定子绕组由高强度漆包圆铜线或铝线绕制而成,一般采用单层绕组;大中型异步电动机的定子绕组用截面较大的扁铜线绕制成型,再包上绝缘,一般采用双层绕组。

三相异步电动机的绕组一共有两个:定子绕组和转子绕组,定子绕组常用单层绕组。按线圈端接部分的形状,单层绕组可分为等元件式、同心式、链式和交叉式。

线圈有单匝的,也有多匝的。但在画绕组图时,为简明起见,通常以单匝表示一个线圈,如图2-14所示。

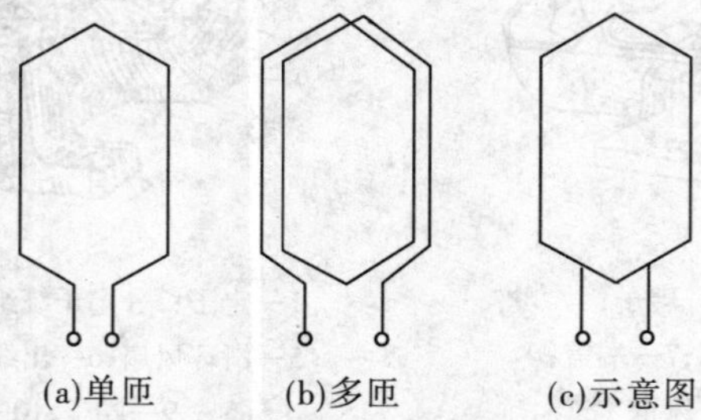

图2-14 绕组元件示意图

3)机座

机座是电动机的外壳,用以固定和支撑定子铁芯及端盖,机座应具有足够的强度和刚度,同时还应满足通风散热的需要。小型异步电动机的机座一般用铸铁铸成,大型异步电动机机座外壳上面有散热筋,防护式电动机机座两端端盖开有通风孔或机座与定子铁芯间留有通风道等。

2. 转子

转子由转子铁芯、转子绕组和转轴等部件构成。转子的作用是产生感应电流,形成电磁转矩,从而实现机电能量转换。

1)转子铁芯

转子铁芯也是电动机磁路的一部分。通常用定子冲片内圆冲下来的原料做转子叠片,即一般仍用厚0.5 mm的硅钢片叠压而成,套装在转轴上,转子铁芯叠片外圆冲有嵌放转子绕组的槽,如图2-15所示。

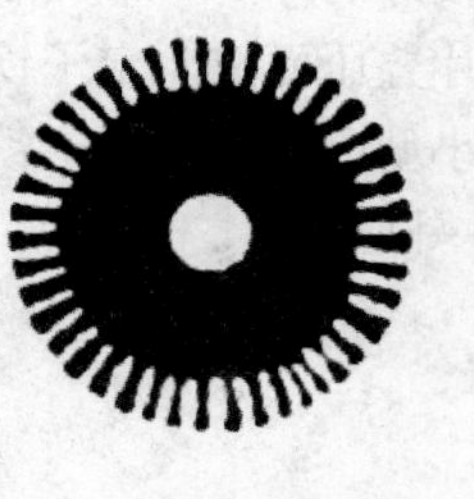

图2-15 转子铁芯冲片

2)转子绕组

转子绕组的作用是产生感应电动势和电流,进而产生电磁转矩。结构形式有鼠笼式和绕线式两种,现分述如下。

(1)鼠笼式转子绕组。在每个转子槽中插入一铜条,在铜条两端各用一铜质端环焊接起来,形成一个自身闭合的多相短路绕组,形如鼠笼,称为铜条转子,如图2-16所示。也可以用铸铝的方法,把转子导条和端环、风扇叶片用铝液一次浇铸而成,称为铸铝转子,如图2-17所示。中小型异步电动机的鼠笼转子一般采用铸铝转子。

因鼠笼式转子结构简单、制造方便、运行可靠,所以得到广泛应用。

(2)绕线式转子绕组。绕线式转子绕组与定子绕组相似,也是制成三相绕组,一般作星形连接。三根引出线分别接到转轴上彼此绝缘的三个滑环上,通过电刷装置与外部电路相连,如图2-18所示。转子绕组回路串入三相可变电阻的目的是为了改善启动性能或调节转速。为了消除电刷和滑环之间的机械摩擦损耗及接触电阻损耗,在大中型绕线式

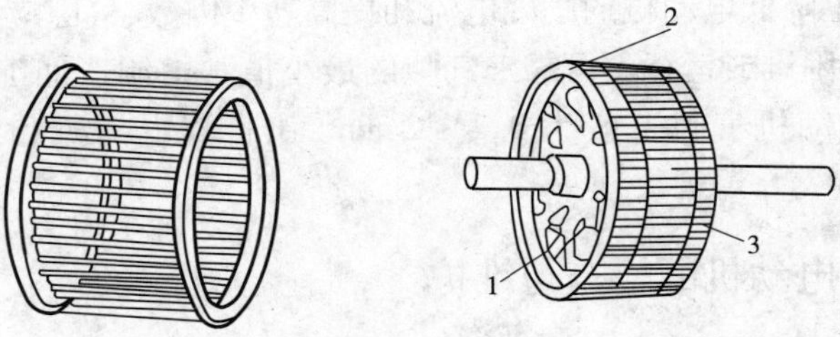

(a)铜条转子绕组　　(b)铜条转子

1—转子铁芯;2—铜条;3—端环

图 2-16　铜条转子结构

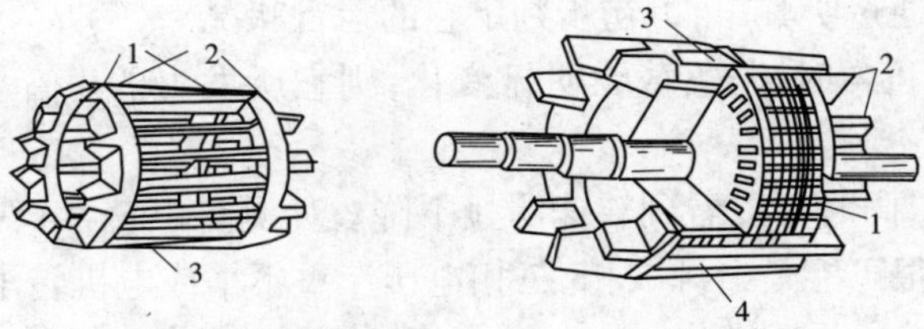

(a)铸铝转子绕阻　　(b)铸铝转子

1—端环;2—风叶;3—铝条;4—转子铁芯

图 2-17　铸铝型转子结构

电动机中,还装设有提刷短路装置。启动时转子绕组与外电路接通,启动完毕后,在不需调整的情况下,将外部电阻全部短接。

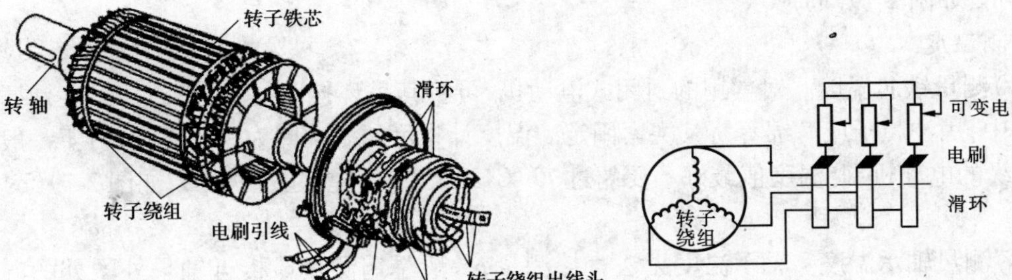

(a)绕线转子　　(b)绕线转子回路接线

图 2-18　绕线式转子

(3)转轴。转轴一般用强度和刚度较高的低碳钢制成,其作用是支撑转子和传递转矩。

3. 端盖

整个转子靠轴承和端盖支撑着,端盖一般用铸铁或钢板制成,它是电动机外壳机座的一部分,端盖通过止口固定在基座上。转轴两端套有轴承,轴承装在端盖内。

4. 气隙

在电动机定子和转子之间留有均匀的气隙,气隙的大小对异步电动机的参数和运行性能影响很大。为了降低电动机的励磁电流和提高功率因数,气隙应尽可能做得小些,但气隙过小,将使装配困难或运行不可靠。气隙的最小值常由制造加工工艺和安全运行等因素来决定,异步电动机气隙一般为 0.2 ~ 2 mm,比直流电动机和同步电动机气隙小得多。

2.1.4 三相异步电动机的检查与维护

2.1.4.1 日常使用中应注意观测的事项

电动机投入日常使用时,应注意观测如下事项并及时给予合理的处理。

1. 听声音

电动机运行时,通过听其声,可初步判定它的运行状况。

(1)电动机工作正常时,若负载无明显变化,则它所发出的声音会较均匀,即高低变化不大、无杂音。

(2)发出嗡嗡声,同时可以看到转速明显下降。如测量电流,可看到电流值变大且三相不平或不稳定,则很可能是电源缺相、三相电压严重不平或电机转子有严重断条等较大故障。

(3)声音较大且有些刺耳,但较均匀。主要原因是负载过大或电源电压过高。负载大小可通过测量电流进行判定。

(4)声音时高时低。其原因是负载波动或电源电压波动。

(5)有杂音。杂音的来源有轴承损坏、风扇与风罩或端盖相擦、定转子相擦或转子与高出的绝缘纸及槽楔相擦、电动机内有异物等。可借助螺丝刀(俗称改锥)等杆状物细心测听分辨,如图 2-19(a)所示。

2. 测温度

(1)测量铁芯温度。对常用的封闭式电动机,可将其吊环拧下,将一只酒精温度计插入吊环中,用油腻子或海绵等将其塞紧固定。温度计指示的温度即为铁芯温度,对于一般 B 级绝缘的电动机,此温度值最好不要超过 70 ℃,F 级绝缘不要超过 90 ℃,如图 2-19(b)所示。

(2)测量轴承温度。轴承温度无法直接测量,一般是用测量最接近轴承外圈处的温度计的方法代替。可采用酒精温度计,但最好采用有长杆的半导体测温计,如图 2-19(b)所示。

(3)手感法。无上述测量仪表时,可用手感粗略判定电动机的外壳温度。在用手去摸电动机外壳前,应确认电动机外壳已可靠接地,并用试电笔验电,确认电动机外壳不带电。

用指内侧摸电动机外壳,根据能停留的时间长短和承受能力来大略判定其温度,如图 2-19(c)所示。

因每个人对热的敏感程度不同(这与手上皮肤的状态和感觉器官的性能有关),所以不好给出一个通用的数据。但下面的内容有一定的参考价值。

(1)手可长时间放置时,温度在 40 ℃以下。

(2)可坚持几十秒时,温度在 40 ~ 45 ℃。

(3)可坚持 10 s 左右,温度在 50 ℃左右。

(4)一接触就立即缩回,温度在 70 ℃以上。

3. 测电流

对于较大容量或重要设备上所用的电动机,应装置监测三相电流的电路系统,随时掌握三相电流的变化情况。当然,也可用一块钳形电流表定期进行监测。

图 2-19(d)为一套采用 2 个电流互感器、3 个电流表的三相电流测量系统实物及原理接线图。在选用电流互感器和电流表时,应注意其配套关系。

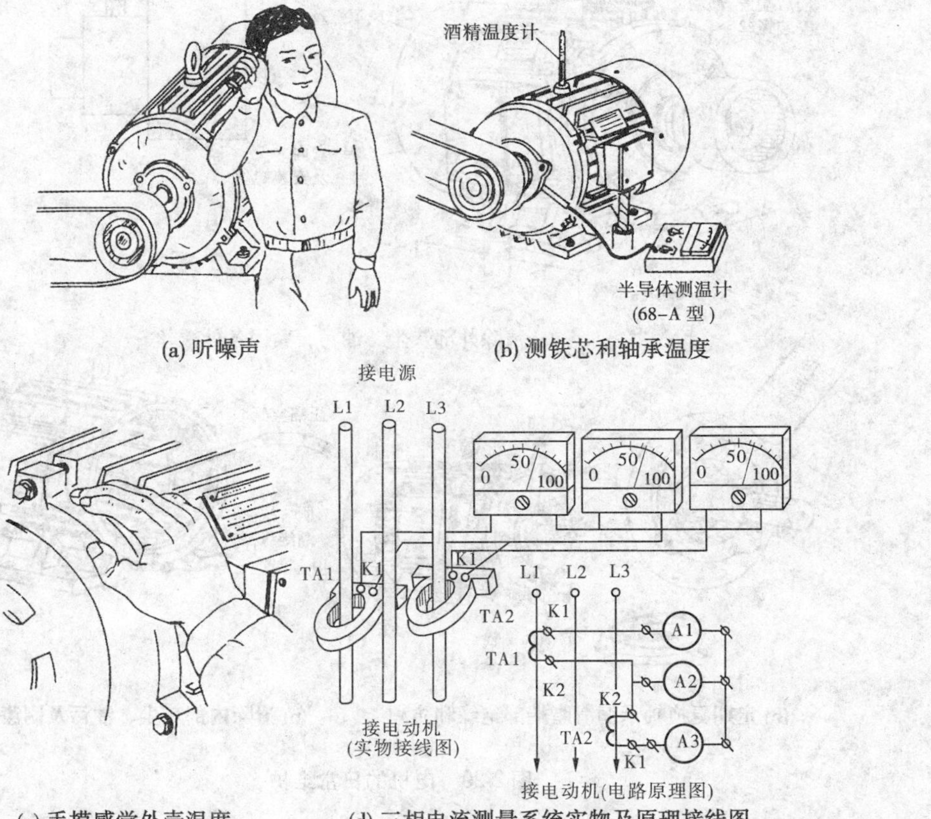

图 2-19　对运行电动机的监测项目

通过监测三相电流,可发现和判定如下一些电动机现有的或潜在的故障。

(1)三相电流基本平衡,但大于铭牌值的 1.15 倍,说明负载过重。

(2)三相电流不平衡度小于 3%,若电压三相平衡度在 1%以内,则电动机绕组可能有轻微匝间短路;若三相电流不平衡度大于 3%,则可能有较严重的匝间短路。

(3)若三相电流严重不平衡,当有两相较大且基本相同,而第三相较小时,可能是第三相电路(含电源开关、导线连接点、导线等)存在接触不良的故障。

(4)若三相电流都按一定的周期大小摆动,并且转速有所下降,则转子有可能出现了断笼故障。

2.1.4.2 日常维护

1. 保持清洁

对电动机外壳、风扇罩处的灰尘、油污及其他杂物等要经常进行清除，以保证良好的通风散热和避免对电动机部件的腐蚀。对绕线转子电动机，还应及时清除电刷磨下的炭粉，以免贴附在绕组上，造成局部短路，如图 2-20(a)所示。

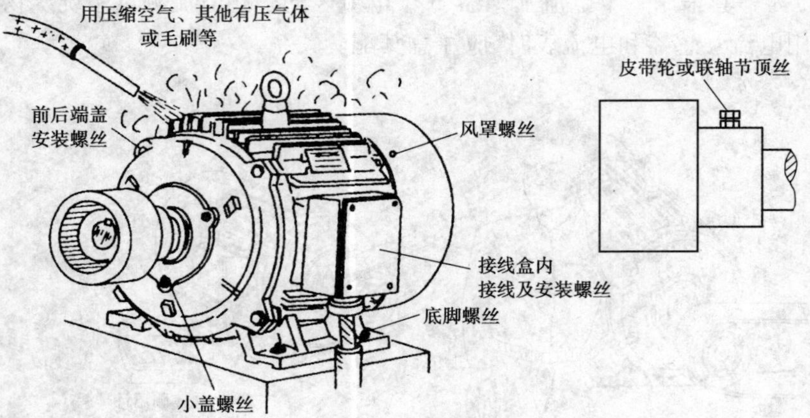

(a) 清除外部灰尘、油污，紧固各处螺丝

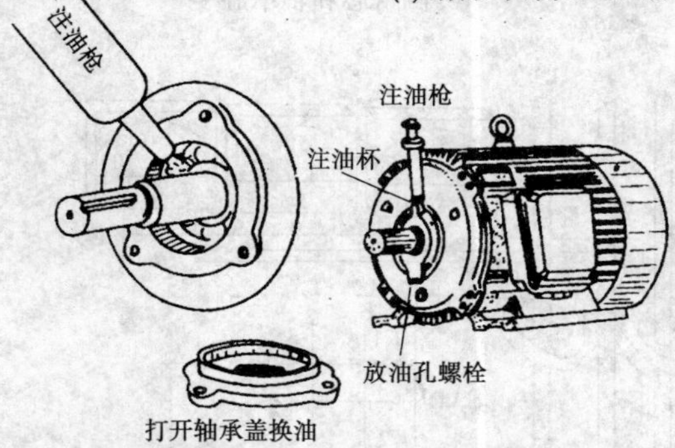

(b) 定期更换轴承润滑脂端部绝缘和防潮

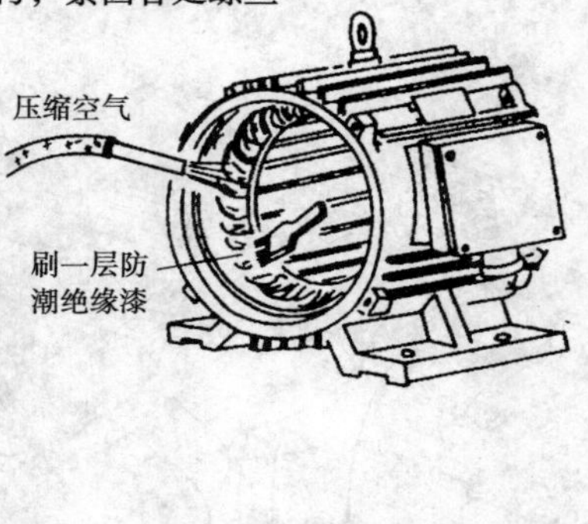

(c) 清除内部灰尘、油污及刷漆加强

图 2-20 电机的日常维护

2. 检查安装部位

对电动机与基础架构以及配套设备之间的安装连接部位，应经常检查，发现有松动的及时修复；有断裂时，应停机处理。

3. 检查电动机各处紧固螺丝和皮带顶丝

在停机时，检查和紧固电动机上各处的安装螺丝以及皮带轮顶处，如图 2-20(a)所示。

4. 定期更换轴承润滑脂

对非全封闭式轴承，应根据电动机的使用情况，一到两年更换一次轴承润滑脂。有注排油装置的电动机，可通过这些装置换油脂，如图 2-20(b)所示。

5. 清理电动机内部和加强绝缘

对使用环境中有较多灰尘的电动机，特别是防护等级较低的电动机(如 IP23)，应视情况在大修时和年度保养时,打开端盖,清除绕组端部的灰尘和油污。还可在端部刷一层防潮绝缘漆,以加强绝缘和防潮,如图2-20(c)所示。

【思考问题】

1. 一台三相异步电动机 $P_N=4$ kW, $U_N=380$ V, $\cos\varphi_N=0.88$, $\eta_N=0.87$,求额定电流。

2. 一台6极三相异步电动机,工频供电,额定转差率为0.05,求额定转速。

3. 一台三相异步电动机, $P_N=4.5$ kW, Y/△连接, $\cos\varphi_N=0.85$, $\eta_N=0.8$, $n_N=1\ 450$ r/min,求接为Y时的额定电流及接为△时的额定电流。

4. 简述三相鼠笼式异步电动机主要部件及各部件的作用。

5. 三相绕线式异步电动机与鼠笼式异步电动机在结构上最大区别是什么?

6. 简述三相异步电动机的工作原理。异步电动机的转向主要取决于什么?如何实现异步电动机反转?

7. 异步电机有哪三种运行状态?说明三种状态下转速及转差率的范围。

8. 异步电动机在日常使用中应该观测的内容有哪些?维护的内容有哪些?

【任务评价】

评价内容

实际操作:学生解体与组装一台小型三相鼠笼式异步电动机,考核其解体与组装顺序,质量等,教师自行设计考核表格与评分标准。

解答思考问题:学生解答思考问题,引导学生自评、互评,老师审定成绩。

职业素质养成考核:遵守安全规章制度,遵守纪律、吃苦耐劳,一丝不苟地工作,与团队成员、教师和工厂师傅进行有效的沟通、协作共事等。

成绩构成

实际操作40%,解答思考问题40%,基本素质20%。

任务2.2 三相异步电动机的运行分析

【学习目标】

1. 能力目标

(1)能绘制三相异步电动机空载、负载时的简化电路图;

(2)能进行三相异步电动机的空载试验和短路试验,测定其空载特性和转矩特性(机械特性);

(3)能收集与工作学习相关的信息,能使用各种信息资源完成学习与工作任务,工作结束后能对工作过程和成果进行反思及评价。

2. 知识目标

(1)知道三相异步电动机电动势与磁通的关系,磁动势平衡方程式,电动势平衡方程式;

(2)知道转子各量与转差率的关系,等效电路,转矩公式,转矩平衡方程式,转矩特性。

3. 素质目标

养成与团队成员友好相处、团结协作，动手动脑，遵守劳动纪律与规章制度的好习惯。

【任务描述】

1. 异步电动机空载试验在定子外施额定频率的电压，转子不带负载的空载运行状态下进行。空载试验测取电动机空载电流和空载损耗，求取空载特性曲线 $I_0 = f(U_0)$，并计算其功率因数。

2. 异步电动机短路（堵转）试验在定子绕组送入一降低的三相对称电压下进行，测量堵转电流、堵转损耗和功率因数随电压变化的曲线，以便确定电动机在额定电压下的最初启动电流与最初启动转矩，从而分析电动机的各种特性。

【任务准备】

1. 系统学习三相异步电动机空载运行、负载运行、电磁转矩、工作特性和机械特性的相关知识；

2. 学习电压表、电流表、功率表及常用工器具的正确使用方法；

3. 准备一台小型三相鼠笼式异步电动机。

【任务实施】

一、异步电动机空载试验的目的主要是检查电动机内部接线和匝数是否正确，铁芯质量和定子转子间的气隙大小，机械安装是否良好，求取电动机的空载特性曲线 $I_0 = f(U_0)$，并计算其功率因数等。

1. 试验前对被试电动机的要求

（1）电动机定子、转子绕组接线正确，绝缘电阻合格；

（2）电气回路连接正确、牢固，一次回路电气设备耐压试验合格；

（3）电动机转子旋转灵活，无碰击现象。

2. 试验接线和方法

（1）电动机空载试验接线如图 2-21 所示。

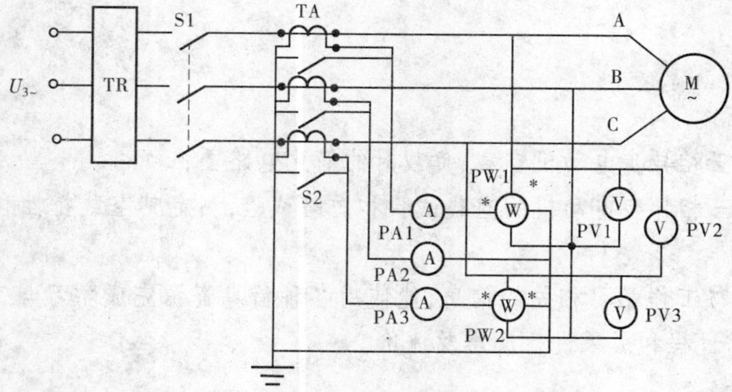

图 2-21　异步电动机空载试验接线

（2）将电流互感器二次侧短路（合上短路开关 S2），再合上电源开关 S1，使电动机在额定电压下工作。

（3）电动机转速正常后，拉开互感器二次侧短路开关 S2，读取线电压、各相电流和功率值。图2-21中两功率表的数值之和即为空载损耗。

(4)空载特性求取。利用调压器使定子绕组上的电压从(1.1~1.3)U_N开始逐渐下降,测量不同电压下的空载电流和空载输入功率,直至尽可能低的数值,其间测取6~8点数值。

3. 注意事项

(1)试验前进行短时间空载检查,如电动机启动时声音不正常或不转动,应立即切断电源检查。

(2)试验电压有偏差时应进行换算。

试验电压应为额定电压,如有偏差,应按下式换算为额定电压下的数值

$$I_{0N} = \frac{U_N}{U_0} I_0$$

$$P_{0N} = (\frac{U_N}{U_0})^2 P_0$$

式中,U_N、I_{0N}、P_{0N}为额定电压、额定空载电流和空载输入功率;U_0、I_0、P_0为测得的空载电压、电流和功率。

(3)空载功率因数按下式求得

$$\cos\varphi_0 = \frac{P_0}{\sqrt{3} U_0 I_0}$$

(4)三相电源力求对称,为了使试验结果准确,应力求电源电压对称稳定,以免造成较大的误差。

二、异步电动机短路(堵转)试验时将转子卡住,定子绕组通电,测量堵转时的电流I_K、输入功率P_K和转矩T_K随电压变化的曲线。

1. 三相试验法

(1)试验接线和所用测量仪表与空载试验相同;

(2)试验前应将转子卡牢;

(3)试验时,施加在定子绕组上的电压尽可能从不低于0.9U_N开始,然后逐步降低电压至电流接近额定电流为止。其间测取5~7点读数,每点应同时测取下列数值,三相电压、三相电流和转矩或输入功率,每点读数的时间不应超过10 s,以免绕组过热。

(4)对于100 kW以下的电动机,堵转试验的最大电流应不低于4.5倍额定电流,对100~300 kW的电动机应不低于2.5~4倍额定电流,300 kW以上的电动机应不低于1.5~2倍额定电流,在最大电流至额定电流范围内,均匀地测取不少于4个点的读数。

(5)如果因为设备原因,不能测取转矩时,允许用下式计算转矩,此时应在每点读数后,在两个出线端测量定子绕组的电阻。

$$T_K = \frac{9.55 \times (P_K - P_{KC} - P_{KS})}{n_S}$$

式中,P_K为堵转时的输入功率,W;P_{KC}为堵转时的定子绕组I^2R的损耗,W;P_{KS}为堵转时的杂散损耗,W;n_S为同步转速,r/min。

(6)对于中型低压电动机,取P_{KS}=0.05P_K;对于大中型高压电动机,取P_{KS}=0.1P_K。

2. 试验结果计算

定子绕组为星形连接时(三角形连接时要转换为星形计算),三相短路试验结果的计算可按表 2-5 和下列各式计算。

表 2-5　三相短路试验计算公式

电流平均值 I_{Kav}(A)	电压平均值 U_{Kav}(V)	功率 P_K(W)	短路电阻 R_K(Ω)	短路阻抗 Z_K(Ω)	短路电抗 X_K(Ω)
$\frac{I_{AB}+I_{BC}+I_{CD}}{3}$	$\frac{U_{AB}+U_{BC}+U_{CD}}{3}$	$P_{AB}\pm P_{CB}$	$\frac{P_K}{3(I_K)^2}$	$\frac{U_K}{\sqrt{3}I_K}$	$\sqrt{Z_K^2-R_K^2}$

(1)转子等效电阻 R_{re}

$$R_{re}=R_{K75}-1.05R_{S75}$$

式中,R_{K75}换算到 75 ℃时的短路电阻;R_{S75}定子绕组 75 ℃时的每相直流电阻值。

(2)额定电压下的短路电流 I_{KN}

$$I_{KN}=\frac{2}{\sqrt{3}}\frac{U_N}{U_K}I_{Kav}K_e$$

式中,U_N 为额定线电压,V;U_K 为短路试验电压,V;K_e 为铁磁饱和系数,取 1.3 ~ 1.5;I_{Kav}为在 U_K 下的短路电流平均值,A。

(3)额定电压下的短路损耗 P_{KN}

$$P_{KN}=P_K\left(\frac{I_{KN}}{I_K}\right)^2$$

(4)启动电流 I_{st}与额定电流之比

$$k_I=\frac{I_{st}}{I_N}=\frac{I_K}{I_N}$$

(5)启动转矩 T_{st}与额定转矩 T_N 之比

$$k_T=\frac{T_{st}}{T_N}=\frac{3P_2I_K^2}{P_N}$$

式中,P_2 为转子轴功率。

(6)最大转矩 T_{max}与额定转矩 T_N 之比

$$k_{TT}=\frac{T_{max}}{T_N}=\frac{U_N^2}{2P_NKP_{S75}+X_K}$$

式中,P_{S75}为 75 ℃定子功率;R_{S75}为 75 ℃定子绕组每相直流电阻;K 为集肤效应作用系数,取 $K=1.05$。

(7)临界转差 s_{cr}

$$s_{cr}=\frac{CR_{re}}{\sqrt{(CR_{S75})^2+X_K^2}}$$

式中,$C=1+\frac{I_{0N}}{I_{KN}}$,其中 I_{0N}和 I_{KN}分别为额定电压下的空载和短路电流。

【相关知识】

异步电动机定子与转子之间只有磁的耦合,没有电的直接联系,其定子绕组从电源吸取的能量通过电磁感应作用传递给转子。从电磁感应原理和能量传递来看,异步电动机与变压器有很多相似之处,故分析变压器内部电磁关系的基本方法也适应于异步电动机。异步电动机的定子绕组相当于变压器的一次绕组,转子绕组相当于二次绕组。

2.2.1 三相异步电动机的空载运行

异步电动机的三相定子绕组接入三相对称电源,轴上不带任何机械负载,转子空转时,称为空载运行。

2.2.1.1 空载运行时的电磁关系

异步电动机空载运行时的定子电流称为空载电流,用 $\dot{I}_0$ 表示。异步电动机空载运行时,空载转速很高,接近于同步转速,转子与定子旋转磁场几乎无相对运动,转子感应电动势 $\dot{E}_0\approx0$,转子电流 $\dot{I}_2\approx0$,转子磁动势 $\dot{F}_2\approx0$。此时,气隙磁动势就是空载时定子磁动势,即励磁磁动势。空载时的定子电流 $\dot{I}_0$ 即励磁电流,基本为一无功性质电流,用于建立励磁磁场。

根据磁通路径和性质不同,异步电动机磁通可分为主磁通和漏磁通,如图 2-22 所示。

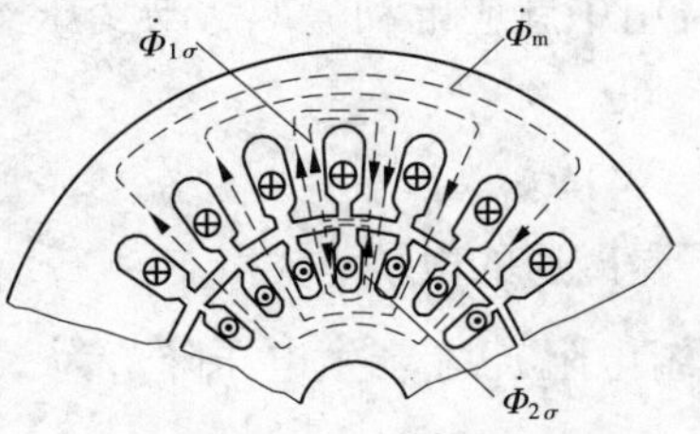

(a)主磁通和槽漏磁通

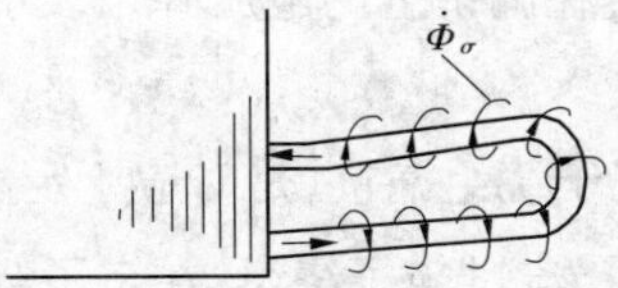

(b)端部漏磁通

图 2-22 主磁通和漏磁通

(1)主磁通 $\dot{\Phi}_m$。定子磁动势产生的磁通绝大部分通过定子铁芯、转子铁芯及气隙形成闭合回路,并同时与定子、转子绕组相交链,这部分磁通称为主磁通,用 $\dot{\Phi}_m$ 表示。主磁通在定、转子绕组中感应电动势,并在闭合的转子绕组中产生感应电流。转子载流导体与定子磁场相互作用产生电磁转矩,驱动转子旋转,从而将定子绕组输入的电能转换为轴上输出的机械能,实现机电能量转换。

(2)定子漏磁通 $\dot{\Phi}_{1\sigma}$。定子磁动势除产生主磁通以外,还产生仅与定子绕组相交链的磁通,称为定子漏磁通,用 $\dot{\Phi}_{1\sigma}$ 表示。定子漏磁通有槽漏磁通和端部漏磁通两类,见图 2-22。由于漏磁通沿磁阻很大的空气隙形成闭合回路,故漏磁通相对于主磁通较小,且定子漏磁通仅与定子绕组交链,不能起能量转换作用,只能使电压降落。

2.2.1.2 空载运行时的电动势及电动势平衡方程

1. 感应电动势

空载运行时，转子回路电动势 $\dot{E}_2 \approx 0$，转子电流 $\dot{I}_2 \approx 0$，故只讨论定子电路。

异步电动机三相定子绕组内通入三相交流电后产生的主磁场$\dot{\Phi}_m$ 为旋转磁场，定子绕组因切割旋转磁场而感应电动势 $\dot{E}_1$，其表达式为

$$\dot{E}_1 = -j4.44 f_1 N_1 k_{w1} \dot{\Phi}_m \tag{2-3}$$

式中 $\dot{\Phi}_m$——气隙旋转磁场的每极磁通；

N_1——定子绕组每相匝数；

k_{w1}——定子绕组系数，它因定子绕组的短矩和分布引起；

f_1——定子电流频率。

与变压器分析相似，感应电动势 $\dot{E}_1$ 可用励磁电流 $\dot{I}_0$ 在励磁阻抗 Z_m 上的电压降来表示，即

$$-\dot{E}_1 = \dot{I}_0(r_m + jx_m) = \dot{I}_0 Z_m \tag{2-4}$$

$$Z_m = r_m + jx_m$$

式中 Z_m——励磁阻抗；

r_m——励磁电阻，是反映铁耗的等效电阻；

x_m——励磁电抗，它是对应于主磁通$\dot{\Phi}_m$ 的电抗。

定子漏磁通只交链定子绕组，在定子绕组中感应电动势$\dot{E}_{1\sigma}$，与变压器一样，漏电动势可以用空载电流在漏抗上的电压降来表示，即

$$\dot{E}_{1\sigma} = -j\dot{I}_0 x_1 \tag{2-5}$$

式中 x_1——定子绕组漏抗，是对应于定子漏磁通的电抗。

定子电流 $\dot{I}_0$ 流过定子绕组，在定子绕组电阻 r_1 上产生电压降落为

$$\dot{U}_{1r} = \dot{I}_0 r_1 \tag{2-6}$$

2. 电动势平衡方程式

与变压器分析相似，定子每相电路的电压平衡方程式为

$$\dot{U}_1 = -\dot{E}_1 - \dot{E}_{1\sigma} + \dot{U}_{1r} = -\dot{E}_1 + j\dot{I}_0 x_1 + \dot{I}_0 r_1 = -\dot{E}_1 + \dot{I}_0 Z_1 \tag{2-7}$$

$$Z_1 = r_1 + jx_1$$

式中 Z_1——定子绕组的漏阻抗。

由于 r_1 与 x_1 很小，定子绕组漏抗压降$\dot{I}_0 Z_1$ 与外加电压相比很小，一般为额定电压的 2% ~5%，为了简化起见，可以忽略。故

$$\dot{U}_1 \approx -\dot{E}_1$$

$$\dot{U}_1 \approx -\dot{E}_1 = 4.44 f_1 N_1 k_{w1} \dot{\Phi}_m$$

于是电动机每极主磁通为

$$\dot{\Phi}_m = \frac{\dot{U}_1}{4.44 f_1 N_1 k_{w1}} \tag{2-8}$$

对于一定的异步电动机，k_{w1}、N_1 均为常数，当频率一定时，主磁通 $\dot{\Phi}_m$ 与电源电压 $\dot{U}_1$ 成正比，如外施电压不变，主磁通 $\dot{\Phi}_m$ 也基本不变，这与变压器相同。

2.2.1.3　**空载时的等值电路**

根据式(2-4)和式(2-7)可画出异步电动机空载运行时的等值电路图，如图2-23所示。

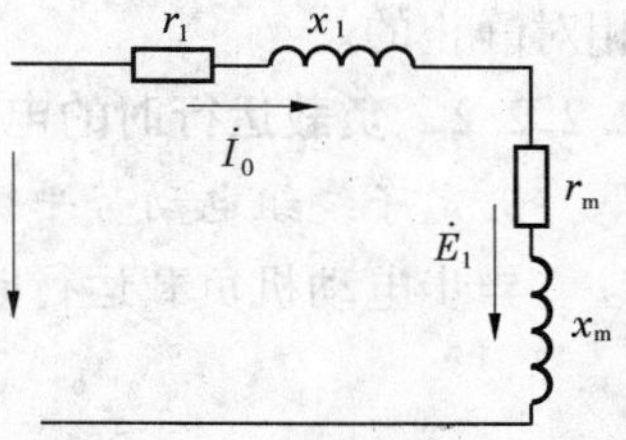

图2-23　异步电动机空载运行时的等值电路

2.2.2　三相异步电动机的负载运行

2.2.2.1　**负载运行时转子磁动势的特性**

异步电动机带上机械负载时，电动机转子以低于同步转速 n_1 的速度旋转，其转向与气隙旋转磁场的方向相同。这时，定子旋转磁场以相对速度 $\Delta n = n_1 - n$ 切割转子绕组，转子绕组中感应电动势 $\dot{E}_2$ 和电流 $\dot{I}_2$。转子电流 $\dot{I}_2$ 还将产生一个转子磁动势 $\dot{F}_2$，气隙中总磁动势则是 $\dot{F}_1$ 与 $\dot{F}_2$ 共同建立的。

1. 转子磁动势的极对数

三相对称交流电通入三相对称绕组产生旋转磁动势。绕线式异步电动机和鼠笼式异步电动机的转子带上负荷时，转子绕组流过对称电流，转子磁动势也是一个旋转磁动势（不论证）。且转子绕组极对数 p_2 与定子绕组极对数 p 相同（不论证）。

2. 转子磁动势的转向

定子旋转磁动势转向与定子绕组三相电流相序有关，若定子旋转磁场沿 U→V→W 相序顺时针方向旋转，如图2-9所示，因为 $n < n_1$，因此在转子绕组中感应电动势和感应电流的相序也必然为 U→V→W。又因为转子磁动势转向取决于转子绕组中电流的相序，始终从超前电流相转向滞后电流相，故转子磁动势转向也是从 U→V→W 沿顺时针方向转动，于是可以得出如下结论；转子电流与定子电流相序一致，转子磁动势 $\dot{F}_2$ 与定子磁动势 $\dot{F}_1$ 同方向旋转。

3. 转子磁动势的转速

转子转速为 n，气隙旋转磁场以 $\Delta n = n_1 - n = sn_1$ 的相对速度切割转子绕组，在转子绕组中感应电动势和电流，其频率为

$$f_2 = \frac{p\Delta n}{60} = s\frac{pn_1}{60} = sf_1 \tag{2-9}$$

转子绕组的极对数 $p_2 = p_1$，转子磁动势相对于转子的转速为

$$n_2 = \frac{60f_2}{p_2} = s\frac{60f_1}{p_1} = sn_1 \tag{2-10}$$

转子本身以转速 n 旋转，故转子磁动势相对于定子的转速为

$$n_2 + n = sn_1 + n = n_1 \tag{2-11}$$

式(2-11)表明，转子磁动势与定子磁动势在气隙中的转速相等。

由此可见，无论异步电动机的转速 n 如何变化，定子磁动势 $\dot{F}_1$ 与转子磁动势 $\dot{F}_2$ 总是

相对静止的。

2.2.2.2 负载运行时的电动势平衡方程

1. 定子绕组电动势平衡方程

异步电动机负载运行时,定子绕组电动势平衡方程与空载时相同,即

$$\dot{U}_1 = -\dot{E}_1 + \dot{I}_1 Z_1 \tag{2-12}$$

2. 转子绕组电动势平衡方程

异步电动机负载运行时,气隙主磁场$\dot{\Phi}_m$ 以 $\Delta n = n_1 - n$ 的相对速度切割转子绕组,并在转子绕组中感应电动势$\dot{E}_2$,频率为f_2。其表达式为

$$\dot{E}_2 = -\mathrm{j}4.44 f_2 N_2 k_{w2} \dot{\Phi}_m \tag{2-13}$$

式中 $\dot{\Phi}_m$——主磁场的每极磁通;

N_2——转子每相绕组匝数;

k_{w2}——转子绕组系数,由转子绕组的短矩和分布引起;

f_2——转子电流频率。

此外,转子漏磁通$\dot{\Phi}_{2\sigma}$,将在转子绕组中产生漏电动势$\dot{E}_{2\sigma}$。与定子侧相似,转子漏电动势可以用转子的漏抗压降来表示,即

$$\dot{E}_{2\sigma} = -\mathrm{j}\dot{I}_2 x_2 \tag{2-14}$$

式中 x_2——转子漏抗,是对应于转子漏磁通的电抗。

当转子电流 $\dot{I}_2$ 通过转子绕组时,将在转子绕组电阻 r_2 上产生电压降,即

$$\dot{U}_{2r} = \dot{I}_2 r_2$$

与变压器相似的分析,可得转子电路的电动势平衡方程式为

$$\dot{E}_2 + \dot{E}_{2\sigma} - \dot{I}_2 r_2 = 0$$

或

$$\dot{E}_2 = \dot{I}_2 r_2 + \mathrm{j}\dot{I}_2 x_2 = \dot{I}_2 Z_2 \tag{2-15}$$

$$Z_2 = r_2 + \mathrm{j}x_2$$

式中 Z_2——转子绕组的漏阻抗。

2.2.2.3 转子各物理量与转差率 s 的关系

当异步电动机以转速 n 旋转时,气隙旋转磁场以 $\Delta n = n_1 - n$ 的相对速度切割转子绕组,转速 n 变化时,转子绕组与气隙旋转磁场的切割速度也相应变化,因此转子感应电动势 $\dot{E}_2$、转子频率 f_2、转子电流 $\dot{I}_2$、转子电抗 x_2、转子功率因数以 $\cos\varphi_2$ 的大小都将随转差率 s 的变化而变化。

1. 转子频率 f_2

当转子以转速 n 旋转时,旋转磁场以 $\Delta n = n_1 - n$ 的相对速度切割转子绕组,所以感应电动势的频率为

$$f_2 = \frac{p\Delta n}{60} = s\frac{pn_1}{60} = sf_1 \tag{2-16}$$

2. 转子绕组感应电动势

当转子不动时，$n=0, s=1, f_2=f_1$，将转子感应电动势大小记为 E_{20}，则

$$E_{20} = 4.44 f_1 N_2 k_{w2} \Phi_m \tag{2-17}$$

当电动机转动时，有

$$E_2 = 4.44 f_2 N_2 k_{w2} \Phi_m = 4.44 s f_1 N_2 k_{w2} \Phi_m = sE_{20} \tag{2-18}$$

3. 转子绕组漏抗

转子不动时，$f_2=f_1$，转子绕组漏抗为 x_{20}，即

$$x_{20} = 2\pi f_2 L_2 = 2\pi f_1 L_2 \tag{2-19}$$

当电动机转动时，有

$$x_2 = 2\pi f_2 L_2 = 2\pi S f_1 L = s x_{20} \tag{2-20}$$

4. 转子绕组电流

通过转子绕组的电流 I_2 为

$$I_2 = \frac{E_2}{\sqrt{r_2^2 + x_2^2}} = \frac{sE_{20}}{\sqrt{r_2^2 + (sx_{20})^2}} = \frac{E_{20}}{\sqrt{(\frac{r_2}{s})^2 + x_{20}^2}} \tag{2-21}$$

5. 转子功率因数

转子的功率因数 $\cos\varphi_2$ 为

$$\cos\varphi_2 = \frac{r_2}{\sqrt{r_2^2 + x_2^2}} = \frac{r_2}{\sqrt{r_2^2 + (sx_{20})^2}} \tag{2-22}$$

以上各式表明，异步电动机转动时，转子各物理量的大小与转差率 s 有关。转差率 s 是异步电动机的一个重要参数。转子各物理量随转差率变化的情况如图 2-24 所示。

2.2.2.4 异步电动机的等效电路

异步电动机的定、转子间只有磁的联系，而无电路上的联系。为了便于分析和简化计算，需要用一个等效电路来代替这两个独立的电路。要达到这一目的，就必须将转子各量折算到定子侧，形成一个统一的电路。

异步电动机的折算分成两步：先进行频率折算，把旋转的转子变成静止的转子，使定、转子电路的频率相等；再进行绕组折算，使定、转子绕组的相数、匝数、绕组系数相等。

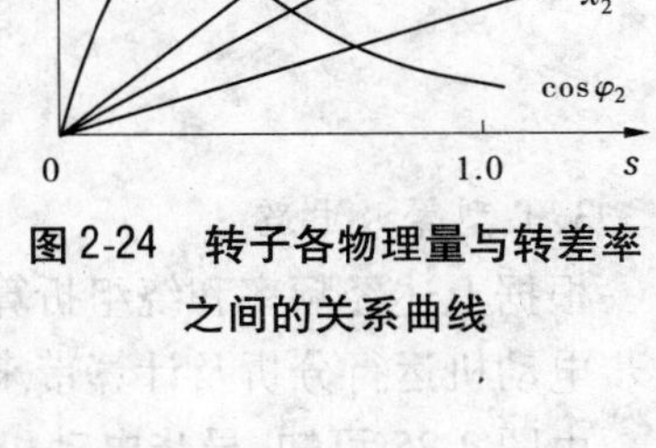

图 2-24 转子各物理量与转差率之间的关系曲线

1. 频率的折算

频率折算，就是用一个等效的静止的转子来代替实际的旋转的转子。为了保证折算前后电动机的各电磁关系不变，折算的原则是：折算前后磁动势保持不变，能量传递保持不变。

由式(2-21)可知

$$\dot{I}_2 = \frac{\dot{E}_{2s}}{r_2 + jx_{2s}} = \frac{s\dot{E}_2}{r_2 + jsx_2} \quad (\text{频率为} f_2) \tag{2-23}$$

$$\dot{I}_2=\frac{\dot{E}_2}{\frac{r_2}{s}+\mathrm{j}x_2}\qquad(\text{频率为}f_1)\tag{2-24}$$

上面两式是同一种关系的两种表达形式，其中式(2-23)中各量的频率为f_2，$\dot{I}_2$为旋转电动机电流，而式(2-24)中各量的频率为f_1，$\dot{I}_2$为静止电动机电流。

以上分析表明，将旋转的转子转化为静止的转子时，只要将$\dot{E}_{2s}$换成$\dot{E}_2$，将x_{2s}换成x_2，原转子电阻r_2变换为$\frac{r_2}{s}$即可。$\frac{r_2}{s}$可分成两部分，即

$$\frac{r_2}{s}=r_2+\frac{1-s}{s}r_2\tag{2-25}$$

也就是说，在静止的转子电路中串入一个附加电阻$\frac{1-s}{s}r_2$，这台静止不动的异步电动机就可以等效地代替实际旋转的异步电动机。$\frac{1-s}{s}r_2$是一个等效电阻，在它上面消耗的电功率等于电动机所产生的总机械功率。

2. 绕组的折算

转子绕组折算就是用一个和定子绕组具有相同相数m_1、匝数N_1及绕组系数k_{w1}的等效转子绕组来代替原来的相数m_2、匝数N_2及绕组系数k_{w2}的实际转子绕组。其折算原则和方法与变压器基本相同，转子侧各电磁量折算到定子侧时：

(1)转子电动势、电压乘以电动势变比k_e。

(2)转子电流除以电流变比k_i。

(3)转子电阻、电抗及阻抗乘以阻抗变比k_ek_i。

通过折算，异步电动机的基本方程式变为

$$\left.\begin{aligned}\dot{U}_1&=-\dot{E}_1+\mathrm{j}\dot{I}_1x_1+\dot{I}_1r_1\\\dot{E}'_2&=\dot{I}'_2\frac{r'_2}{s}+\mathrm{j}\dot{I}'_2x'_2\\\dot{I}_1+\dot{I}'_2&=\dot{I}_0\\\dot{E}'_2&=\dot{E}_1\\\dot{E}_1&=-\dot{I}_0Z_m\end{aligned}\right\}\tag{2-26}$$

3. T型等效电路

根据上述经频率和绕组折算后的方程组可画出定、转子等效电路，等效电路的获得给异步电动机运行分析及计算带来了方便。异步电动机T型等效电路如图2-25所示。

由图2-25可知，异步电动机的T型等效电路与变压器带纯电阻负载时的等效电路相似。T型等效电路中的$\frac{1-s}{s}r'_2$被称为总机械功率的等效电阻。

4. 简化等效电路

为了简化计算，可将T型等效电路中的励磁支路从中间移到异步电动机的电源端，

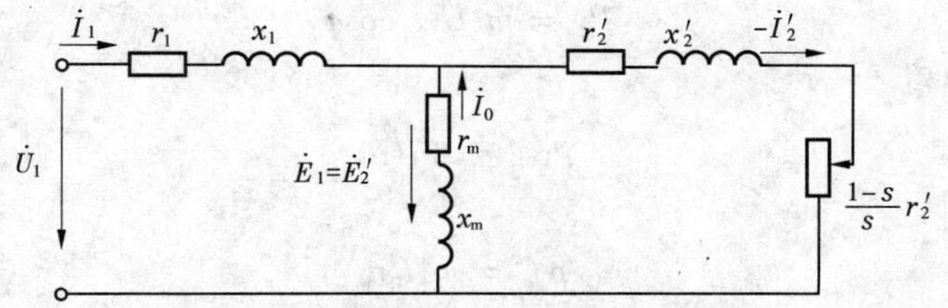

图 2-25　异步电动机 T 型等效电路

称为简化等效电路，如图 2-26 所示。但在异步电动机中，Z_m^* 较小，$\dot{I}_0^*$和 Z_1^* 均较大，为了减小误差，励磁支路应引入定子漏阻抗 Z_1，以校正电源电压，增大对励磁电路的影响。

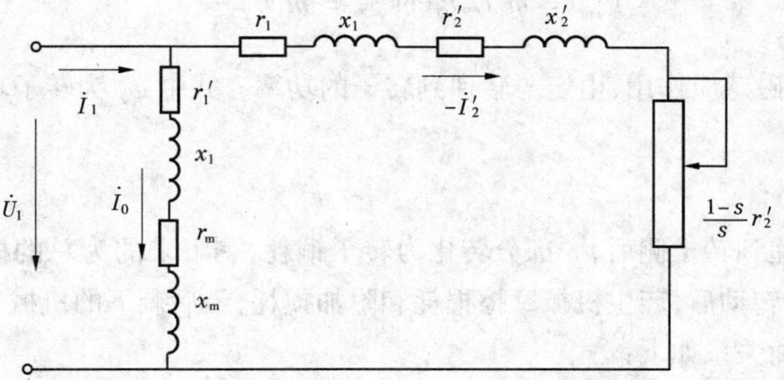

图 2-26　简化等效电路

2.2.3　三相异步电动机的电磁转矩

2.2.3.1　功率传递过程与功率平衡关系

异步电动机的功率传递过程如图 2-27 所示，其中功率用大写字母 P 表示，而损耗用小写字母 p 表示。下面对其传递过程进行具体说明。

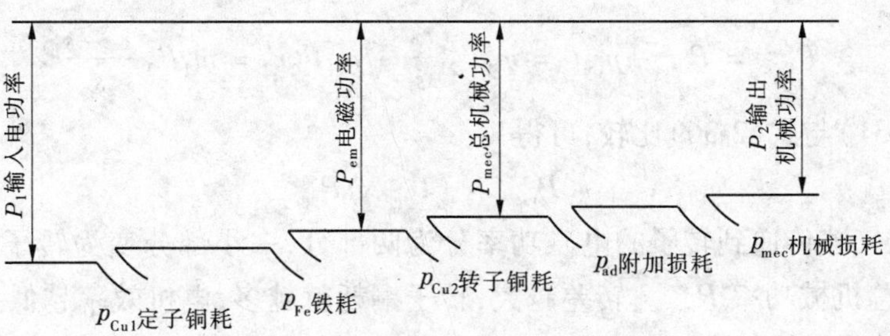

图 2-27　异步电动机的功率传递图

1. 定子侧

定子侧功率平衡关系

$$P_1 = (p_{Cu1} + p_{Fe}) + P_{em} \tag{2-27}$$

(1)输入功率：电网向定子输入的有功功率

$$P_1 = m_1U_1I_1\cos\varphi_1 \tag{2-28}$$

(2)定子铜耗

$$p_{Cu1} = m_1I_1^2r_1 \tag{2-29}$$

(3)定子铁耗

$$p_{Fe} = m_1I_0^2r_m \tag{2-30}$$

异步电动机正常运行时,转子频率很低,一般为 1 ~ 3 Hz,转子铁耗很小,可忽略不计。

(4)电磁功率:

$$P_{em} = m_1E_2'I_2'\cos\varphi_2 = m_1I_2'^2\frac{r_2'}{s} \tag{2-31}$$

P_{em}为通过电磁感应作用,由定子转递到转子的功率。式中 φ_2 为转子功率因数,即$\dot{E}_2'$与$\dot{I}_2'$的相位差角。

2. 转子侧

电磁功率传递到转子侧后,一部分转化为转子铜耗,剩下来的为总的机械损耗,传递到转轴上;电动机转动后,产生机械摩擦损耗和附加损耗,最后剩下的机械功率 P_2 由转轴输出。其功率平衡关系如下:

$$P_{em} = p_{Cu2} + P_{mec} \tag{2-32}$$

$$P_{mec} = (p_{mec} + p_{ad}) + P_2 \tag{2-33}$$

(1)转子铜耗:

$$p_{Cu2} = m_1I_2'^2r_2' \tag{2-34}$$

将式(2-34)与式(2-31)比较,可得

$$p_{Cu2} = sP_{em} \tag{2-35}$$

(2)总机械功率:

$$P_{mec} = P_{em} - p_{Cu2} = m_1I_2'^2\frac{r_2'}{s} - m_1I_2'^2r_2' = m_1I_2'^2\frac{1-s}{s}r_2' \tag{2-36}$$

将式(2-31)与式(2-36)比较,可得

$$P_{mec} = (1-s)P_{em} \tag{2-37}$$

可见,从气隙传递到转子的电磁功率分为两部分,一小部分变为转子铜耗 p_{Cu2},绝大部分转变为总机械功率 P_{mec}。转差越大,转子铜耗就越多,电机效率越低。因此,正常运行时电机的转差率均很小。

(3)机械摩擦损耗 p_{mec}:由于电动机转动,会产生轴承与风阻摩擦等机械损耗。

(4)附加损耗 p_{ad}:由于电机铁芯中有齿和槽的存在,定、转子磁动势中含高次谐波磁动势等所引起的损耗。

(5)输出功率 P_2:是异步电动机轴上输出的机械功率。当额定运行时,该功率即是电动机铭牌上的额定功率。

$$P_2 = m_1U_1I_1\cos\varphi_1\eta \tag{2-38}$$

2.2.3.2 **转矩平衡方程式**

根据以上分析可知,异步电动机转轴上存在一个机械功率平衡关系,其中机械摩擦损耗和附加损耗合称为空载损耗,即 $p_0=p_{mec}+p_{ad}$,则电动机机械功率平衡关系可表示为

$$P_{mec}=p_0+P_2 \tag{2-39}$$

由动力学知识可知,$T=\dfrac{P}{\Omega}$,在式(2-39)两边同时除以机械角速度 Ω,可得异步电动机转矩平衡方程式为

$$T=T_0+T_2 \tag{2-40}$$

式中 T——异步电动机电磁转矩,为驱动性质的转矩;

T_0——空载制动转矩,由异步电动机的机械损耗和附加损耗所产生的转矩,为制动性质的转矩;

T_2——负载制动转矩(输出转矩),由机械负载反作用于异步电动机轴上的转矩,为制动性质的转矩。

另外,机械角速度 Ω 与电动机转速 n 之间还存在如下关系

$$\Omega=\frac{2\pi n}{60} \tag{2-41}$$

2.2.3.3 **电磁转矩的两种计算式**

1.电磁转矩物理表达式

从物理角度出发,电磁转矩是由转子载流导体与气隙磁场相互作用而产生的,经理论推导可得

$$T=C_T\Phi_m I_2'\cos\varphi_2 \tag{2-42}$$

式中 C_T——电磁转矩常数,其大小与电机结构有关。

式(2-42)表明,电磁转矩是转子电流的有功分量 $I_2'\cos\varphi_2$ 与气隙磁场 Φ_m 相互作用产生的。

2.电磁转矩参数表达式

电磁转矩的物理表达式在定性分析时比较方便。但由于表达式中主磁通和鼠笼式异步电动机的转子电流很难确定,故很难进行定量计算。为了便于计算和反映转差率与电磁转矩的关系,可采用电磁转矩的参数表达式,其公式如下

$$T=\frac{m_1 p U_1^2\dfrac{r_2'}{s}}{2\pi f_1\left[\left(r_1+\dfrac{r_2'}{s}\right)^2+(x_1+x_2')^2\right]} \tag{2-43}$$

式中 m_1——定子绕组相数;

p——极对数;

f_1——电源频率;

U_1——加在定子绕组上的相电压;

r_1、r_2'——定、转子绕组电阻;

x_1、x_2'——定、转子绕组电抗。

2.2.3.4 电磁转矩特性

由式(2-43)可知,当电源及电动机参数不变时,异步电动机的电磁转矩 T 仅与转差率 s(或转速 n)有关。电磁转矩 T 与转差率 s 的关系 $T=f(s)$ 称为转矩特性,如图 2-28 所示。

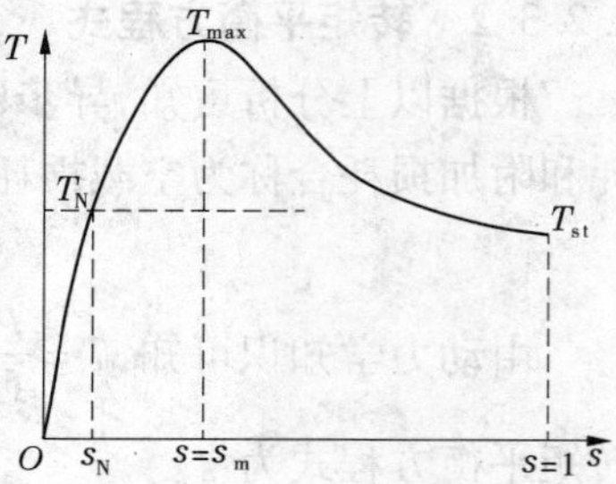

图 2-28 $T\sim s$ 特性曲线

1. 额定电磁转矩

异步电动机额定运行时,转差率 $s=s_N$,可以在 $T\sim s$ 曲线上找到对应的一点,称为额定运行点,其对应电磁转矩称为额定电磁转矩 T_N,其大小为

$$T_N=\frac{m_1pU_1^2\frac{r_2'}{s_N}}{2\pi f_1\left[\left(r_1+\frac{r_2'}{s_N}\right)^2+(x_1+x_2')^2\right]} \tag{2-44}$$

2. 最大电磁转矩

由 $T\sim s$ 曲线可见,电磁转矩有一个最大值,该转矩称为最大电磁转矩,用 T_{max} 表示。最大电磁转矩能反映电动机过载能力的大小,最大电磁转矩越大,过载能力越强。为了求最大转矩,将式(2-44)对 s 求导,并令 $\frac{dT}{ds}=0$,便可求出最大电磁转矩时的转差率 s_m,称为临界转差率。其值为

$$s_m=\frac{r_2'}{\sqrt{r_1^2+(x_1+x_2')^2}} \tag{2-45}$$

将式(2-45)代入式(2-43)中,便可求得最大电磁转矩为

$$T_{max}=\frac{m_1pU_1^2}{4\pi f_1[r_1+\sqrt{r_1^2+(x_1+x_2')^2}]} \tag{2-46}$$

r_1 很小,若忽略 r_1,式(2-45)为

$$s_m\approx\frac{r_2'}{x_1+x_2'} \tag{2-47}$$

则

$$T_{max}\approx\frac{m_1pU_1^2}{4\pi f_1(x_1+x_2')} \tag{2-48}$$

分析以上各式,可得以下结论:

(1)当电源频率和电机参数不变时,最大电磁转矩与电源电压的平方成正比,即 $T_{max}\propto U_1^2$,但临界转差率 s_m 与电源电压无关。

(2)最大电磁转矩 T_{max} 的大小与转子回路电阻 r_2' 的大小无关,但临界转差率 $s_m\propto r_2'$。

(3)如果忽略电阻 r_1,当电源电压和频率为常数时,最大电磁转矩 T_{max} 与电机参数 x_1+x_2' 成反比,即定转子漏抗越大,则 T_{max} 越小。

(4)最大电磁转矩 T_{max} 随频率 f_1 的增大而减小。电动机的最大转矩 T_{max} 与额定转矩 T_N 之比称为过载系数,用 k_m 表示

$$k_m = \frac{T_{max}}{T_N} \tag{2-49}$$

过载系数反映了异步电动机短时过负荷的能力，k_m 越大，短时过负荷能力越强。一般电动机的过载能力 $k_m = 1.6 \sim 2.2$；起重和冶金用的异步电动机 $k_m = 2.2 \sim 2.8$；特殊电动机的 k_m 可达3.7。

3. 启动转矩

电动机刚接通电源时，电动机由于机械惯性，还来不及旋转，这一时刻的电磁转矩称为启动转矩。此时 $n=0, s=1$，如果把 $s=1$ 代入式(2-43)，可得启动转矩的表达式

$$T_{st} = \frac{m_1 p U_1^2 r_2'}{2\pi f_1[(r_1 + r_2')^2 + (x_1 + x_2')^2]} \tag{2-50}$$

(1)当频率和电动机参数一定时，启动转矩与电源电压平方成正比，即 $T_{st} \propto U_1^2$。

(2)当电源电压和频率一定时，漏抗 $x_1 + x_2'$越大，启动转矩 T_{st}越小。

(3)当使 $s_m = 1$，增大转子回路电阻与总的漏电抗相等即 $r_2' = x_1 + x_2'$时，启动转矩将等于最大转矩。

(4)启动转矩 T_{st}随频率 f_1 的增大而减小。启动转矩倍数 k_{st}是异步电动机的重要性能指标之一，反映了电动机启动能力的大小：

$$k_{st} = \frac{T_{st}}{T_N} \tag{2-51}$$

一般异步电动机 $k_{st} = 1.0 \sim 2.0$，起重和冶金用异步电动机 $k_{st} = 2.8 \sim 4.0$。

2.2.3.5 人为机械特性

电磁转矩 T 与电动机转速 n 之间的关系 $T = f(n)$ 称为机械特性，如图2-29 所示。

为了适应负载对电动机启动、调速及制动方面的要求，常常通过改变电源电压、电源频率、转子回路电阻、极对数等方法来改变异步电动机的机械特性，这时候得到的机械特性称为人为机械特性。

1. 改变电源电压 U_1 的人为机械特性

由于 $T_{max} \propto U_1^2$、$T_{st} \propto U_1^2$，所以最大转矩和启动转矩都随 U_1 的降低成平方倍地减小。但最大转矩所对应的临界转差率 s_m 与电源电压 U_1 无关，如图2-30 所示。

2. 转子回路串电阻时的人为机械特性曲线

转子回路串入对称三相电阻适用于绕线式异步电动机的启动、调速和制动。临界转差率 s_m 与转子回路电阻 r_2'成正比，而最大电磁转矩 T_{max}与转子回路电阻 r_2'无关，如图2-31 所示。

2.2.4 三相异步电动机的工作特性

异步电动机的工作特性是指电动机在额定电压和额定频率下，其转速 n、输出转矩 T_2、定子电流 I_1、功率因数 $\cos\varphi_1$、效率 η 等与输出功率 P_2 之间的关系。异步电动机的工作特性是合理使用异步电动机的重要依据，常用特性曲线来描述工作特性，如图2-32 所示。

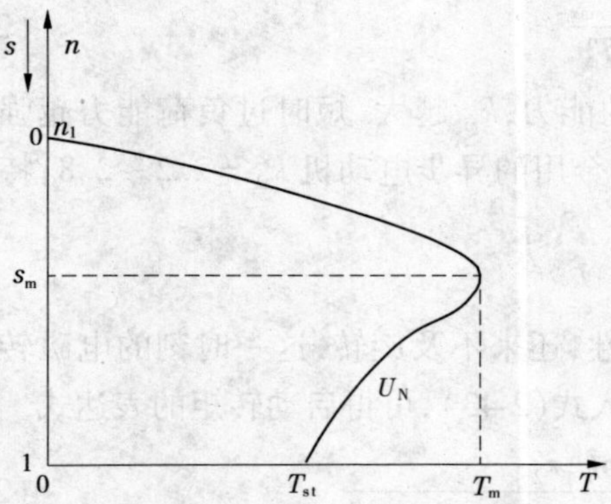

图 2-29　机械特性曲线

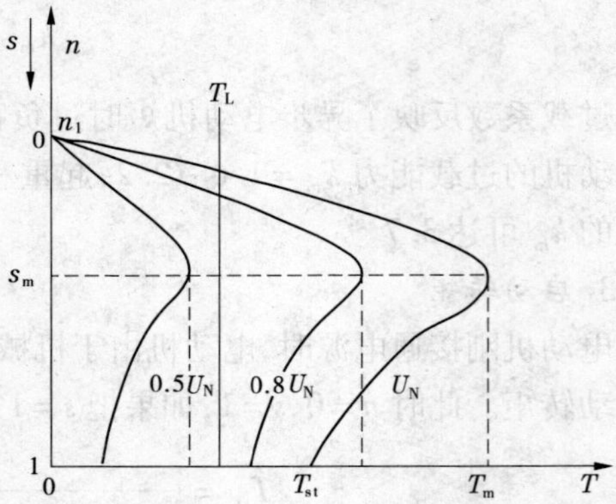

图 2-30　改变电源 U_1 的人为机械特性曲线

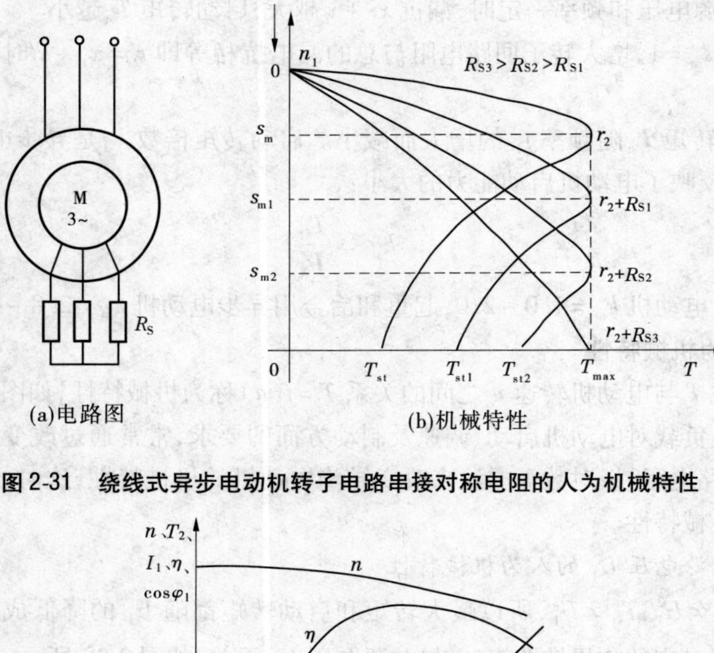

(a)电路图　　(b)机械特性

图 2-31　绕线式异步电动机转子电路串接对称电阻的人为机械特性

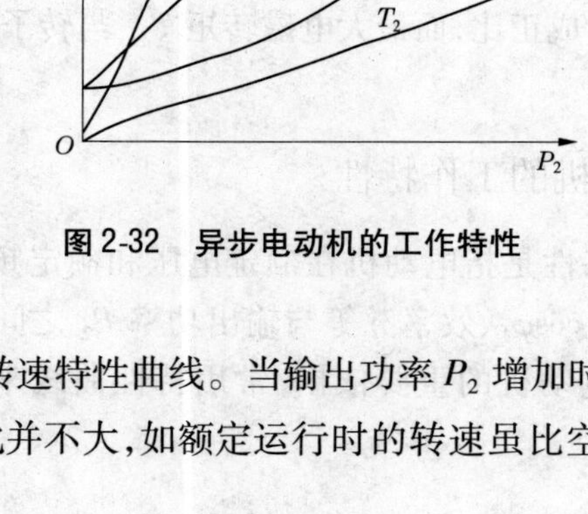

图 2-32　异步电动机的工作特性

2.2.4.1　转速特性

曲线 $n=f(P_2)$，称为转速特性曲线。当输出功率 P_2 增加时，随负载转矩增加，转速 n 会下降，但转速随负载变化并不大，如额定运行时的转速虽比空载转速要小，但 n 仍与同

步转速 n_1 接近,故曲线是一条微微向下倾斜的曲线。

2.2.4.2 **效率特性**

曲线 $\eta=f(P_2)$ 称为效率特性。效率特性也是异步电动机一个重要性能指标。异步电动机效率为

$$\eta=\frac{P_2}{P_1}=\frac{P_1-\sum p}{P_1}=1-\frac{\sum p}{P_1} \tag{2-52}$$

式中 $\sum p$——异步电动机总损耗,$\sum p=p_{Cu1}+p_{Cu2}+p_{Fe}+p_{mec}+p_{ad}$。

通常异步电动机在 $(0.75\sim1.1)P_N$ 时有最高效率。所以,选择异步电动机时,应使电动机额定功率和负载大小相匹配。

2.2.4.3 **功率因数特性**

曲线 $\cos\varphi_1=f(P_2)$ 称为功率因数特性曲线,额定负载时,功率因数一般为0.8~0.9。

2.2.4.4 **定子电流特性**

曲线 $I_1=f(P_2)$ 称为定子电流特性曲线。空载时,转子电流 $I_2=0$,则定子电流为空载电流 I_0,其值较小。当负载增加时,转子电流增加。根据磁动势平衡关系,$\dot{I}_1=\dot{I}_0+(-\dot{I}_2)$ 也相应增加,因此定子电流 I_1 随输出功率 P_2 增加而增加,定子电流特性曲线是上升的。

2.2.2.5 **转矩特性**

曲线 $T_2=f(P_2)$ 称为转矩特性曲线。转矩特性曲线近似为一条稍微上翘的直线。异步电动机输出转矩 $T_2=\frac{P_2}{\Omega}$,其中 $\Omega=\frac{2\pi n}{60}$。由于负载增大时 P_2 增大,转速略有下降,因此 $T_2=f(P_2)$ 略微上翘。

【思考问题】

1. 当电源电压不变时,三相异步电动机的主磁通有无变化?

2. 试说明异步电动机负载增加,电源电压 U_1 不变时,电动机转速 n_1、转子电流 I_2、定子电流 I_1 如何变化?对异步电动机有何影响?

3. 异步电动机等效电路中的附加电阻有何物理意义?

4. 一台异步电动机在额定负载下运行,通过气隙传递的电磁功率大约有3%转化为转子铜耗,问:转差率是多少?有多少转化为总机械功率?

5. 电源电压 U_1 下降,负载不变时,异步电动机转速 n_1、转子电流 I_2、定子电流 I_1 如何变化?对异步电动机有何影响?

【任务评价】

评价内容

实际操作:学生用一台小型三相鼠笼式异步电动机做空载和短路试验,测定励磁参数和短路参数,考核其试验过程及参数测定质量,教师自行设计表格与评分标准。

解答思考问题:学生解答思考问题,学生自评、互评,老师审定成绩。

职业素质养成考核:遵守安全规章制度,遵守纪律、吃苦耐劳,一丝不苟地工作,与团队成员、教师和工厂师傅进行有效的沟通、协作共事等。

成绩构成

实际操作40%，解答思考问题40%，基本素质20%。

任务2.3　三相异步电动机的电力拖动

【学习目标】

1. 能力目标

(1)能正确选择三相异步电动机的启动方法并正确启动三相异步电动机；

(2)能正确进行三相异步电动机的制动；

(3)能分析三相异步电动机的非正常运行的原因并作处理；

(4)能收集与工作学习相关的信息，能使用各种信息资源完成学习与工作任务，工作结束后能对工作过程和成果进行反思及评价。

2. 知识目标

(1)知道三相异步电动机的各种启动方法与原理；

(2)知道三相异步电动机的各种调速方法与原理；

(3)知道三相异步电动机的各种制动方法与原理；

(4)熟知三相异步电动机有哪些非正常运行情况，以及它们的危害；

(5)知道三相异步电动机的常见故障，常见故障的现象、原因及处理方法。

3. 素质目标

养成与团队成员友好相处、团结协作，动手动脑，遵守劳动纪律与规章制度的好习惯。

【任务描述】

1. 在实训室或工厂对三相异步电动机作全压启动和利用Y—△启动器作降压启动。

2. 一台90 kW水泵电动机，在运行期间发现声音有异常，端盖和轴承盖处温度较高，已超过允许值，三只电流表读数正常。电流表接线如图2-33所示。试查找故障并处理故障，使电动机恢复运行。

【任务准备】

1. 三相异步电动机为什么要降低电压启动？降低电压启动有哪几种方法？有何特点？

2. 学习有关异步电动机非正常运行的知识。

3. 学习有关电流互感器与测量仪表接线形式的知识。

【任务实施】

一、联系实习地点、确定实习时间、联系实习用车辆。

二、实习动员：安全教育，下达实习任务书，明确实习内容、时间安排及实习成果等。

三、入厂安全教育。

四、实施过程。

1. 在实训室或工厂对三相异步电动机作全压启动和利用Y—△启动器作降压启动。

(1)直接启动。

接线图和试验步骤由学生自己拟订，启动时，注意观察电动机的启动电流和空载电流。

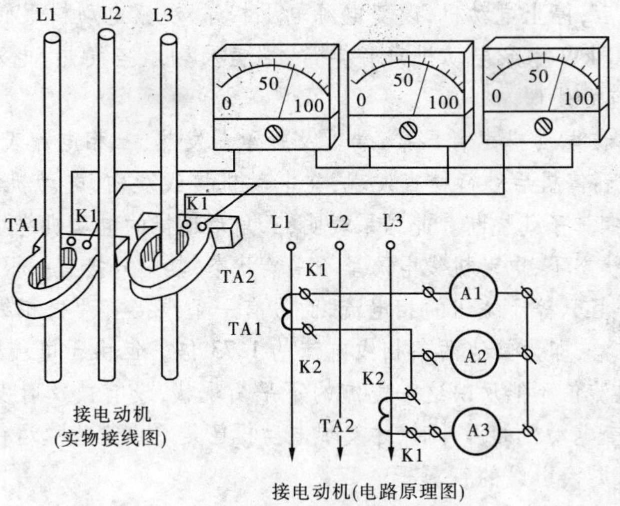

图 2-33　电流表接线

(2)利用 Y—△启动器作降压启动。

定子绕组正常运行时作三角形接法的电动机,可采用 Y—△启动器作降压启动,其接线方式如图 2-34 所示。

实施步骤:

启动时,先合上开关 S1,再将开关 S2 合向 Y 侧,定子绕组接成 Y,电动机启动,每相绕组获得的电压是$\frac{U_{1N}}{\sqrt{3}}$,记下启动电流(冲击值),填入表 2-6 中。待电动机转速升高后,将开关 S2 合向△侧,定子绕组接成△,电动机正常运行,每相绕组获得的电压是 U_1,记下空载电流(稳定值),填入表 2-6 中。电动机启动完毕。

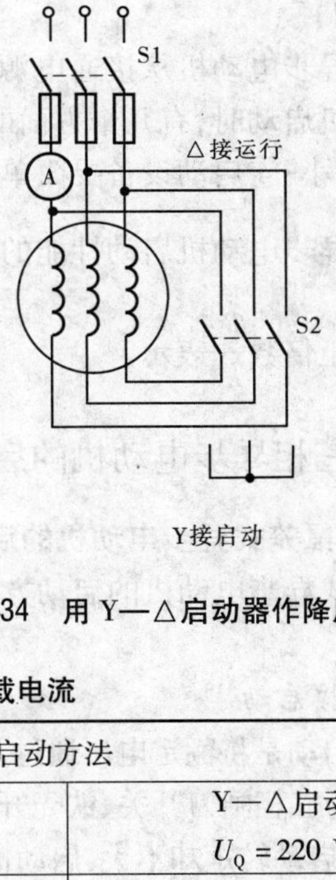

图 2-34　用 Y—△启动器作降压启动

表 2-6　电动机的启动电流与空载电流

项目	启动方法	
	直接启动 $U_Q=380$ V	Y—△启动 $U_Q=220$ V
启动电流 I_Q(A)		
I_Q/I_e		
空载电流 I_0(A)		
I_0/I_e		

(3)异步电动机的反转。

上述试验做完后,停止电动机,改变电源电压相序,观察电动机反转。

2. 诊断一台 90 kW 水泵电动机声音异常,端盖及轴承盖发热,电流表读数正常时的故障原因,并作相应的处理。

(1)观察现象:该电动机声音异常,端盖及轴承盖发热,三相电流表读数正常。

(2)检查及分析:停机后进行检查发现,在电动机接线盒内,电动机绕组引向接线柱的一条外引线在引线铜鼻子处烧断。此结果表明,三角形连接的电动机绕组中有一相断线,电流为零。在此故障状态下,电动机线电流呈不平衡状态,其中只接有一根相线的线电流有两条,其线电流值相等且只等于绕组的相电流,而另有一条线接有两根相线,该线的线电流为绕组相电流的1.73倍,即为其他两条相线电流的1.73倍。但由于电流表为不完全星形接线,电流表指示的电流值不能反映这一电流的不平衡现状,没有被及时发现,只是根据电动机的不正常声音检查电动机的温升时,才发现电动机已是严重带故障运行。

(3)处理:立即更换引线的铜鼻子。

(4)启示:运行人员对电动机的运行状态(电流、电压、温升、声音和气味等)应进行经常检查,重要电动机的电压、电流指示应能反映电动机运行的各相线的电压、电流状态。

【相关知识】

三相异步电动机从接通电源开始,转速从零增加到额定转速的过程称为启动过程。异步电动机启动时,有几个方面的要求:①启动转矩要大;②启动电流要小;③启动过程时间短、损耗小;④启动设备要简单可靠。

反映异步电动机启动性能的两个指标是启动电流和启动转矩,常用启动电流倍数$\frac{I_{st}}{I_N}$和启动转矩倍数$\frac{T_{st}}{T_N}$表示。

2.3.1 三相异步电动机的启动

2.3.1.1 鼠笼式异步电动机的启动

鼠笼式异步电动机的启动方法有两种:一种是直接启动(全压启动);另一种是降压启动。

1. 直接启动

直接启动是将额定电压通过开关直接加在电动机定子绕组上,使电动机启动。采用的启动装置为三相闸刀开关、铁壳开关或接触器,如图2-35所示。这种启动方法的缺点是启动电流大,启动转矩却不大,启动性能较差;优点是启动设备简单,操作方便,启动迅速。

异步电动机能否采用直接启动应由电网的容量、启动频繁程度、电网允许干扰的程度以及电动机的容量、型式等因素决定。若电网容量足够大,而电动机容量较小时,一般采用直接启动。允许直接启动的电动机容量通常有如下规定。

(1)电动机由专用变压器供电,且电动机频繁启动时电动机容量不应超过变压器容量的20%;电动机不经常启动时,其容量不超过30%。

(2)若无专用变压器,照明与动力共用一台变压器时,允许直接启动的电动机的最大容量应以启动时造成的电压降落不超过额定电压的10% ~15% 的原则确定。

(3) 容量在 7.5 kW 以下的三相异步电动机一般均可采用直接启动。通常也可用下面经验公式来确定电动机是否可以采用直接启动。

$$\frac{I_{st}}{I_N} < \frac{3}{4} + \frac{\text{变压器的容量(kVA)}}{4 \times \text{电动机的功率(kW)}} \tag{2-53}$$

若满足式(2-53)要求，则电动机能够采用直接启动。

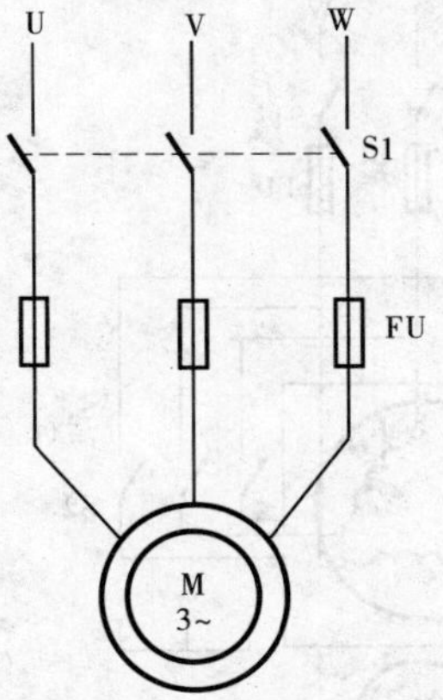

图 2-35　鼠笼式异步电动机直接启动

2. 降压启动

降压启动是电动机在启动过程中利用启动设备将加在电动机定子相绕组上的电源电压降低，启动结束后恢复其额定电压运行的启动方式。当电源容量不够大，电动机直接启动的线路电压降超过 15% 时，应采用降压启动。降压启动以降低启动电流为目的，但由于电动机的转矩与电压的平方成正比，虽然启动电流减小了，启动转矩也会减小，故降压启动一般只适用于电动机空载或轻载启动。

1) 定子回路串电抗(电阻)降压启动

如图 2-36 所示，启动时，接触器触点 S1 闭合，在异步电动机定子回路串入适当的电抗器或电阻器，启动电流在电抗器 X(电阻器 R)上产生电压降，使定子相绕组上所加电压低于电源电压。待电动机转速升高后，接触器触点 S2 闭合，切除电抗器 X(电阻器 R)，电动机在全电压下正常运行。

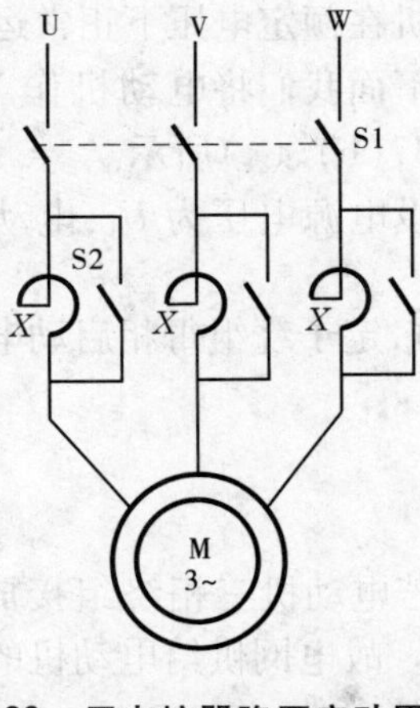

图 2-36　用电抗器降压启动原理图

定子回路串电抗(或电阻)降压启动时，启动电流与启动电压成比例减小，若加在电动机上的电压减小到原来的$\frac{1}{k}$，则启动电流减小到原来的$\frac{1}{k}$，启动转矩减小到原来的$\frac{1}{k^2}$。

定子回路串电阻器降压启动，设备简单、操作方便，但要在电阻上消耗电能，故不能用于经常启动的场合，一般用于容量较小的低压电动机。电抗器降压启动避免了上述缺点，但其设备费用较高，故通常用于容量较大的高压电动机。

2) 星形—三角形(Y—△)换接降压启动

这种启动方法只适用于正常运行时定子绕组作三角形接法的电动机。启动时将绕组改接成星形，待电动机转速上升到接近额定转速时再改成三角形。其原理接线如图 2-37(a)所示。

Y—△换接降压启动是利用 Y—△启动器来实现的。启动时，合上开关 S1，再把 S2 置于 Y 侧，使定子绕组作 Y 连接，施加在每相绕组上的电压为线电压的 $1/\sqrt{3}$，电动机在

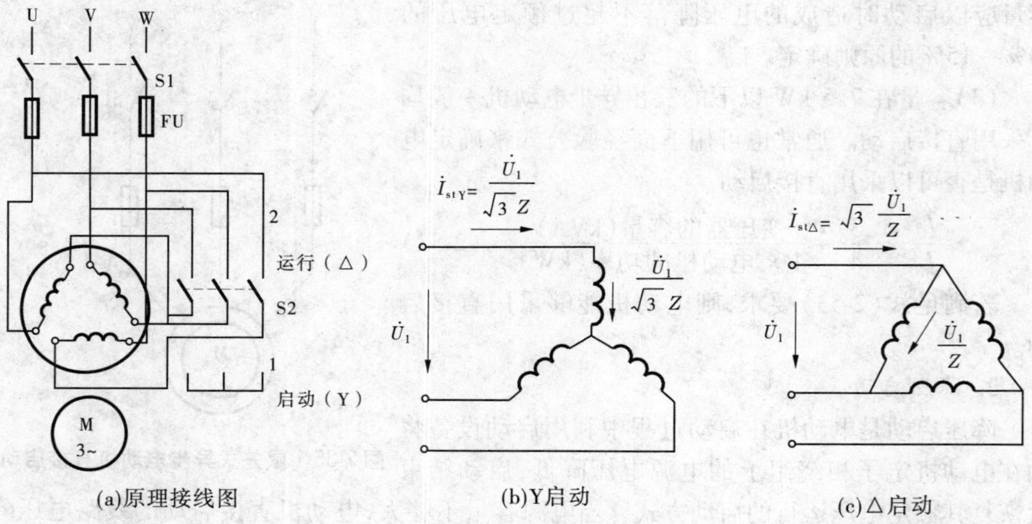

图 2-37　Y—△降压启动

较低的电压下启动，从而达到启动电流较小的目的。待电动机转速升高到接近额定转速时，再把开关 S2 置于△侧，使定子绕组作△连接，施加在每相绕组上的电压即为线电压，电动机在额定电压下正常运行。

下面我们将电动机作 Y 启动及△全启动时的启动电流和启动转矩作一比较。如图 2-37(b)、(c)所示。

设电源电压为 U_1，电动机每相阻抗为 Z，启动时，三相绕组接成 Y，每相绕组电压为 $U_1/\sqrt{3}$，定子绕组每相启动电流为$\frac{\dot{U}_1}{\sqrt{3}Z}$。电网供给电动机的启动电流亦为

$$\dot{I}_{stY}=\frac{\dot{U}_1}{\sqrt{3}Z}$$

若电动机三相绕组接成△，则每相绕组上的电压为 U_1，定子绕组每相启动电流为 U_1/Z。故电网供给电动机的启动电流为

$$\dot{I}_{st\triangle}=\sqrt{3}\frac{\dot{U}_1}{Z}$$

Y 与△连接启动时，启动电流的比值为

$$\frac{\dot{I}_{stY}}{\dot{I}_{st\triangle}}=\frac{\frac{\dot{U}_1}{\sqrt{3}Z}}{\sqrt{3}\frac{\dot{U}_1}{Z}}=\frac{1}{3} \tag{2-54}$$

由于启动转矩与相电压的平方成正比，故 Y 与△连接启动的启动转矩的比值为

$$\frac{T_{stY}}{T_{st\triangle}}=\frac{\left(\frac{U_1}{\sqrt{3}}\right)^2}{U_1^2}=\frac{1}{3} \tag{2-55}$$

综上所述，采用 Y—△降压启动，其启动电流及启动转矩都减小到直接启动时的1/3。Y—△换接启动的最大的优点是操作方便，启动设备简单，成本低，但它仅适用于正常运行时定子绕组作△连接的异步电动机，我国生产的 J02 型及 Y 系列电动机广泛应用。缺点是启动转矩只有△直接启动时的 1/3，启动转矩降低很多，而且是不可调的，因此只能用于轻载或空载启动的设备上。

3）自耦变压器降压启动

这种启动方法是利用自耦变压器来降低加在电动机定子绕组上的端电压，其原理接线如图 2-38 所示。启动时，先合上开关 S1，再将开关 S2 掷于“启动”位置，这时电源电压经过自耦变压器降压后加在电动机上，限制了启动电流，待转速升高到接近额定转速时，再将开关 S2 掷于“运行”位置，自耦变压器被切除，电动机在额定电压下正常运行。

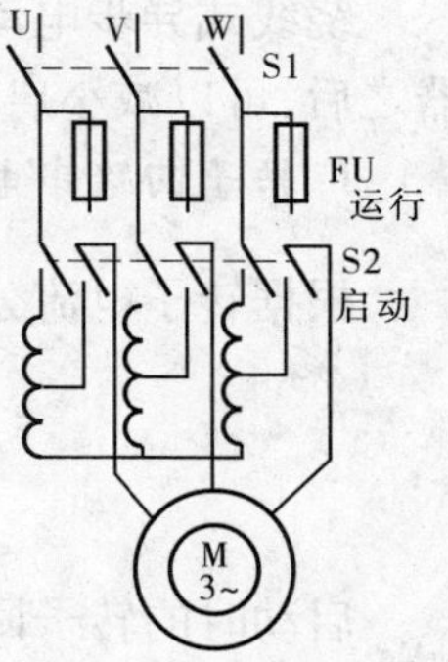

图 2-38　自耦变压器降压启动的原理接线图

下面对自耦变压器降压启动后启动电流和启动转矩与全压启动时的情况作一比较。

设电源电压为 U_1，自耦变压器的变化为 k_a，变压器抽头比为 $k=1/k_a$，经自耦变压器降压时，加在电动机上的启动电压（自耦变压器二次侧电压）为 U_1/k_a，由于电动机的启动电流与定子绕组上的电压成正比，故通过电动机定子绕组的电流（自耦变压器二次侧电流）I_{sta} 也为额定电压下直接启动时电流 I_{st} 的 $1/k_a$，又由于自耦变压器一次电流为其二次侧电流的 $1/k_a$，故电网供给电动机的启动电流 I_{st} 为流过电动机定子绕组电流的 $1/k_a$，为直接启动电流的 $1/k_a^2$，即

$$I_{sta} = \frac{1}{k_a} I'_{sta} = \frac{1}{k_a}\left(\frac{1}{k_a} I_{st}\right) = \frac{1}{k_a^2} I_{st} = k^2 I_{st} \tag{2-56}$$

式中　I_{sta}——降压后电网供给电动机的启动电流；

I'_{sta}——降压后电动机定子绕组的启动电流；

I_{st}——在额定电压下直接启动的电流。

采用自耦变压器降压启动时，加在电动机上的电压为额定电压的 $1/k_a$。由于启动转矩与电流电压的平方成正比，所以启动转矩也减小到直接启动时的 $1/k_a^2$，即

$$T_{sta} = \frac{1}{k_a^2} T_{st} = k^2 T_{st} \tag{2-57}$$

式中　T_{sta}——自耦变压器启动转矩；

T_{st}——在额定电压下直接启动的转矩。

由此可见，利用自耦变压器降压启动，电网供给的启动电流及电动机的启动转矩都减小到直接启动时的 $1/k_a^2$。

自耦变压器二次侧通常有几个抽头，例如 40%、60%、80% 三个抽头分别表示二次侧电压为一次侧电压的百分比，自耦变压器降压启动优点是不受电动机绕组连接方式的影响，且可按允许的启动电流和负载所需的启动转矩来选择合适的自耦变压器抽头。其缺点是设备体积大、投资高。

2.3.1.2 绕线式异步电动机的启动

鼠笼式异步电动机直接启动时,启动电流大,启动转矩却不大;利用降压方法虽然限制了启动电流,但启动转矩也随启动电压成平方倍减小,故只适用于空载及轻载启动的机械负载。对于重载启动的机械负载,如起重机、卷扬机、龙门吊车等,广泛采用启动性能较好的绕线式异步电动机。

绕线式异步电动机的转子绕组为三相对称绕组。转子回路串入可调电阻或频敏变阻器之后,可以减小启动电流,同时增大启动转矩。

1. 转子回路串电阻启动

根据转子电流公式 $I_2=\dfrac{sE_{20}}{\sqrt{r_2^2+(sx_{20})^2}}$,启动时的转子电流为

$$I_{st2}=\frac{E_{20}}{\sqrt{r_2^2+x_{20}^2}} \tag{2-58}$$

启动时的转子回路功率因数为

$$\cos\varphi_{st2}=\frac{r^2}{\sqrt{r_2^2+x_{20}^2}}=\frac{1}{\sqrt{1+\left(\dfrac{x_{20}}{r_2}\right)^2}} \tag{2-59}$$

启动转矩为

$$T_{st}=C_T\Phi_m I_{st2}\cos\varphi_{st2} \tag{2-60}$$

式(2-58)和式(2-59)表明,转子回路串入电阻后,可以减小启动电流,提高功率因数,在转子回路串入适当的电阻,可以使 $\cos\varphi_{st2}$ 增加的效果大于 I_{st2} 的减小,从而使启动转矩增加。

增加转子回路电阻,最大电磁转矩不变,但可改变获得最大电磁转矩的转差率,使启动时获得最大电磁转矩,但启动时转子回路所串电阻并非越大越好,否则启动转矩反而会减小。

在整个启动过程中,为了获得较大的加速转矩,缩短启动时间,并使启动过程比较平滑,应在转子回路串入多级对称电阻。启动时,随着转速的升高,逐渐切除启动电阻。绕线式异步电动机转子串接对称电阻分级启动的接线图如图 2-39所示。

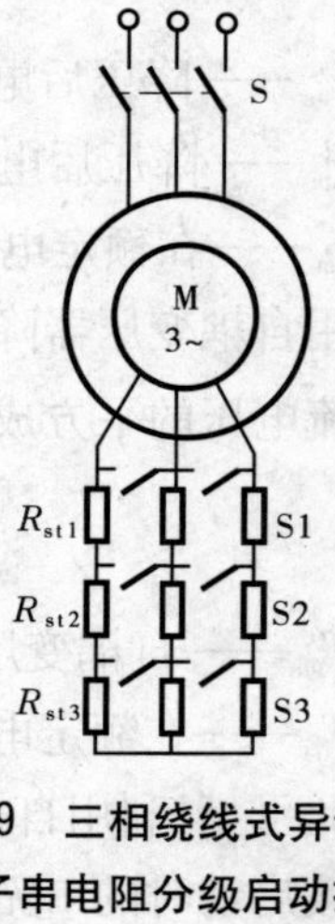

图 2-39 三相绕线式异步电动机转子串电阻分级启动接线图

绕线式异步电动机转子回路串电阻可以抑制启动电流并获得较大的启动转矩,选择适当电阻可使启动转矩达到最大值,故可以允许电动机在重载下启动。其缺点是在切除电阻的启动中,电磁转矩和转速突然增加,会生产较大的机械冲击。该启动方法启动设备较复杂、笨重,运行维护工作量较大。

2. 转子回路串频敏变阻器启动

频敏变阻器其外部结构与三相电抗器相似,由三个铁芯柱和三个绕组组成,三个绕组

接成星形，通过滑环和电刷与转子电路相接，如图 2-40(a)、(b)所示。

频敏变阻器铁芯用几片或几十片厚钢板制成，铁芯间有可以调节的气隙，当绕组通过交流电后，在铁芯中产生的涡流损耗和磁滞损耗都较大。

频敏变阻器铁芯的涡流损耗与频率的平方成正比。当转子电流频率变化时，铁芯中的涡流损耗也变化，频敏变阻器的等值电路如图 2-40(c)所示，其参数 r_m 和 x_m 随转子电流频率变化，故称频敏变阻器。

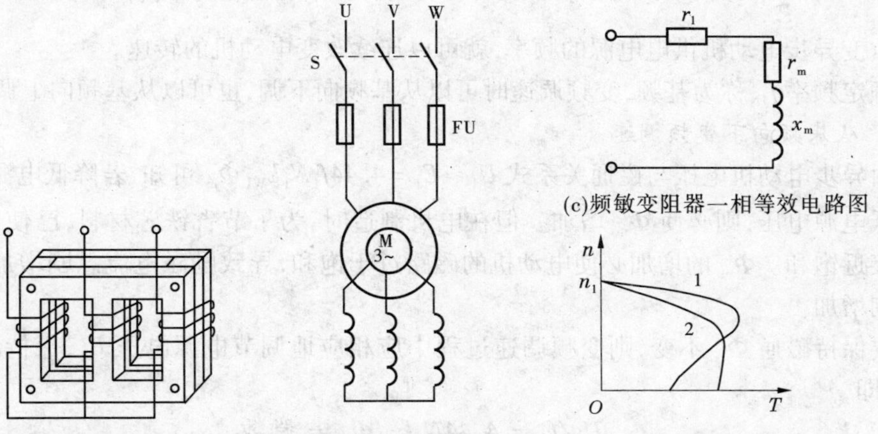

(c)频敏变阻器一相等效电路图

(a)频敏变阻器结构示意图　(b)频敏变阻器启动线路图　(d)机械特性

1—固有机械特性；2—带频敏变阻器机械特性

图 2-40　三相绕线式异步电动机转子串频敏变阻器启动

当绕线式异步电动机风启动时，电动机转速很低，转子电流频率 f_2 很高，接近于 f_1，铁芯中涡流损耗及其对应的等效电阻 r_m 最大，相当于转子回路串入了一个较大的启动电阻，起到了限制启动电阻电流和增加启动转矩的作用。启动后，随转入转速上升，较差率减小，转子电流频率反映 $f_2 = sf_1$ 随之而减小，于是频敏变阻器的涡流损耗减小，反映铁芯损耗的等值电阻 r_m 也随之减小，起到转子回路自动切除电阻的作用。启动结束后，转子绕组短接，把频敏变阻器从电路中切除。

频敏变阻器实际上是利用转速上升、转子频率 f_2 的平滑变化来达到使转子回路电阻自动平滑减小的目的，故是一种无触点的变阻器，能实现无级平滑启动，如果参数选择适当可获得恒转矩的启动特性，使启动过程平衡、快速，没有机械冲击。这时电动机的机械特性如图 2-40(d)曲线 2 所示，曲线 1 是电动机的固有机械特性。频敏变阻器结构较简单，成本低，使用寿命长，维护方便。其缺点是体积较大，设备较重。由于其电抗的存在，功率因数较低，启动转矩并不很大。因此，当绕线式异步电动机在轻载启动时，采用频敏变阻器启动，重载一般采用串变阻器启动。

2.3.2　三相异步电动机的调速

负载不变时，人为地改变电动机的转速，称为调速。电动机作为拖动生产机械的原动机，应满足生产机械提出的调速要求。近年来，随着电力电子技术的发展，异步电动机的调速性能得到极大的改善，在许多领域有取代直流电动机调速系统的趋势。根据异步电

动机转速表达式

$$n = n_1(1-s) = \frac{60f_1}{p}(1-s)$$

可知,异步电动机调速方法有:变频调速、变极调速、改变转差率调速。

2.3.2.1　**变频调速**

由 $n_1 = \frac{60f_1}{p}$ 可知,当极对数 p 不变时,同步转速 n_1 与电源频率 f_1 成正比。因此,若连续地改变异步电动机供电电源的频率,就可以连续改变电动机的转速。

额定频率 f_{1N} 称为基频,变频调速时可以从基频向下调,也可以从基频向上调。

1. 从基频向下变频调速

由异步电动机电压与磁通关系式 $U_1 \approx E_1 = 4.44 f_1 N_1 k_{WL} \Phi_m$ 可知,若降低电源频率,而不降低电源电压,则必使 Φ_m 增加。但在电机制造时,为了节省铁芯材料,已使电动机的磁路接近饱和。Φ_m 的增加必使电动机的磁路过于饱和,导致励磁电流急剧增加,铁芯损耗急剧增加。

要保持磁通 Φ_m 不变,则变频调速过程中应相应地调节电源电压 U_1,保持两者比值不变,即

$$U_1/f_1 = 4.44 N_1 k_{WL} \Phi_m = \text{常数}$$

2. 从基频向上变频调速

当电动机运行于额定转速以上时,定子频率 f_1 大于 f_{1N},这时若保持恒磁通调速,必使 U_1 大于 U_{1N},这是不允许的。这样在升频调速时,磁通就要小于额定值,从而导致转矩减小。但由于频率增加,转速上升了,功率基本保持不变。因此,从基频向上调节不适合于拖动恒转矩负载,而适合于拖动恒功率负载。

目前,变频调速通过使用变频器来实现。变频器为异步电动机提供交流电源,其输出电压和频率均连续可调,可使异步电动机转速在较宽的范围内平滑调节。变频调速是异步电动机各种调速方法中性能最好的。近年来,由于电子工业的迅速发展,变频调速在很多领域内已获得广泛应用,是异步电动机调速发展的主要方向。

2.3.2.2　**变极调速**

由于转差率 s 很小,$n \approx n_1 = \frac{60f_1}{p}$,当频率 f_1 不变,同步转速 n_1 与电动机极对数 p 成反比。若电动机极对数增加一倍,同步转速下降一半,电动机的转速也几乎下降一半,即改变磁极对数可以实现电动机的有级调速。

要改变电动机的极数,可以在定子铁芯槽内嵌放两套不同极数的定子绕组,但从制造的角度看,很不经济,通常采用的方法是在定子铁芯内只装一套绕组,通过改变定子绕组的接法来改变极数和电动机的转速,这种电动机称为多速电动机。

变极调速只适用于鼠笼式异步电动机。因为鼠笼式异步电动机转子的磁极对数能自动地随着定子磁极对数相应的变化。而绕线式异步电动机的转子绕组在转子嵌线时就已确定了磁极对数,在改变定子磁极对数时,转子绕组必须相应地改变接法,才能得到与定子绕组相同的磁极对数,不容易实现。故绕线式异步电动机一般都不采用变极调速。

定子绕组的变极原理如下。图2-41只画出了定子三相绕组中的U相绕组,每相绕组都由两个线圈组串联组成,为了便于分析,每个线圈组用一个等效集中线圈来表示。若把U相两组线圈:u1u2和u3u4顺向串联,即它们的首端和尾端接在一起,则根据图中电流方向可判断气隙中形成四极磁场,即 $2p=4$。若将绕组中的一组线圈u3u4反接,如图2-42所示,使其中的电流方向与另一组线圈u1u2中的电流方向相反,即u1u2与u3u4反向串联,或反向并联,则气隙中形成两极磁场,即 $2p=2$。

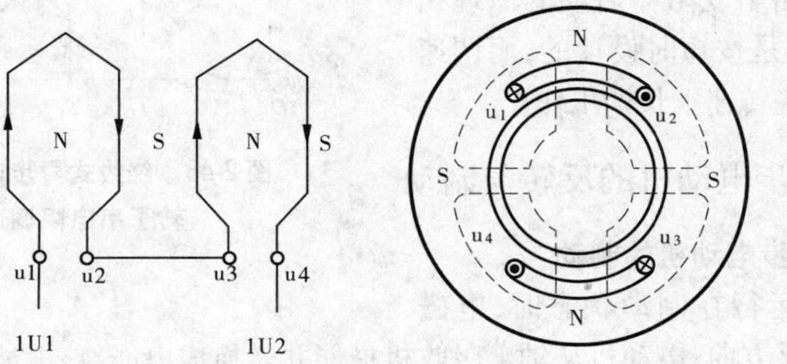

(a)两线圈正向串联 (b)绕组布置及磁场

图2-41 四极三相异步电动机定子U相绕组

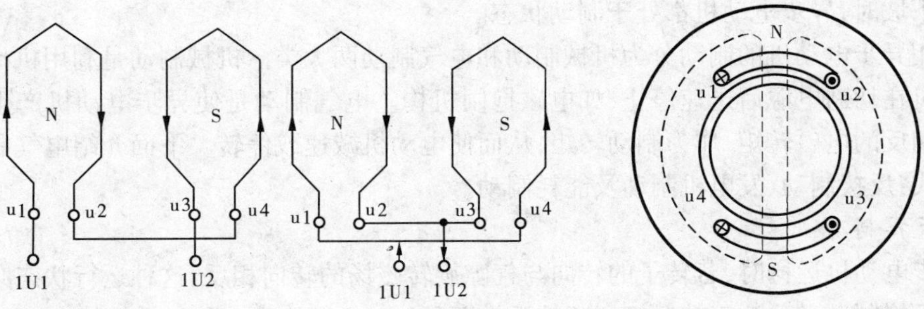

(a)线圈反向串联 (b)线圈反向并联 (c)绕组布置反磁场

图2-42 二极三相异步电动机的U相绕组

由此可见,改变每相定子绕组的接线方式,使其中一半绕组中的电流反向,可使极对数发生改变,这种仅在每相内部改变绕组连接来实现变极的方法称为反向变极法。一般变极时均采用这种方法。

2.3.2.3 改变转差率调速

改变外加电源电压,或改变转子回路电阻,都可以改变转差率 s,前者用于异步电动机,后者适用于绕线式异步电动机。

改变加在异步电动机定子绕组上的电压,即获得了一组人为机械特性曲线。其最大转矩随电压的平方而下降,产生最大转矩的临界转差率不变。对于恒转矩负荷,若采用调压调速,调速范围小,实用价值不大。但若用于通风机负载,调速范围较宽,因此改变电压调速适合于通风性质的负载。

改变转子回路的电阻调速,只适用于绕线式异步电动机。如图2-43所示为改变转子回路电阻所得一组人为机械特性。增加转子回路电阻，最大电磁转矩不变，但产生最大转矩的转速要发生变化。当负载转矩 T_L 一定时，不同转子电阻对应不同的稳定转速，而且随转子电阻的增加 $R_{S2}>R_{S1}$，电动机转速下降 $n_C<n_B<n_A$。转子回路串变阻器调速与转子回路串变阻器启动的原理相似，但启动变阻器是按短时设计的，而调速变阻器允许在某些转速下长期工作。

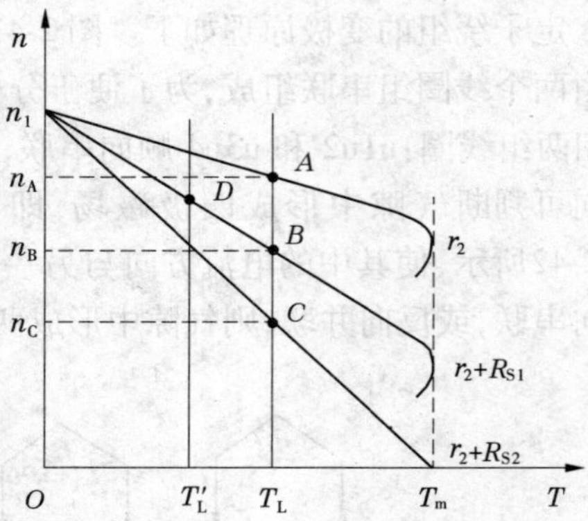

图 2-43　绕线式异步电动机的转子串电阻调速

2.3.3　三相异步电动机的反转与制动

2.3.3.1　三相异步电动机的制动

异步电动机运行在制动状态时，电磁转矩与转子转速反方向，电动机从轴上吸收机械能并转换成电能，该电能或消耗在电机内部，或反馈回电网。在电力拖动中，常要求拖动生产机械的异步电动机处于制动运行。异步电动机制动的目的是使电力拖动系统快速停车或者使拖动系统尽快减速，对于位能性负载，制动运行可获得稳定的下降速度，以保证设备及人身安全。如起重机下放重物，电气机车下坡时，异步电动机都处于制动状态。

三相异步电动机的制动分为机械制动和电气制动两大类。机械制动是利用机械装置使电动机在切断电源后迅速停止，如电磁抱闸机构。电气制动是使异步电动机产生一个与转向相反的电磁转矩，作为制动转矩，从而使电动机减速或停转。下面介绍电气制动的主要方式：反接制动、发电机制动及能耗制动。

1. 反接制动

异步电动机运行时，若转子的转向与气隙旋转磁场的转向相反，这种运行状态叫反接制动。反接制动又分为正转反接和正接反转两种。

（1）正转反接。将正在运行的异步电动机定子绕组两相反接，定子电流相序改变，气隙旋转磁场的方向也随之改变。由于机械惯性电机转子仍按原方向转动，转子导体以 n_1+n 的相对速度切割旋转磁场，切割磁场的方向与电动机状态时相反，故转子电动势、转子电流和电磁转矩的方向随之改变，电动机处于 $s\approx2$ 的电磁制动运行状态，对转子产生制动作用，转子转速下降，当转速 n 接近于 0 时，制动结束。若要停车，则应立即切断电源，否则电动机将反转。反转制动开始时，反接时的制动电流比启动电流还要小，但由于转子电流频率较大，转子漏抗大，功率因数很低，所以制动转矩较小。故对于绕线式异步电动机，反接时一般在转子回路中串入制动电阻，以限制反接时的制动电流和增大制动转矩，提高制动效果。改变制动电阻的数值可以调节制动转矩的大小，以适应生产机械的不同要求。鼠笼式电动机为了限制反接时的电流冲击，可在定子绕组电路中串联限流电阻 R，如图 2-44 所示。

（2）正接反转。正接反转制动适用于绕线式异步电动机拖动位能性负载的情况，它能够使重物获得稳定的下放速度。如图 2-45（a）所示，电动机的定子绕组按电动机运行时的接法接线，即所谓正接，而利用转子回路串入较大电阻 r_t 来使转子反转，其原理与在转子回路中串电阻调速相同。异步电动机提升重物时，在固有机械特性曲线 a 点上以 n_a 稳定运行时，如图2-45(b)所示。当异步电动机下放重物时，在转子回路串入较大电阻，人为机械特性曲线斜率随串入电阻的增加而增加，如图2-45(b)中的特性2所示。由于机械惯性，转速瞬时来不及变化，电动机的工作点由固有机械特性曲线1上的 a 点转移到人为机械特性曲线2上的 b 点。而此时电动机电磁转矩 T_b 小于负载转矩 T_L，电机转速逐渐减小，工作点沿曲线2由 b 点向 c 点移动，在减速过程中电机仍运行在电动机状态。当转速 n 下降到 c 点为零时，电动机电磁转矩 T_c 仍小于 T_L，重物将倒拉电动机的转子反向加速，电机进入正接反转制动状态，在重物作用下，电动机反向加速，电磁转矩逐步增大，直到 d 点 $T_d = T_L$ 为止，电动机便以较低的转速 n_d 下放重物，而不至于把重物损坏。在 d 点，电磁转矩 T_d 起制动作用，负载转矩成为拖动转矩，拉着电动机反转，故这种制动又称为倒拉反转的反接制动。调节转子回路电阻可以控制重物下放的速度。利用同一转矩下转子电阻与转差率成正比的关系，即

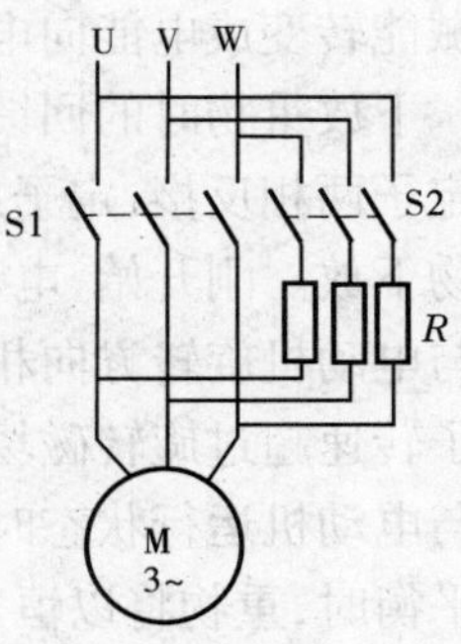

图2-44　三相异步电动机正转反接原理接线图

$$\frac{s_d}{s_a} = \frac{r_2 + r_t}{r_2}$$

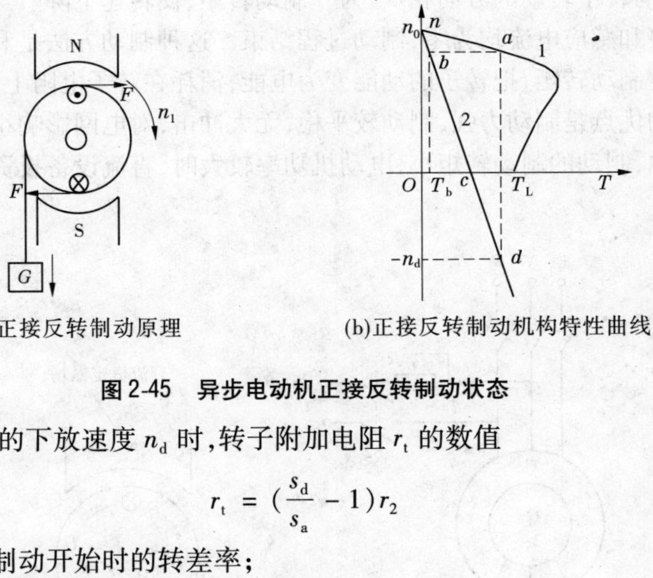

(a)正接反转制动原理　　(b)正接反转制动机构特性曲线

图2-45　异步电动机正接反转制动状态

可求得在需要的下放速度 n_d 时，转子附加电阻 r_t 的数值

$$r_t = \left(\frac{s_d}{s_a} - 1\right) r_2$$

式中　s_a——反转制动开始时的转差率；

s_d——以稳定速度下放重物时的转差率。

反接制动优点是制动能力强，停车迅速，所需设备简单；缺点是制动过程冲击大，电能消耗多，不易准确停车，一般只用于小型异步电动机中。

2. 发电机制动

在电动机工作过程中，由于外来因素的影响，电动机转速 n 超过旋转磁场的同步转速 n_1，电动机进入发电机状态，此时电磁转矩的方向与转子转向相反，变为制动转矩，电机将

机械能转变成电能向电网反馈,故又称为再生制动或回馈制动。

下放重物时的回馈制动。当异步电动机拖动位能负载高速下放重物时,首先将电动机定子两相反接,定子旋转磁场方向改变了,电磁转矩方向也随之改变,电动机反向启动,重物下放。刚开始,电动机转速小于同步转速,即 $n<n_1$,它处于电动机运行状态,电磁转矩与电动机旋转方向相同。接着,在电磁转矩和重物重力产生的负载转矩双重作用下,使转子转速超过旋转磁场转速,即 $n>n_1$,电机进入发电机制动状态运行,这时,电磁转矩方向与电动机运行状态时相反,成为制动转矩,电动机开始减速,直到制动转矩与重力转矩相平衡时,重物将以恒定转速平稳下降。

变极(或变频)调速时的发电机制动。电动机由少极数变换到多极数的瞬间,旋转磁场转速突然成倍地减小,而转子由于惯性,转速 n 尚未降下来,于是转子转速大于同步转速,电动机进入发电机制动状态。

发电机制动的优点是经济性能好,可将负载的机械能转换成电能反馈回电网。其缺点是应用范围窄,仅当电动机转速 $n>n_1$ 时才能实现制动。

3. 能耗制动

能耗制动原理线路如图 2-46(a)所示,拉开开关 S1,将异步电动机从交流电源断开,然后迅速合上开关 S2,直流电源通过电阻 R 接入定子两相绕组中,此时,定子绕组产生一个静止磁场,而转子因惯性仍继续旋转,则转子导体切割磁场而产生感应电动势和电流,转子电流与静止磁场相互作用并产生电磁转矩。如图 2-46(b)所示,电磁转矩的方向由左手定则判定,与转子转动的方向相反,为一制动转矩,使转速下降。当转速下降为零时,转子感应电动势和感应电流均为零,制动过程结束。这种制动方法是利用转子惯性,转子切割磁场而产生制动转矩,把转子的动能变为电能,消耗在转子电阻上,故称为能耗制动。

能耗制动的优点是制动力强,制动较平稳,无大冲击,对电网影响小;缺点是需要一套专门的直流电源,制动的制动转矩小,电动机功率较大时,直流设备投资大。

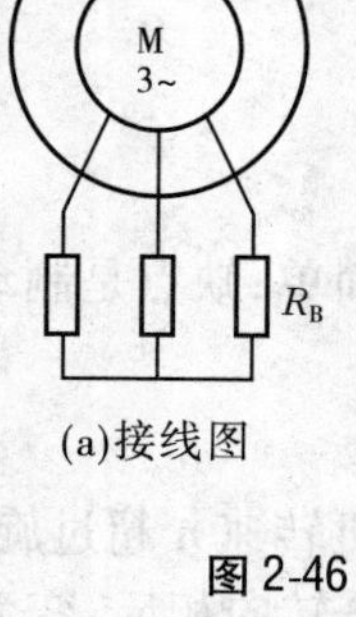

(a)接线图

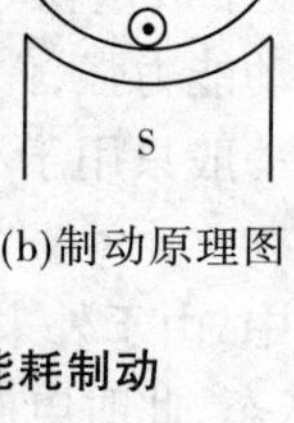

(b)制动原理图

图 2-46 三相异步电动机的能耗制动

2.3.3.2 **三相异步电动机的反转**

讨论三相异步电动机工作原理时就已经知道,异步电动机的转向取决于旋转磁场的方向,而定子旋转磁场的方向又取决于定子电流的相序,故通过对调电动机的任意两根电源线,改变定子电流的相序,就可使电动机反转。

2.3.4 三相异步电动机的非正常运行

2.3.4.1 **异步电动机在非额定电压下运行**

电动机在实际运行过程中允许电压有一定的波动,但一般不能超出额定电压 ±5%,否则会引起异步电动机过热。

1. $U_1 < U_{1N}$

当 $U_1 < U_{1N}$时,主磁通 $\Phi_m \propto U_1$ 减小,$T \propto U_1^2$ 减小,若负载转矩不变,则电动机转子转速 n 减小,转差率 s 增大,转子感应电动势 E_2 增大,转子电流 I_2 增大,定子电流 I_1 也增大,电动机铜耗增大,最终导致电动机绕组过热。

2. $U_1 > U_{1N}$

$U_1 > U_{1N}$的情况是很少发生的。如果 $U_1 > U_{1N}$,则电动机中的主磁通 $\Phi_m \propto U_1$ 增大,磁路饱和程度增加,铁耗增加,引起铁芯过热,同时励磁电流将增加,从而导致电动机的功率因数减小,定子电流增大,定子铜耗增加,效率下降,温度升高。为保证电动机的安全运行,此时应适当减小负载。过高的电压还可能击穿电动机的绝缘。

2.3.4.2 **异步电动机在非额定频率下运行**

若电源频率变化范围不超过 ±1%时,对电动机运行的影响不会很大,但当电网装机容量不足或发生故障时,就可能使频率出现大的偏差,对电动机的运行带来较大的影响。

1. $f_1 < f_{1N}$

在电源电压不变时,$\Phi_m \propto \frac{1}{f_1}$,若 $f_1 < f_{1N}$,则主磁通 Φ_m 增大,磁路饱和程度增加,铁耗增加,引起铁芯过热,同时励磁电流 I_0 将增加,从而导致电动机的功率因数减小,定子电流增大,定子铜耗增加,效率下降,温度升高。f_1 下降,还会引起转子转速下降,使电动机通风冷却条件变差。

若频率降低值超过 5%,则会对电机造成严重影响,此时应减小负载,使电机在轻载下运行,防止电机过热。

2. $f_1 > f_{1N}$

当 $f_1 > f_{1N}$时,主磁通 Φ_m 减小,励磁电流 I_0 减小,定子电流 I_1 也减小,同步转速 n_1 增大,转子转速 n 增大,对电动机功率因数、效率和通风冷却条件均有改善。实际工作中,一般不会出现电源频率长期高于额定值的情况。

2.3.4.3 **三相异步电动机缺相运行**

三相异步电动机正常工作时,是由三相电源通入三相对称绕组产生三相平衡电流,产生圆形旋转磁场,当三相电源中缺少一相或三相绕组中任何一相断开,称为三相异步电动机的缺相运行或断相故障。

三相异步电动机缺相运行是电动机不对称运行的极端情况,故分析三相异步电动机缺相运行时,可使用前面介绍过的对称分量法。

现以一相断线为例,分析其发生的后果。三相异步电动机的定子绕组接线有 Y 和△两种接法。一相断线可分成图 2-47 中(a)、(b)、(c)、(d)四种情况,其中图 2-47(a)、(b)、(c)所示为单相运行,图 2-47(d)所示为两相运行。

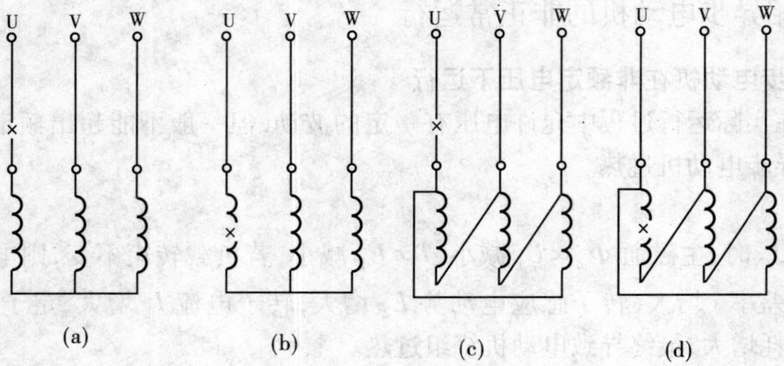

图 2-47　三相异步电动机一相断线示意图

下面针对上述四种断线形式,分别讨论断相发生在启动前的缺相情况。

1. Y 接法一相断线

1)电源一相断线

对 Y 接法的电动机在启动前电源一相断线时,如图 2-47(a)所示,定子绕组通以单相电流,产生脉振磁场,可分解成正序与负序两个大小相等、方向相反的旋转磁场,根据对称分量法,当 $s=1$ 时,转子正、负序电流 I_{2+} 与 I_{2-} 相等,且正、反两个方向的电磁转矩 T_+ 与 T_- 也相等。启动时,电动机合成电磁转矩为零(即合成转矩 $T=T_+ + T_- =0$),因此无法自启动。

断相时的启动电流为正常情况下启动电流的 0.866 倍,由于正常情况启动电流为额定电流的 5 ~7 倍,因此 Y 接法一相断线时的启动电流为额定电流的 4 ~6 倍。如果通电时间过长,电动机会因过热而烧毁。

2)电动机定子绕组一相断线

对于 Y 接法,电动机在启动前定子绕组一相断线时,由于断线后电路与上面电源一相断线相同,如图 2-47(b)所示,故有与之相同的结果。

2. △接法一相断线

1)电源一相断线

对于△接法的电动机,启动时电源一相断线,如图 2-47(c)所示,定子绕组通入单相电流,与 Y 接法一样,只能产生脉振磁场,合成电磁转矩为零,也无法自启动。这时的三相绕组中有两相串联后和另一相并联接入电源,启动时线电流为正常情况下启动电流的 0.866 倍,通电时间过长,电动机也会因过热而烧毁。

2)电动机定子绕组一相断线

对于△接法,电动机在启动前定子绕组一相断线,如图 2-47(d)所示,未断两相变成三相 V 形接法,两相绕组通以相差 120°相位的电流,同时两相绕组在空间上相差 120°,将建立一个椭圆的旋转磁场，使电动机产生启动转矩，即使绕组一相断开，在空载或轻载情况下，电动机也能启动，但启动转矩比正常情况下小。

2.3.4.4 在三相电压不对称情况下运行

异步电动机在三相电压不对称条件下运行时常采用对称分量法分析。异步电动机定子绕组有 Y 无中性线或△两种接法，所以线电压、相电流中均无零序分量。

由于电动机定子绕组加不对称电压时产生负序电流和负序旋转磁场，这对电动机运行性能会产生一定的影响，负序电流的存在使各相电流大小和相位差角不相等，其中某一相的电流特别大，会超过其额定值，使这一相绕组严重发热，甚至烧坏绕组。在此情况下，若要电动机继续运行，必须减少所带的机械负载。

由于负序电磁转矩的存在，又会使电动机的合成电磁转矩减小，导致电动机启动转矩及过载能力下降。负序旋转磁场切割转子绕组，其相对运动速度约为 2 倍同步转速，使转子铁耗增大，降低了电动机效率，并使转子温度升高。

另外，从等效电路图看，负序阻抗较小，即使在较小的负序电压下，也可能引起较大的负序电流，造成电动机发热。因此，要限制电源电压不对称的程度。

2.3.5 三相异步电动机常见故障及处理

2.3.5.1 图解几种故障现象及主要原因

图 2-48 ~ 图 2-52 给出了三相交流异步电动机常见的几种故障现象及主要原因。

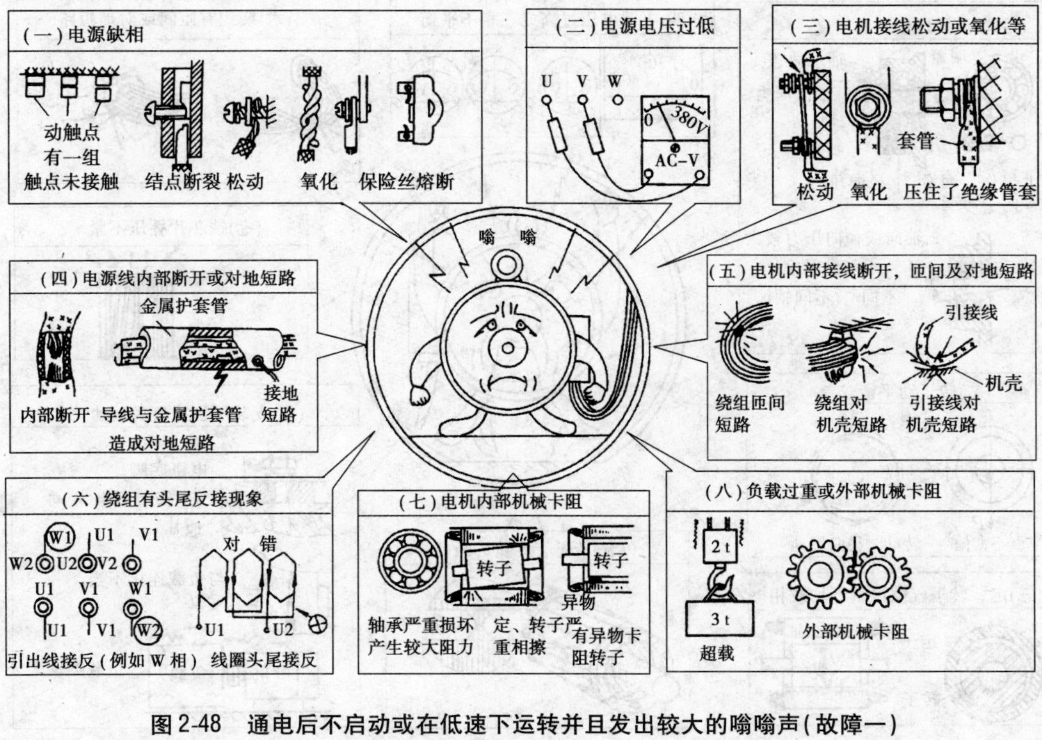

图 2-48　通电后不启动或在低速下运转并且发出较大的嗡嗡声（故障一）

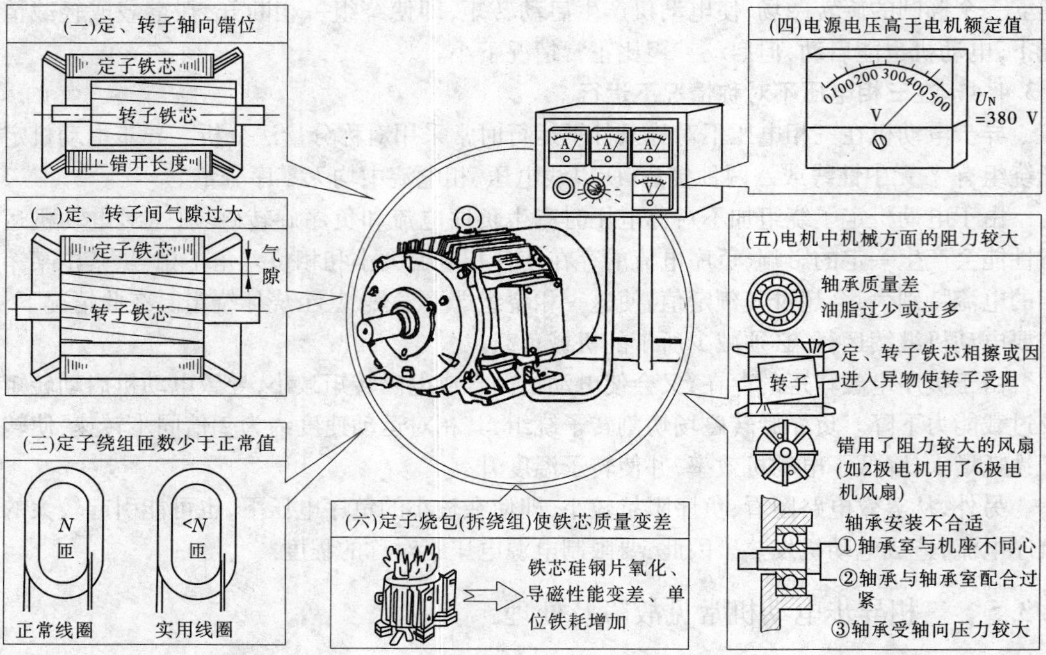

图 2-49　空载电流较大(故障二)

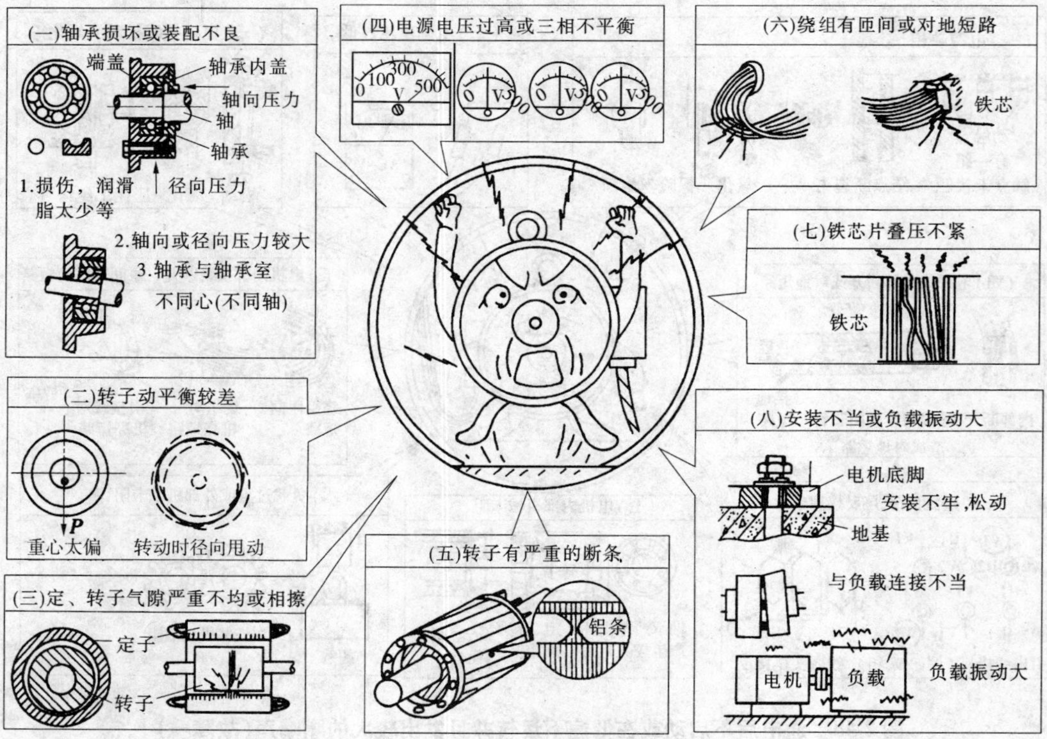

图 2-50　有较大的噪声与振动(故障三)

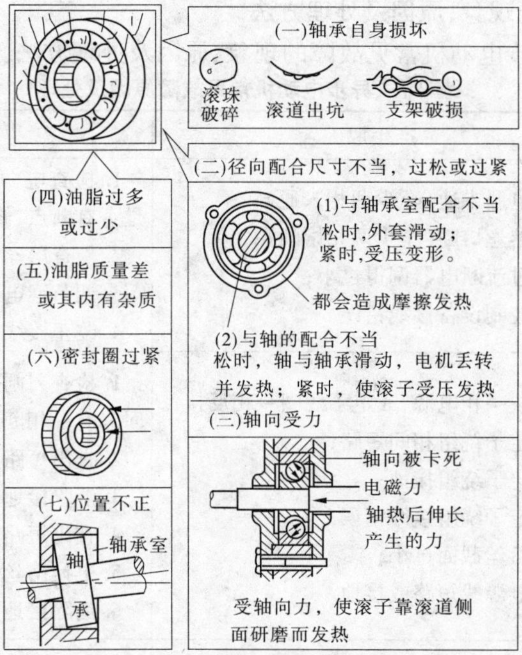

图 2-51 轴承过热(故障四)

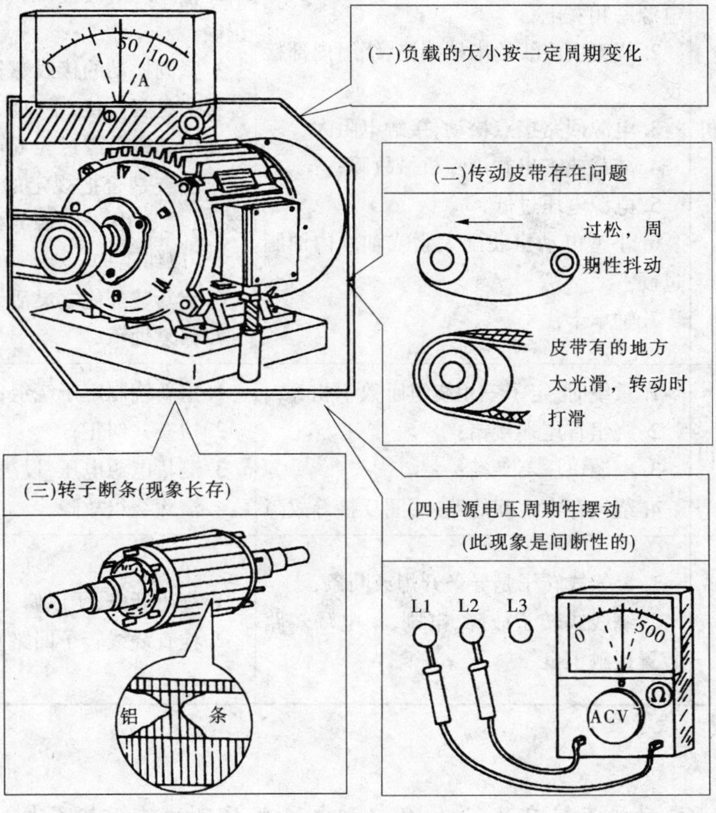

图 2-52 三相电流周期摆动(故障五)

2.3.5.2 常见故障的现象、原因及处理方法

表2-7总结了异步电动机常见故障的现象、原因及处理方法。

表2-7 异步电动机常见故障原因及处理

故障现象	产生原因	处理方法
通电后电动机不能转动，但无异响，也无异味和冒烟	1. 电源未通（至少两相未通）； 2. 熔丝熔断（至少两相熔断）； 3. 过流断电器调得过小； 4. 控制设备接线错误	1. 检查电源回路开关、熔丝、接线盒处是否有断点，修复； 2. 检查熔丝型号、熔断原因，换新熔丝； 3. 调节继电器整定值与电动机配合； 4. 改正接线
通电后电动机不断，然后有熔丝烧断声	1. 缺一相电源，或定子线圈一相反接； 2. 定子绕组相间短路； 3. 定子绕组接地； 4. 定子绕组接线错误； 5. 熔丝截面过小； 6. 电源线短路或接地	1. 检查刀闸是否有一相未合好，或电源回路有一相断线，消除反接故障； 2. 查出短路点，予以修复； 3. 消除接地； 4. 查出短路点，予以更正； 5. 更换熔丝； 6. 消除接地点
通电后电动机不转，有嗡嗡声	1. 定、转子绕组有断路（一相断线）或电源一相失电； 2. 绕组引出线始末端接错，绕组内部接反； 3. 电源回路接点松动，接触电阻大； 4. 减载或查出并消除机械故障； 5. 电源电压过低； 6. 小型电动机装配太紧或轴承内油脂过硬； 7. 轴承卡住	1. 查明断点，予以修复； 2. 检查绕组极性，判断绕组首末端是否正确； 3. 紧固松动的接线螺丝，用万用表判断各接头是否假接，予以修复； 4. 电动机负载过大或转子卡住； 5. 检查是否把规定的△接法错接为Y接法，是否由于电源导线过细使压降过大，予以纠正； 6. 重新装配使之灵活，更换合格油脂； 7. 修复轴承
电动机空载电流不平衡，三相相差大	1. 重绕时，定子三相绕组匝数不相等； 2. 绕组首尾端接错； 3. 电源电压不平衡； 4. 绕组存在匝间短路，线圈反接等故障	1. 重新绕制定子绕组； 2. 检查并纠正； 3. 测量电源电压，设法消除不平衡； 4. 清除绕组故障
电动机空载或过负载时，电流表指针不稳，摆动	1. 鼠笼式转子是导条开焊或断条； 2. 绕线式转子故障，电刷、集电环短路装置接触不良	1. 查出断条，予以修复或更换转子； 2. 检查绕线转子回路并加以修复

【思考问题】

1. 三相异步电动机直接启动，为什么启动电流大而启动转矩却不大？启动电流大对电动机与电网有什么影响？

2. 对三相异步电动机的启动性能有什么要求?

3. 说明鼠笼式异步电动机、绕线式异步电动机各启动方式的特点?

4. 异步电动机常用的调速方法有哪些?

5. 什么是三相异步电动机制动?电气制动有哪几种?说明其特点。

6. 三相绕线式异步电动机反接制动时,为什么转子回路要串较大电阻?

7. 异步电动机启动时如果电源一相断线,该电动机能否启动?当定子绕组采用Y或△连接时,如果发生一相绕组断线,这时电动机能否启动?如果在运行中电源或绕组发生一相断线,该电动机还能否继续运转?此时能否仍带额定负载运行?

8. 为什么三相异步电动机不宜长期运行于不对称电压?

9. 一台异步电动机通电后不转,然后发生熔丝烧断现象,试连可能发生此故障的原因。

【任务评价】

评价内容

实际操作:学生全压启动、Y—△降压启动一台小型三相鼠笼式异步电动机,考核其接线、操作过程,及记录与计算的正确性等内容;学生处理一台异步电动机声音异常,端盖及轴承盖发热,三相电流表指示正常的故障,考核其观察现象、检查及分析原因的过程,以及分析记录等内容,教师自行设计考核表格与评分标准。

解答思考问题:学生解答思考问题,学生自评、互评,老师审定成绩。

职业素质养成考核:遵守安全规章制度,遵守纪律、吃苦耐劳,一丝不苟地工作,与团队成员、教师和工厂师傅进行有效的沟通、协作共事等。

成绩构成

实际操作40%,解答思考问题40%,职业素质20%。

项目 3　直流电动机及拖动

项目描述

直流电动机具有良好的启动、调速性能，常用在调速要求高的场合。但由于直流电动机有换向器，结构复杂，造价较高，运行维护和可靠性较差。

本项目通过直流电动机运行中的观测检查，学习直流电动机的基本结构与原理。通过对直流电动机进行启动和调速操作，处理常见故障，学习直流电动机的各种方程式和运行特性、各种启动和调速方法、常见故障及处理方法。

任务 3.1　直流电动机认知及运行

【学习目标】

1. 能力目标

(1) 能对直流电动机进行检查和维护；

(2) 能收集与工作学习相关的信息，能使用各种信息资源完成学习与工作任务，工作结束后能对工作过程和成果进行反思及评价。

2. 知识目标

(1) 知道直流电动机的铭牌、工作原理与结构；

(2) 熟知直流电动机运行中的检查和维护项目。

3. 素质目标

养成与团队成员友好相处、团结协作，动手动脑，遵守劳动纪律、规章制度的习惯。

【任务描述】

在实训室或工厂对一台运行中电动机进行检查与维护。

【任务准备】

知识：直流电动机的检查和维护项目。

仪器：温度计或红外线测温仪，手电筒，钳形电流表等。

【任务实施】

一、联系实习地点、确定实习时间、联系实习用车辆。

二、实习动员：安全教育，下达实习任务书，明确实习内容、时间安排及实习成果等。

三、入厂安全教育。

四、实施过程。

1. 检查

(1)监测电动机的发热情况;

(2)监测电动机的额定电流;

(3)注意电源电压的变化;

(4)注意电动机的振动;

(5)注意电动机的声音和气味。

2. 日常维护

(1)不拆开电动机进行清扫;

(2)紧固接线盒的引线和连接线;

(3)检查电动机紧固情况和接地情况;

(4)检查电刷、外壳及轴承发热情况。

【相关知识】

3.1.1 直流电动机的铭牌

直流电动机机座上都有一个铭牌,如图3-1所示。上面标注电动机的一些基本信息,供用户使用时参考。铭牌上标注的基本信息主要有:电动机的型号、额定值、绝缘等级、励磁方式等,现介绍如下。

直流电动机

型　号	Z2-112	励磁方式	并励
额定功率	125 kW	励磁电压	220 V
额定电压	220 V	工作方式	连续
额定电流	635 A	绝缘等级	B级
额定转速	1 000 r/min	效　率	85%
标准编号	632	重　量	1 550 kg
出厂编号	××××	出厂日期	2001年月11月

重庆电机厂

图3-1 直流电动机的外形与铭牌

3.1.1.1 产品型号

产品型号表示电动机的结构和使用特点,国产电动机的型号多用汉语拼音的大写字母和阿拉伯数字表示,其格式为:第一部分取直流电动机全名称中关键汉字的第一个拼音字母表示产品的代号;第二部分用阿拉伯数字表示设计序号;第三部分是机座代号,用阿拉伯数字表示;第四部分也是阿拉伯数字,表示电枢铁芯长度。现举例说明如下:

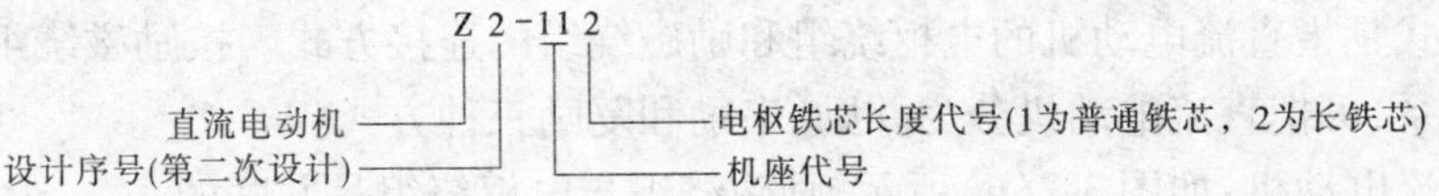

Z系列电动机除Z2系列外,还有Z3、Z4系列直流电动机,另有

ZJ 系列:精密机床用直流电动机;

ZTD 系列:中速电梯用直流电动机;

ZTDD 系列:低速电梯用直流电动机;

ZT 系列:广调速直流电动机;

ZQ 系列:直流牵引电动机;

ZH 系列: 船用直流电动机;

ZA 系列:防爆安全型直流电动机;

ZZJ 系列:冶金起重用直流电动机。

其他系列直流电机可参见电机手册。

3.1.1.2　额定值

1. 额定功率 P_N

额定功率 P_N 是指电动机厂家规定的电动机在额定条件下长期运行所允许输出的机械功率,一般以 kW 为单位。$P_N = U_N I_N \eta_N$。常用的额定功率如表 3-1 所示。

表 3-1　直流电动机的额定功率

电机类别	额定功率(kW)
小型	0.4、0.6、0.8、1.1、1.5、2.2、3、4、5.5、7.5、10、13、17、22、30、40、55、75、100、125
中型	55、75、100、125、160、200、250、320、400、500、630、800、1 000、1 250
大型	1 250、1 600、2 050、2 600、3 300、4 300、5 350、6 700

2. 额定电压 U_N

额定电压 U_N 是指在额定运行条件下,电动机的输入电压,单位为 V。常用的额定电压有 110 V、220 V、440 V、630 V、800 V、1 000 V 等。

3. 额定电流 I_N

额定电流 I_N 是指在额定电压和额定功率条件下电动机的电流。I_N 的单位是 A。

4. 额定转速 n_N

额定转速 n_N 是指在额定电压、额定电流、额定功率条件下电动机的转速。n_N 的单位是r/min。常用的额定转速有 25 r/min、32 r/min、40 r/min、50 r/min、63 r/min、80 r/min、100 r/min、125 r/min、160 r/min、200 r/min、250 r/min、300 r/min、400 r/min、500 r/min、600 r/min、750 r/min、1 000 r/min、1 500 r/min、3 000 r/min 等。

5. 额定励磁电流 I_{fN}

额定励磁电流 I_{fN}是指在额定电压、额定电流、额定转速和额定功率条件下通过电动机励磁绕组的电流。

3.1.1.3　励磁方式

励磁方式是指直流电动机的电枢绕组和励磁绕组的连接方式。按励磁绕组和电枢绕组的供电关系,可把直流电动机分为并励、串励和复励三种方式。

并励直流电动机:如图 3-2(a)所示,励磁绕组与电枢绕组是并联的。

串励直流电动机:如图 3-2(b)所示,励磁绕组与电枢绕组是串联的。

复励直流电动机:如图 3-2(c)所示,有两个励磁绕组,一个和电枢绕组串联,另一个和电枢绕组并联。当串励绕组产生的磁动势和并励绕组产生的磁动势方向相同，两者相加时，称为积复励；当串励绕组产生的磁动势和并励绕组产生的磁动势方向相反，两者相减时，称为差复励。

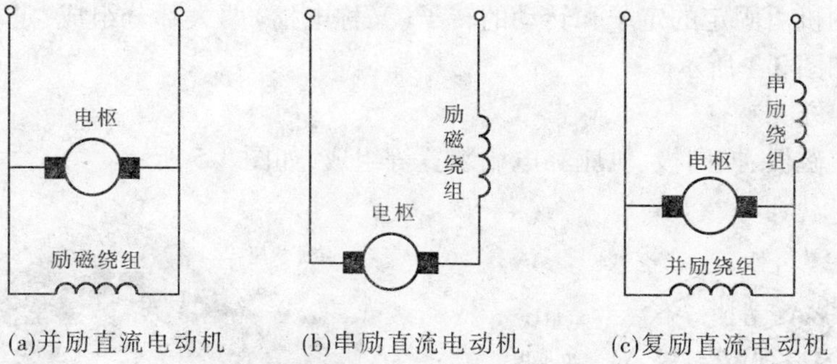

图 3-2　直流电动机的励磁方式

除以上标识外，电动机铭牌上还标有额定温升、工作方式、出厂日期、出厂编号等。

3.1.2　直流电动机的基本原理与结构

直流电动机调速性能好，调速范围大，启动和制动转矩大，过载能力强，易于控制。广泛用于经常启动、制动和对调速性能要求较高的机械设备上，如电力机车、船舶机械、轧钢机、机床、电气铁道牵引、挖掘机械和起重设备中。

相对交流异步电动机来说直流电动机的主要缺点是：结构复杂，成本高，维护困难，换向困难，电动机容量受到一定的限制，应用场合也受到限制。

3.1.2.1　直流电动机的基本原理

如图 3-3(a)所示，线圈导体 ab 通过换向片与电刷 A 接触，导体 cd 通过换向片与电刷 B 接触。如将直流电压加在电刷两端，使电流从正极性电刷 A 流入，经线圈 abcd 后，再从负极性电刷 B 流出，此时导体 ab、cd 受到电磁力作用而形成逆时针方向的转矩，电机逆时针方向旋转，当转过 180°后，如图 3-3(b)所示，线圈导体 dc 与换向片 A 接触，导体 ba 与换向片 B 接触，此时电流仍从正极电刷 A 流入，经线圈 dcba 后，从负极性电刷 B 流出，此时导体 dc、ba 受到电磁力作用而形成的转矩仍是逆时针方向的，使电机逆时针方向旋

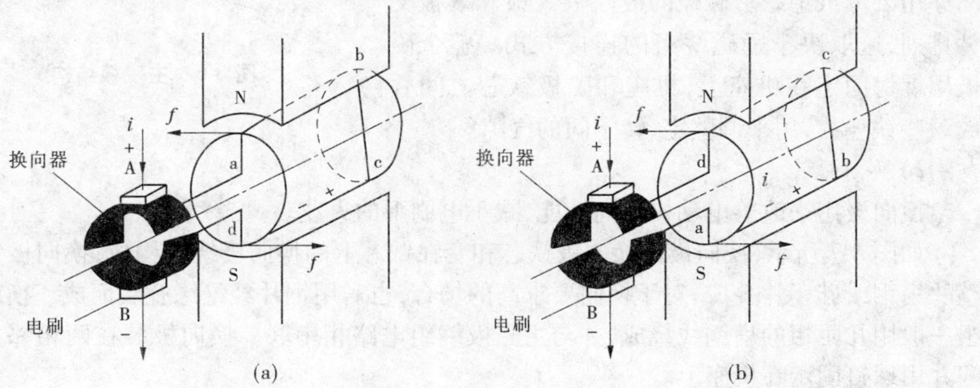

图 3-3　直流电动机的工作原理

转。注意,直流电动机电刷A、B上的电流方向是不变的,电枢线圈中的电流方向是交变的,电枢线圈中受到的电磁转矩是单方向的,这正是换向器所起的作用。

3.1.2.2 直流电动机的结构

直流电动机由固定的定子和转动的转子(又称电枢)两大部分组成,定子和转子中各部分的名称如图3-4所示。

1.定子部分

定子由主磁极、换向极、机座和电刷装置等组成,如图3-5所示。

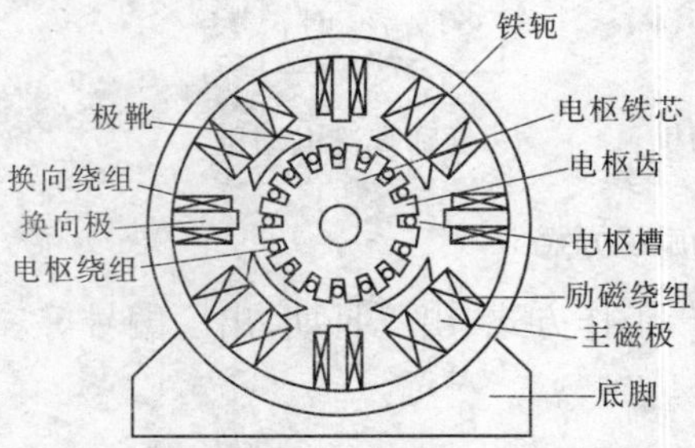

图3-4 直流电动机结构断面

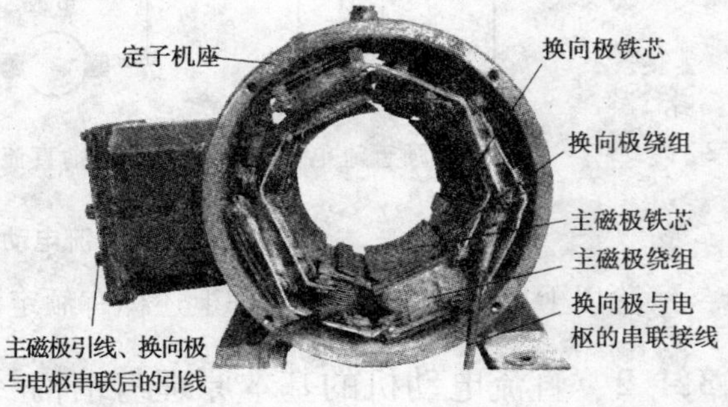

图3-5 直流电动机的定子

1)主磁极

主磁极用来固定励磁绕组,产生气隙磁场。

如图3-6所示,主磁极由铁芯和绕组两大部分组成,为减小主磁极磁通变化而产生的涡流损耗,铁芯一般由1~1.5 mm厚的低碳钢板冲片叠压而成,叠片用铆钉铆成整体。铁芯下部称为极靴或极掌,它比极身(套绕组的铁芯部分)宽,这样设计是为了让气隙磁场分布更合理,另外极靴还起固定绕组的作用。此绕组实际就是励磁绕组,套在极身上,常采用串联方式,通过电流后产生磁场,绕组与磁极之间用绝缘纸、蜡布或云母纸绝缘,层间亦用云母纸绝缘。磁极的极性呈N极和S极交替排列,这取决于励磁绕组的连接方式。整个磁极用螺钉固定在机座上,机座和磁极铁芯之间叠放一些铁垫片,用来调整定、转子间的气隙。

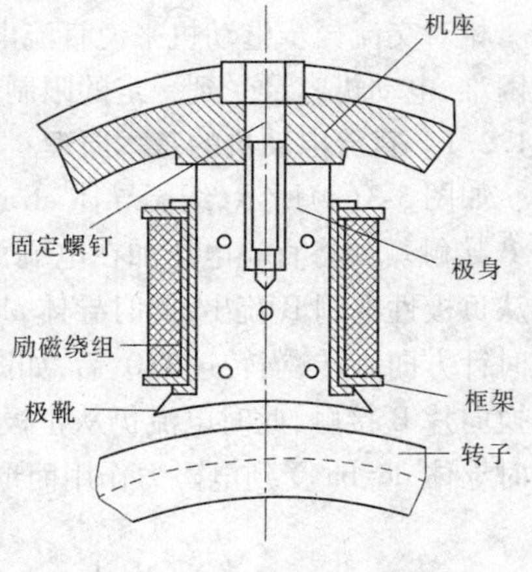

图3-6 主磁极结构

2)换向极

换向极用来改善电动机换向性能,减小电刷下的火花。

如图3-7所示,换向极由换向极铁芯和套在铁芯上的换向极绕组构成,换向极铁芯用整块扁钢或硅钢片叠成,对于换向要求高的场合,也需用钢片经绝缘叠装而成。换向极绕组一般用几匝粗的扁铜线绕成,并与主磁极绕组电路相串联。换向极装在两相邻主极之间并用螺钉固定在机座上。

容量大于1 kW的直流电动机,有几个主磁极就有几个换向极,个别较小的电动机,换向极的数目可少于主磁极的数目。

3)机座

机座一是用来固定主磁极、换向极和端盖等部件,并通过底脚将电动机固定在基础上,起机械支撑的作用。二是构成电动机主磁路的一部分,机座中有磁通经过的部分称为磁轭。为了使磁路中的磁通密度不会太高,要求磁轭有一定的截面面积,这就使得电机在机械强度上富余一些。

大型直流电动机的机座通常用铸钢件或钢板卷焊而成,以保证良好的导磁性能和机械强度,而小型电动机的机座通常铸铝。

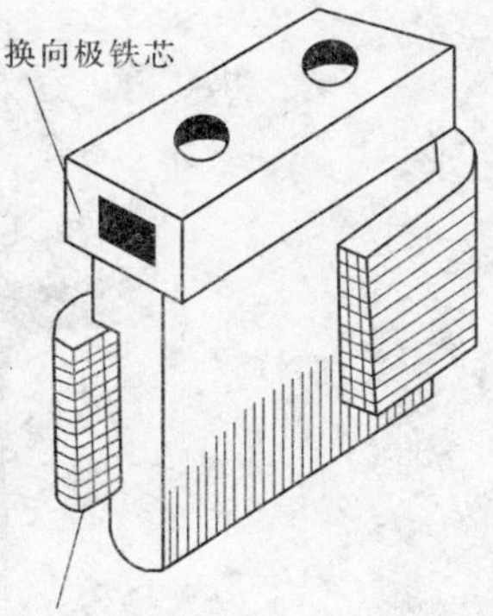

图 3-7　换向极的结构

4)端盖

端盖用来保护电动机免受外部机械破坏,同时用来支撑轴承、固定刷架。端盖一般用铸铁制成,在后端盖上设有观察窗,可观察火花的大小。端盖装在电动机机座两端。

5)电刷装置

电刷装置的作用是与换向器配合,把直流电压、电流引出(或引入)旋转的电枢。电刷装置的质量对直流电动机的工作性能有直接影响。

图 3-8 为电刷与刷握装置。它由刷杆座、刷杆、刷握、电刷和汇流条等组成。刷杆座固定在端盖或轴承内盖上,小型直流电机的各刷杆支臂都装在一个可以转动的刷杆座上,松开螺钉,转动刷杆座,确定电刷的位置后,拧紧螺钉,固定刷杆座。大型和中型电机的每个刷杆座是可以单独调整的,调整位置以后将它固定;刷杆固定在刷杆座上,每根刷杆上装有一个或几个刷握;电刷是由石墨等材料制成的导电块,放在刷握中,其顶上有一弹簧压板或恒压弹簧,可使电刷在换向器上保持一定的接触压力,对于电流较大的电机,每个刷杆支臂上装有一组并联的电刷,同极性刷杆上的电流汇集到一起后,引向外部。刷握、刷杆、刷杆座之间彼此绝缘。电刷组的数目一般等于主磁极的数目,各电刷组在换向器表面的分布应是距离相等的,电刷的位置通过电刷座的调整进行确定。电刷的后面有一铜辫,是由细铜丝编织而成的,其作用是引出电流。

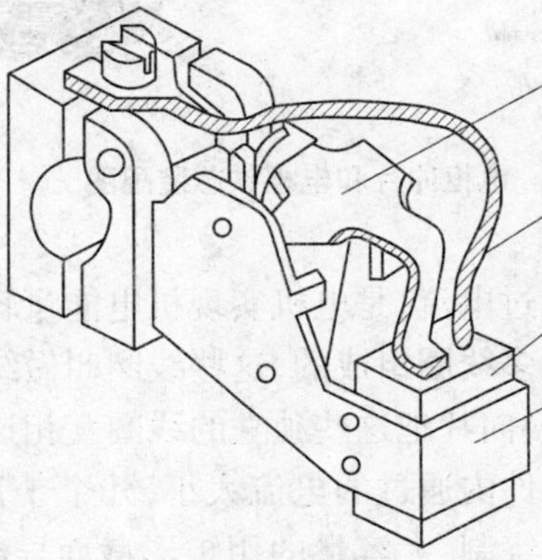

图 3-8　电刷与刷握装置

2. 转子

图 3-9 所示是直流电动机转子外形。

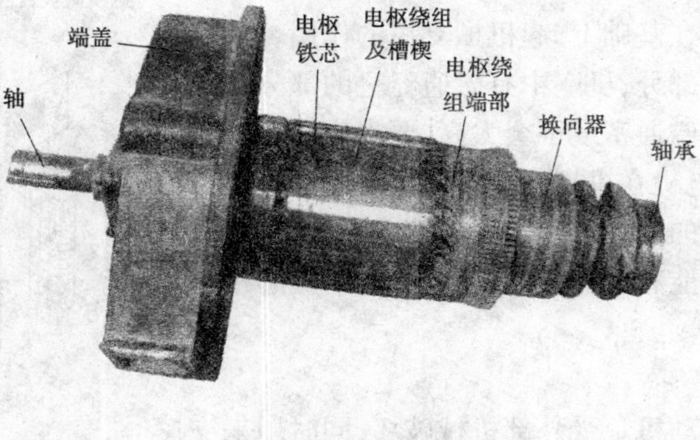

图 3-9　直流电动机转子

1) 电枢铁芯

电枢铁芯用来嵌放电枢绕组和构成磁通路径的一部分。

如图 3-10 所示，电枢铁芯一般用厚 0.5 mm 的低硅硅钢片或冷轧硅钢片叠压而成，两面涂有绝缘漆，如有氧化膜可不用涂漆，这样是为了减少磁滞损耗和涡流损耗，提高效率。每张冲片冲有槽和轴向通风孔。叠成的铁芯两端用夹件和螺杆紧固成圆柱形，在铁芯的外圆周上有均匀分布的槽，内嵌电枢绕组。对于容量较大的电机，为了加强冷却，把电枢铁芯沿轴向分成数段，段与段之间留有宽 10 mm 的径向通风道，它和轴向通风孔都形成风路，降低了电机绕组和铁芯的温升。整个铁芯固定在转子支架或转轴上。小容量的电机，电枢铁芯上装有风翼，大容量的电机装有风扇。

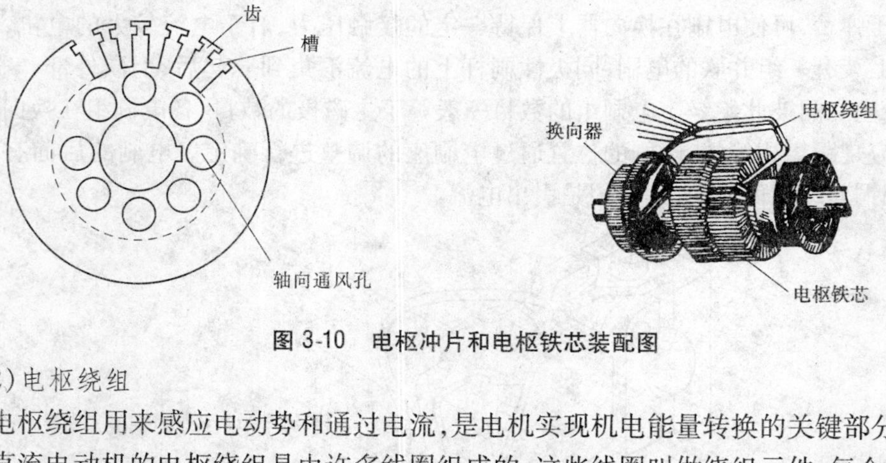

图 3-10　电枢冲片和电枢铁芯装配图

2) 电枢绕组

电枢绕组用来感应电动势和通过电流，是电机实现机电能量转换的关键部分。

直流电动机的电枢绕组是由许多线圈组成的，这些线圈叫做绕组元件，每个绕组元件的两端分别接在两个换向片，通过换向片把这些独立的线圈互相连接在一起，形成闭合回路。绕组导线的截面面积取决于元件内通过的电流大小，几个千瓦以下小容量电机的电枢绕组的线圈用绝缘圆形截面导线绕制，大容量的用矩形截面导线绕制。绕组嵌放在电枢铁芯的槽内，线圈与铁芯之间以及上下层之间均要妥善绝缘，槽口用槽楔固定，外层绕组端部用镀锌钢丝或玻璃丝带绑扎,以防止离心力将线圈从槽中甩出。

3)换向器

换向器用来将电刷间的直流变换为电枢线圈中的交流。换向器是直流电机的重要部件之一,换向器质量的好坏直接影响电机的运行性能。

图3-11为换向器的结构,它是由许多换向片组成的一个圆筒(工作表面光滑,便于和电刷滑动接触),套入钢套筒上。换向片是带有燕尾的铜片,片间用云母隔开,换向片的燕尾嵌在两端的V形钢环内。V形钢环与换向片之间用V形云母环进行绝缘。换向器应采用具有良好的导电性、导热性、耐磨性、耐电弧性和良好机械强度的材料,常用电解铜经冷拉而成的梯形铜排,也有银铜、镉铜、稀土铜合金等。为节省铜材,换向片上装有升高片,常用韧性好的紫铜板和紫铜带制成,线圈出线端焊在升高片上的小槽中。由于拱形换向器结构复杂,目前小型直流电机已广泛采用塑料换向器。

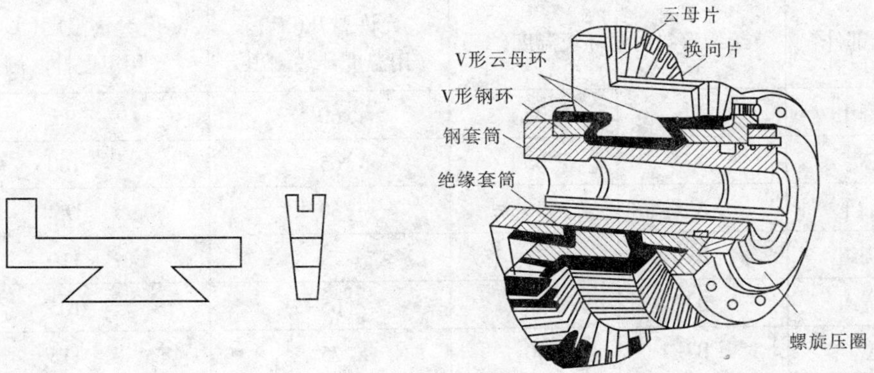

图3-11 换向器的结构

3.1.3 直流电动机的检查与维护

为了保证电动机的正常运行,延长使用寿命,电动机日常运行中的监视和维护很重要,它可以防微杜渐,把事故消灭在萌芽之中。

3.1.3.1 电动机启动前的检查

新安装或长期停用的电动机启动前应做好如下检查。

(1)电动机基础是否稳固,螺栓是否拧紧,轴承是否缺油,油是否合格;电动机接线是否符合要求,绝缘电阻是否合格等。

(2)熔丝是否符合要求;启动设备接线是否正确;启动装置是否灵活,有否卡住现象。

(3)电动机和启动设备的金属外壳是否可靠接地或接零。

正常运行的电动机启动前应做如下检查。

(1)检查三相电源是否有电,电压是否过低;熔丝有无损坏,安装是否可靠。

(2)联轴器的螺栓和销子是否紧固;皮带连接是否良好,松紧程度是否合适;机组转动是否灵活,有无摩擦、卡住、窜动和不正常声响。

(3)电动机周围是否有妨碍运行的杂物和易燃品等。

启动电动机时应注意如下事项。

(1)启动电动机时近旁不应有人,拉合刀闸时操作人员应站在一侧,防止电弧烧伤。

(2)几台电动机共用一台变压器供电时,应由大到小逐台地启动。一台电动机连续多次启动时,应按有关规定间隔适当时间,防止过热。连续启动不宜超过 3 ~5 次。

(3)合闸后,如电动机不转或转速很慢,声音不正常时,应迅速拉闸检查,找出原因后,才能再次启动。

3.1.3.2　**电动机的日常检查**

(1)监视电动机发热情况。对电动机在运行过程中的发热情况应给予高度重视,如不注意,容易烧毁电动机或缩短其使用寿命。使用中,电动机温度超过其允许值时,即便不烧毁电动机,也要损坏绝缘,使电动机寿命缩短。依据电动机的类型与绕组所用的绝缘等级,制造厂对绕组和铁芯都规定有最大允许温度和最大允许温升,如表 3-2 所示。

表 3-2　常用电动机运行允许温升

电动机部件	绝缘等级	环境温度(℃)	允许温升(℃) (用温度计法测出)	允许温度(℃) (用温度计法测出)
定子绕组	A	35	60	95
铁芯	A	35	65	100
滚动轴承	A	35	60	95
定子绕组	B	35	75	110
转子绕组	B	40	65	105
铁芯	B	40	75	115

(2)监视电动机额定电流值。电动机铭牌上所标定的是额定电流值,指室温为 35 ℃(某些国产电动机为 40 ℃)时的数值。在 35 ℃(或 40 ℃)时,电动机电流不允许超过铭牌上规定的电流值。否则,电动机定子绕组将因过热而损坏。电动机散热一般随气温变化而变化,相应的电动机额定电流也随着变动,如表 3-3 所示。

表 3-3　气温变化时电动机的许可电流值

周围空气温度(℃)	额定电流降低(-)%或增加(+)%
20 以下	+8
30	+5
35	0
40	-5
45	-10
50	-15

(3)注意电源电压的变化。电源电压的变化是影响电动机发热的原因之一。电源电压升高,则电动机电流增大,发热增加;电源电压过低,当电动机负载不变时,电流增大,定

子绕组发热也会增加，因此电动机运行中电源电压要求稳定在一个范围内。一般在电动机出力不变的情况下，允许电源电压在 ±(5% ~10%)范围内变化。如果电源电压变化过大，要及时通知有关部门进行调整。

(4)注意电动机的振动。电动机振动过大，必须详细检查基础是否牢固。底脚螺丝是否松动，皮带轮或联轴器是否松动等。有时振动是由转子不正常引起的，也可能是因短路等引起的，应详细查找原因并设法消除。

(5)注意电动机的声音和气味。电动机正常运行时声音应均匀，无杂声和特殊声音。如声音不正常，可能有下属几种情况。

①嗡嗡声特大，说明电流过大，可能是超过负荷引起的，也可能是轴承滚珠损坏而产生的声音。

②不均匀的碰擦声，往往是由于转子与定子相擦发出的声音，即扫堂声。应立即判断处理。

③在电动机运行中，有时因超负荷时间过久，以致绕组绝缘发生损坏，可以嗅到一种特殊的绝缘漆烧焦气味。当发现电动机有异音或异味时，应停机检查，找出原因，消除故障，才能继续运行。

除上述各项外，电动机在运行中还应注意其通风情况和周围环境的清洁，以及电刷、轴承的工作状况和发热情况等。

3.1.3.3 电动机的事故停机

运行中的电动机有下列情况之一时，应立即切断电源，停机检查。

(1)运行中发生人身事故。

(2)电动机发响发热的同时转速急剧下降。

(3)电动机启动设备冒烟起火，电动机所拖动的机械发生故障；所带机械的传动装置机构折断(断轴等)。

(4)电动机轴承超过规定的高热；电流超过铭牌规定或运行中电流猛增。

(5)电动机发生强烈振动。

3.1.3.4 电动机的定期维护

电动机除做好运行中的监视维护外，经过一定时间运行后，还应进行定期检查和维护保养，这样才能保证电动机的安全运行并延长使用寿命。

在定期维护保养中，一般规定大修每1~2年一次，中修每年进行一次；小修时，对在环境不良情况下(潮湿、粉尘、腐蚀等处所)运行的电动机每年四次，其他电动机可酌减为每年两次。

常用中小型电动机，大、中、小修内容如下。

大修主要内容有：

(1)全部或部分更换电动机绕组。

(2)重装电刷装置或换向器。

(3)修正轴承或更换转子轴。

(4)平衡转子或更换风扇。

(5)清扫、装配、浸漆等工作。

中修主要内容有：

(1)拆卸电动机，排除个别线圈所存在的缺陷。

(2)更换损坏的槽键和绝缘套管。

(3)检查电动机风扇的紧固情况，进行修复。

(4)更换轴承衬垫。

(5)修整转子的轴颈，测量定子、转子间的间隙。

(6)清洗轴承并加润滑油脂。

(7)修理和研磨换向器、电刷、检修刷柄和换向器。

(8)装配电动机，检查定子、转子和带负荷的运行情况。

小修主要内容有：

(1)检查电动机紧固情况和接地是否完好。

(2)检查电刷、外壳及轴承发热情况。

(3)不拆开电动机进行清扫。

(4)紧固接线盒的引出线和连接线。

(5)检查电动机运转时是否存在不正常的声音。

【思考问题】

1. 直流电动机的铭牌主要显示了哪些内容？

2. 简述直流电动机的三种励磁方式，并叙述各自的特点。

3. 一台直流电动机的额定功率 $P_N = 7.5$ kW，额定电压 $U_N = 220$ V，额定转速 $n_N = 1\,450$ r/min，额定效率 $\eta_N = 90\%$，求电动机的额定电流 I_N 及额定负载时的输入功率 P_1。

4. 简述直流电动机的主要结构部件，并说明各部件的作用。

5. 分别说出下面两种情况下，电刷两端电压的性质。

(1)磁极固定，电枢和电刷同时旋转。

(2)电枢固定，电刷和磁极同时旋转。

6. 直流电动机中，换向器起的作用是什么？

7. 如果直流电动机的电枢绕组装在定子上，磁极装在转子上，那么换向器和电刷应安装在什么位置？

8. 直流电动机运行中巡视检查的内容有哪些？

【任务评价】

评价内容

实际操作：学生对一台小型直流电动机进行检查和日常维护，考核其检查内容的完整性和检查方法的正确性，教师自行设计考核表格与评分标准。

解答思考问题：学生解答思考问题，学生自评、互评，老师审定成绩。

职业素质养成考核：遵守安全规章制度，遵守纪律、吃苦耐劳，一丝不苟地工作，与团队成员、教师和工厂师傅进行有效的沟通、协作共事等。

评价方式

实际操作 40%，解答思考问题 40%，职业素质 20%。

任务3.2 直流电动机的电力拖动

【学习目标】

1. 能力目标

(1)能对直流电动机进行启动、调速和制动;

(2)能处理直流电动机的常见故障;

(3)能收集与工作学习相关的信息,能使用各种信息资源完成学习与工作任务,工作结束后能对工作过程和成果进行反思及评价。

2. 知识目标

(1)知道生产机械的负载特性;

(2)知道直流电动机的各种方程式和运行特性;

(3)知道直流电动机各种启动、调速和制动方法;

(4)知道直流电动机常见故障及处理方法。

3. 素质目标

养成与团队成员友好相处、团结协作,动手动脑,遵守劳动纪律、规章制度的习惯。

【任务描述】

1. 在实训室或工厂启动一台直流电动机,并对其作调速的操作。

2. 在实训室或工厂启动一台直流电动机,并对其作改变转向和制动的操作。

【任务准备】

知识:系统学习直流电动机的运行特性,直流电动机启动、调速、反转和制动的相关知识。

仪器:小型直流电动机1台,转速表1只,直流电流表2只,直流电压表1只,单投闸刀开关1只,双投闸刀开关1只,可变电阻器2只等。

【任务实施】

一、联系实习地点、确定实习时间、联系实习用车辆。

二、实习动员:安全教育,下达实习任务书,明确实习内容、时间安排及实习成果等。

三、入厂安全教育。

四、实施过程。

1. 启动与调速

(1)按图3-12所示接线。

(2)将QS置于断开位置,电枢电阻R_{n1}置最大位置(电枢电流最小),励磁电阻R_f至最小位置(励磁电流最大)。

(3)合上QS,则电动机启动,观察启动效果。

(4)启动完毕后,立即将R_{n1}调至零,并测量此时的电动机转速n及励磁电流I_f,记录在表3-4中,然后逐渐加大R_f,使n上升,I_f下降,直到$n=1.2n_N$为止,记录n、I_f数据4~5对,填入表3-4,随后将R_f调回到零。

(5)在R_f为零时,逐渐加大R_{n1},使n下降,直至R_{n1}为最大,记录n、R_{n1}数据5~6对,

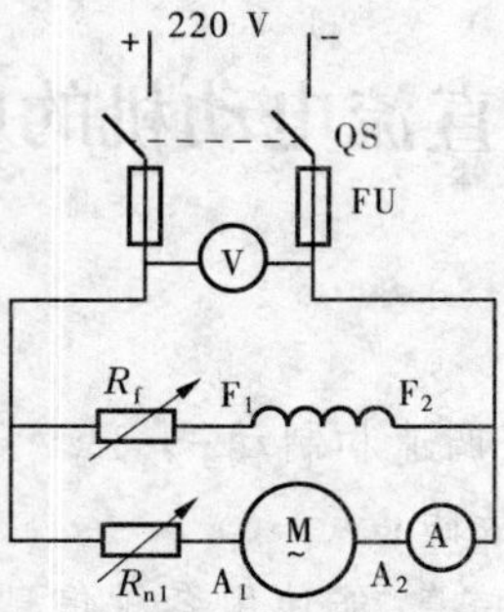

图 3-12 直流电动机电枢串可变电阻启动与调速接线图

填入表 3-5。

(6)拉下 QS,切断电源停机,经指导老师允许后,拆除线路,并清理现场。

表 3-4

n(r/min)						
I_f(A)						

表 3-5

n(r/min)						
R_{n1}(Ω)						

2)反转与制动

(1)按图 3-13 所示接线。

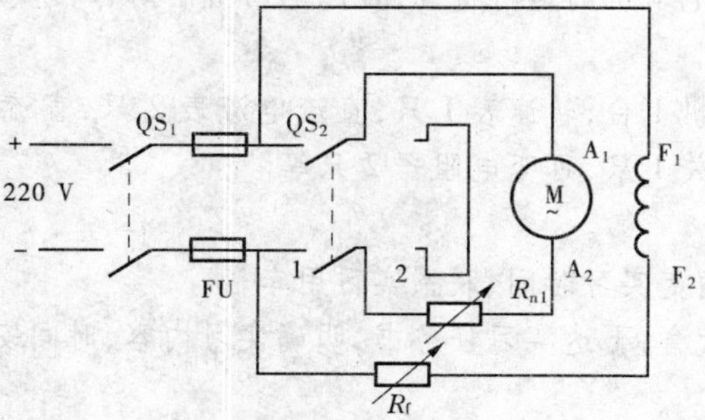

图 3-13 直流电动机反转与制动接线图

(2)将 R_{n1} 置于最大位置(电枢电流最小),R_f 置于最小位置(励磁电流最大),QS_2 合至 1 位,然后合上 QS_1 启动直流电动机,记下转向,然后拉开 QS_1,停止直流电动机。

(3)将电动机电枢绕组两端 A_1、A_2 接线对调,合上 QS_1 启动电动机,观察电动机旋转方向,记下转向。

(4)电动机稳定运行时,用转速表测定电动机的转速并记录。

(5)将 QS_2 迅速由 1 位合至 2 位,电动机即进行能耗制动,记下制动时间 t_1。

(6)将 QS_2 由 2 位重新打回 1 位,电动机再次启动,然后将电枢调节电阻 R_{n1} 适当减小,待转速稳定后,用转速表测定电动机的转速并记录。再次将 QS_2 由 1 位合向 2 位制动，记下制动时间 t_2。

(7)经指导老师允许后，拆除试验线路并清理现场。

注意：R_{n1} 不可太小，以免超过额定值。R_{n1} 可按下式估算。

$$R_{n1} = \frac{E_0}{I_N} - R_S = \frac{U_N}{I_N} - R_S$$

式中 U_N——电动机额定电压；

I_N——额定电流；

R_S——电枢回路电阻。

【相关知识】

3.2.1 生产机械的负载特性

在电力拖动系统中，电动机是原动机，起主导作用，生产机械是负载，起从动作用，负载的机械特性和电动机的机械特性是讨论电力拖动的基础。

生产机械的负载特性就是负载的机械特性，它表示负载转速与负载转矩之间的函数关系，即 $n=f(T_L)$。虽然生产机械的种类很多，但是大多数生产机械的负载特性可概括为下列三大类。

3.2.1.1 恒转矩负载特性

这一类负载比较多，它的机械特性的特点是：负载转矩 T_L 的大小与转速 n 无关。即当转速变化时，负载转矩保持常数。根据负载转矩的方向是否与转向有关，恒转矩负载又分为反抗性恒转矩负载和位能性恒转矩负载两种。

1. 反抗性恒转矩负载

这类负载的特点是：负载转矩的大小恒定不变，而负载转矩的方向总是与转速相反，即负载转矩始终是阻碍运动的。属于这一类的生产机械有起重机的行走机构、皮带运输机等。图3-14(a)所示为桥式起重机的行走机构的行走车轮，在轨道上的摩擦力总是和运动方向相反的。图3-14(b)所示为对应的机械特性曲线，显然，反抗性恒转矩负载特性位于第一和第三象限内。

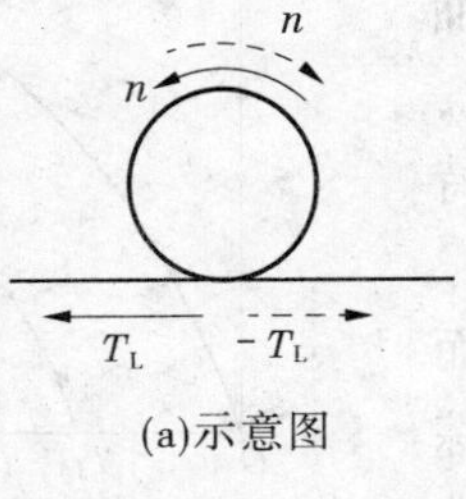

(a)示意图

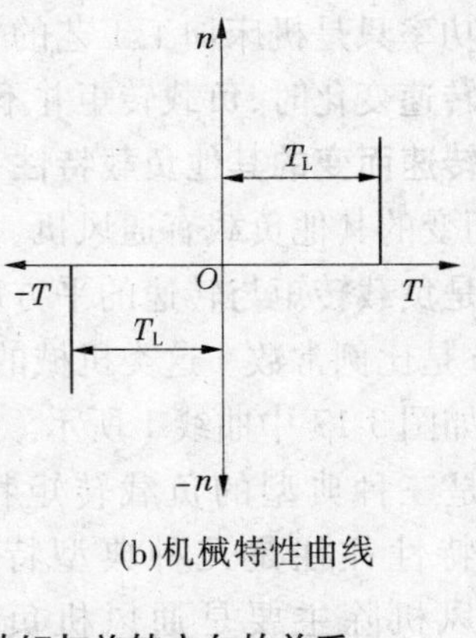

(b)机械特性曲线

图3-14 反抗性负载转矩与旋转方向的关系

2. 位能性恒转矩负载

这类负载的特点是：不仅负载转矩的大小恒定不变，而且负载转矩的方向也不变。属于这一类的负载有起重机的提升机构，如图 3-15(a)所示，负载转矩是由重力作用产生的，无论起重机是提升重物还是下放重物，重力作用方向始终不变。图 3-15(b)所示为对应的机械特性曲线，显然位能性恒转矩负载特性位于第一与第四象限内。

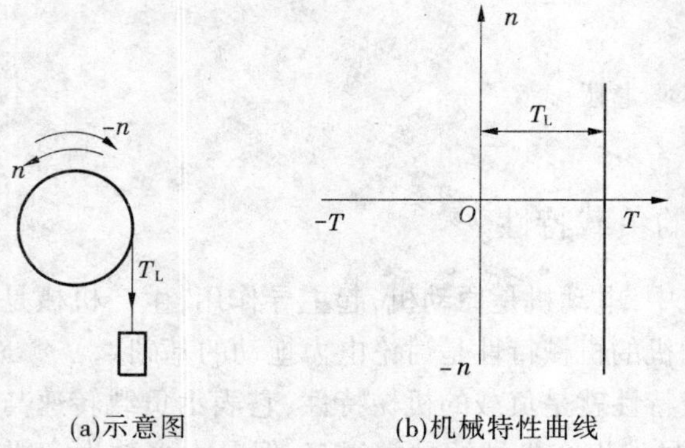

图 3-15　位能性负载转矩与旋转方向的关系

3.2.1.2　恒功率负载特性

恒功率负载特性的特点是：负载转矩与转速的乘积为一常数，即负载功率

$$P_L = T_L\Omega = T_L 2\pi n/60 = 常数$$

也就是负载转矩 T_L 与转速 n 成反比。它的机械特性是一条双曲线，如图 3-16 所示。

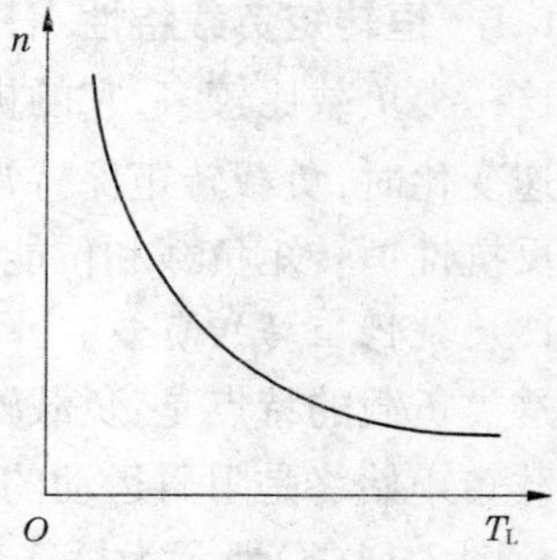

图 3-16　恒功率负载的机械特性

在机械加工工业中，有许多机床（或车床）在粗加工时，切削量较大，切削阻力也较大，宜采用低速运行。而在精加工时，切削量较小，切削阻力也较小，宜采用高速运行。这就使得在不同情况下，负载功率基本保持不变。需要指出，恒功率只是机床加工工艺的一种合理选择，并非必须如此。另外，一旦切削量选定以后，当转速变化时，负载转矩并不改变，在这段时间内，应属于恒转矩性质。

3.2.1.3　转矩随转速而变的其他负载特性

转矩随转速而变的其他负载有通风机、水泵、油泵等，它们的特点是负载转矩与转速的平方成正比，即 $T_L \propto kn^2$，其中 k 是比例常数。这类机械的负载特性是一条抛物线，如图 3-17 中曲线 1 所示。

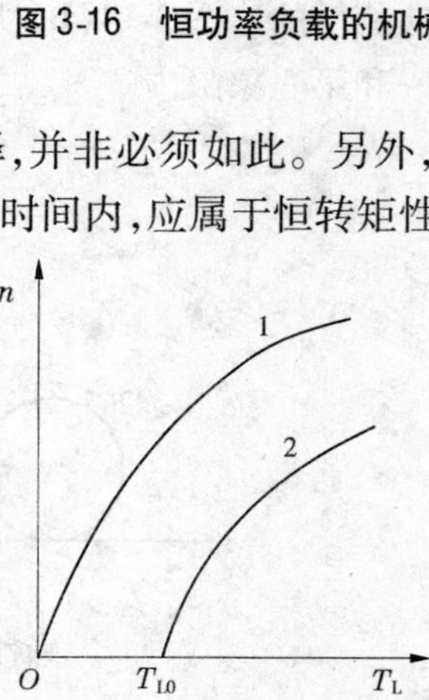

图 3-17　泵与风机类负载的机械特性

以上介绍的是三种典型的负载转矩特性，而实际的负载转矩特性往往是几种典型特性的综合。如实际的鼓风机除主要是通风机负载特性外，由于轴上还有一定的摩擦转矩 T_{L0}，因此实际

通风机的负载特性应为 $T_L = T_{L0} + kn^2$，如图 3-17 中的曲线 2 所示。

3.2.2 直流电动机的电势平衡方程式

3.2.2.1 直流电动机的电枢电动势

直流电动机的电枢电动势的表达式为

$$E_a = C_e \Phi n \tag{3-1}$$

式中 C_e——电动势常数，$C_e = \frac{pN}{60a}$；

Φ——每极磁通；

n——转子的转速；

p——电机的磁极对数；

N——总导体数；

a——并联支路的对数。

在成品电机中，p、N 和 a 都是常量，如 Φ 的单位是韦伯（Wb），则 E_a 的单位是伏特（V）。

3.2.2.2 直流电动机的电磁转矩

$$T = \frac{pN}{2\pi a}\Phi I_a = C_T \Phi I_a \tag{3-2}$$

式中 C_T——转矩常数，$C_T = \frac{pN}{2\pi a}$；

Φ——每极磁通；

I_a——电枢电流；

p——电机的磁极对数；

N——总导体数；

a——并联支路的对数。

在成品电机中，p、N 和 a 都是常量，如果 Φ 的单位为 Wb，I_a 的单位为 A，则 T 的单位为 N·m。

3.2.2.3 电动势平衡方程式

图 3-18 是并励直流电动机的原理图，U 是电源的输入电压，I 是输入电流，E_a 是感应电动势，I_a 是电枢电流，因为 E_a 和 I_a 是反向的，所以称 E_a 是反电动势。根据给定的参考方向可列出以下电动势平衡方程式

$$U = E_a + I_a r_a + 2\Delta U_b = E_a + I_a R_a \tag{3-3}$$

式中 r_a——电枢回路所有绕组的总电阻；

$2\Delta U_b$——正、负电刷的接触总压降；

R_a——电枢回路中所有电阻的总和，$R_a = r_a + \frac{2\Delta U_b}{I_a}$。

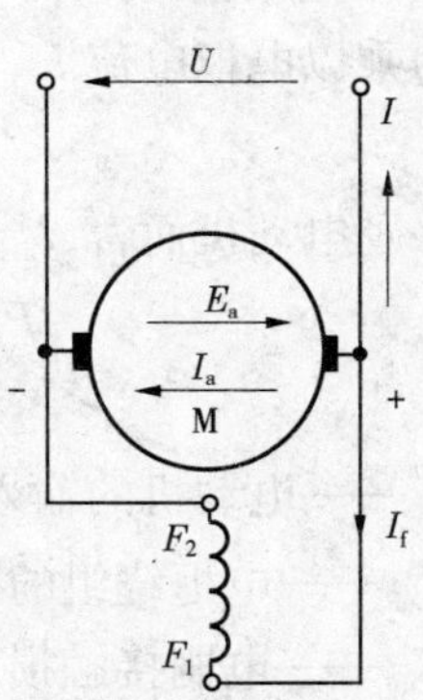

图 3-18 并励直流电动机的原理图

3.2.2.4 转矩平衡方程式

由直流电动机的工作原理可知，电磁转矩 T 是由电枢电流 I_a 与气隙磁场相互作用产生的。电动机的电磁转矩 T 是驱动转矩，它必须与轴上负载制动转矩 T_2 和空载制动转矩 T_0 相平衡才能稳定运行。故

$$T = T_2 + T_0 \tag{3-4}$$

直流电动机中 $T > T_2$，其转向由 T 决定。

3.2.2.5 功率平衡方程式

对于旋转的物体，其功率等于每秒内转矩对旋转体所做的功，即转矩和转子的机械角速度 Ω 的乘积，所以由直流电动机的转矩平衡方程式可推出功率平衡方程式。把式(3-4)两边乘以 Ω 得

$$\begin{aligned} T\Omega &= T_2\Omega + T_0\Omega \\ P_M &= P_2 + p_0 \end{aligned} \tag{3-5}$$

式中 P_M——电磁功率，$P_M = T\Omega$；

P_2——电动机轴上输出的机械功率；

p_0——电动机的空载损耗功率，$p_0 = T_0\Omega$。

$$p_0 = p_{Fe} + p_{mec} + p_{ad} \tag{3-6}$$

式中 p_{Fe}——铁耗，主要包括电枢轭部和齿部的磁滞损耗及涡流损耗，它们是由主磁通在旋转的电枢铁芯内部交变所引起；

p_{mec}——机械损耗，包括轴承、电刷的摩擦损耗和空气摩擦损耗；

p_{ad}——附加损耗，是由电枢的齿槽等因素引起的，因其产生的原因复杂，难以准确计算，所以通常取为额定功率的0.5% ~1%。

另
$$P_M = T\Omega = \frac{pN}{2\pi a}\Phi I_a \frac{2\pi n}{60} = E_a I_a \tag{3-7}$$

式(3-7)说明，电磁功率是电动机功率与机械功率相互转换的部分，它既可表示成机械功率 $T\Omega$，也可表示成电功率 $E_a I_a$。

将式(3-3)变形为 $E_a = U - I_a r_a - 2\Delta U_b$

两边乘以电枢电流 I_a，可得

$$E_a I_a = U I_a - I_a^2 r_a - 2\Delta U_b I_a$$

对并励电动机而言，$I_a = I - I_f$ 代入上式中，有

$$\begin{aligned} P_M = E_a I_a &= UI - UI_f - I_a^2 r_a - 2\Delta U_b I_a \\ &= P_1 - p_{Cuf} - p_{Cua} - p_{Cub} \end{aligned} \tag{3-8}$$

式中 P_1——电动机的输入电功率，$P_1 = UI$；

p_{Cua}——电枢绕组的铜耗，$p_{Cua} = I_a^2 r_a$；

p_{Cub}——电刷接触损耗，$p_{Cub} = 2\Delta U_b I_a$；

p_{Cuf}——励磁绕组的铜耗，$p_{Cuf} = UI_f$，另有

$$P_M = P_2 + p_{mec} + p_{Fe} + p_{ad} \tag{3-9}$$

将以上两式合并可得并励直流电动机的功率平衡方程式为

$$P_1 = p_{Cua} + p_{Cub} + p_{Cuf} + p_{mec} + p_{Fe} + p_{ad} + P_2 = P_2 + \sum p \tag{3-10}$$

并励直流电动机的功率图如图 3-19 所示。

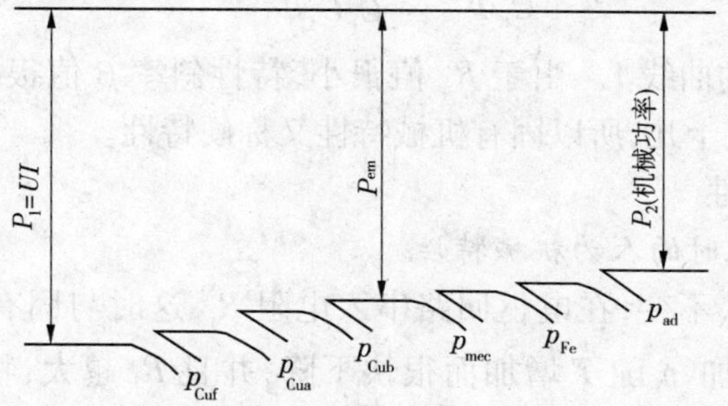

图 3-19 并励直流电动机的功率图

直流电动机的效率为

$$\eta = \frac{P_2}{P_1} \times 100\% = \frac{P_1 - \sum p}{P_1} \times 100\% = (1 - \frac{\sum p}{P_2 + \sum p}) \times 100\% \tag{3-11}$$

3.2.3 直流电动机的机械特性

机械特性是指直流电动机的电枢电压 U_N、励磁电流 I_f 和电枢回路电阻 $R_a + R_j$(R_j 为电枢回路所串电阻)均为定值时,$n = f(T)$ 的关系曲线。因为转速和转矩都是机械量,所以把它称为机械特性。当 $U = U_N$,$I_f = I_{fn}$,$R_j = 0$ 时的机械特性称为固有机械特性。改变上面三个量中的一个所得的机械特性,叫做人为机械特性。下面介绍并励直流电动机的机械特性。

把 $E_a = C_e \Phi n$ 代入 $U = E_a + I_a R_a$ 可得到直流电动机的转速特性

$$n = \frac{U - I_a R_a}{C_e \Phi} \tag{3-12}$$

把 $I_a = \frac{T}{C_T \Phi}$代入上面公式,可得并励电动机的机械特性为

$$n = \frac{U}{C_e \Phi} - \frac{R_a}{C_e C_T \Phi^2} T \tag{3-13}$$

如在电枢回路中并联一电阻 R_j,有

$$n = \frac{U}{C_e \Phi} - \frac{R_a + R_j}{C_e C_T \Phi^2} T \tag{3-14}$$

当不考虑电枢反应的影响时,励磁电流 I_f 为定值,则 Φ 为常数,所以机械特性曲线是一条直线,式(3-14)又可表示为

$$n = n_0 - \beta T \tag{3-15}$$

式中 n_0——理想空载转速,$n_0 = \frac{U}{C_e \Phi}$;

β——机械特性的斜率，$\beta=\dfrac{R_a+R_j}{C_e C_T \Phi^2}$。

3.2.3.1　固有机械特性

在固有机械特性条件下，$n_0=\dfrac{U_N}{C_e\Phi}$，$\beta=\dfrac{R_a}{C_e C_T\Phi^2}$，固有机械特性是一条略向下倾斜的直线，见图 3-20(a)中的曲线 1。由于 R_a 值很小，特性斜率 β 值很小，通常 βT 值只有 n_0 值的百分之几到百分之十几，所以固有机械特性又称硬特性。

3.2.3.2　人为机械特性

1. 电枢回路串电阻时的人为机械特性

保持 $U=U_N$，$I_f=I_{fN}$ 不变，在电枢回路串入电阻 R_j，这时与固有机械特性相比，n_0 没变，k 随 R_j 的增加而增加，n 随 T 增加而很快下降，并且 R_j 越大，特性曲线下降越快，见图 3-20(a)中的曲线 1、2、3、4，它们对应的串联电阻分别为 $R_{j1}=0$、R_{j2}、R_{j3}、R_{j4}，且依次增大。可以看出，随着 R_j 的增大，特性变软。

2. 减小电枢电压时的人为机械特性

保持 $I_f=I_{fN}$，$R_j=0$ 不变，改变 U 的取值，这时电动机变为他励，励磁电流不受 U 变化的影响。当 U 的取值不同时，机械特性的斜率不变，只是 n_0 随 U 减小而减小，可得到一组平行的人为机械特性，见图 3-20(b)中的曲线 1、2、3、4，它们对应的电枢电压分别为 U_1、$U_2=U_N$、U_3、U_4，且依次减小。

3. 减小励磁电流时的人为机械特性

保持 $U=U_N$，$R_j=0$ 不变，改变励磁回路调节电阻 r_j，励磁电流也跟着变化，磁通 Φ 也就改变了。如励磁电流 I_f 变为 I_{f1}，且 $I_{f1}<I_{fN}$，即 $\Phi_1<\Phi_N$，特性曲线的斜率和 n_0 点均会发生改变。I_f 越小，n_0 越大，直线斜率 k 也越大，故改变励磁电流 I_f 得到一组特性较软的人为特性曲线，见图 3-20(c)中的曲线 1、2、3，它们对应的励磁电流分别为 $I_{f1}=I_{fN}$、I_{f2}、I_{f3}，且依次减小。

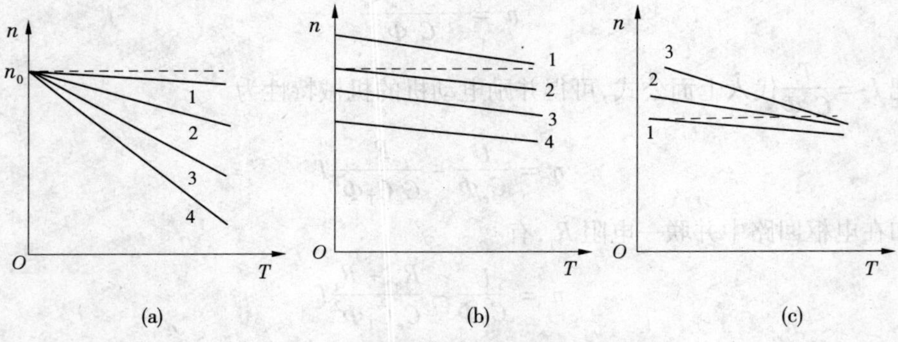

图 3-20　并励直流电动机的机械特性

需要说明的是，电机额定运行时，磁路已饱和，所以增大励磁电流，磁通不会明显加大，而且励磁电流太大，容易烧坏励磁绕组，所以只能减小励磁电流改变直流电机的机械特性。

当负载较小时，电动机的电磁转矩不是很大，由图3-20(c)可以看出，电动机转速随磁通的减小而升高，当负载转矩很大时，电动机的转速随磁通的减小而减小，但是这时的电枢电流已经太大，电动机不允许在这么大的电流下工作。所以可认为，实际工作中的电动机的转速随磁通的减小而升高。

在前面两种人为机械特性中，因为磁通保持不变，电磁转矩和电流成正比，所以机械特性曲线 $n=f(T)$ 和转速特性曲线 $n=f(I_a)$ 的形状是一样的。可是减小磁通的人为特性，磁通是变化的，机械特性曲线和转速特性曲线就不一样了，其转速特性曲线如图3-21所示。它们是一组通过横坐标上某点 I_1 的直线，直线1对应的磁通为额定磁通 Φ_N，直线2、3对应的磁通是依次减小的，可见，磁通越小，转速特性越软。

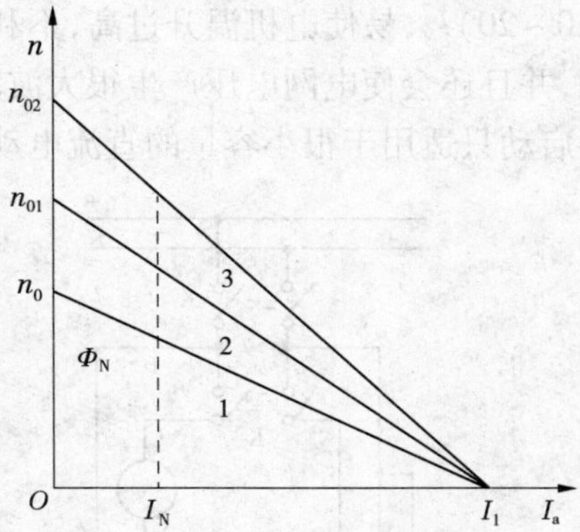

图3-21　转速特性

对于串励直流电动机的机械特性，这里不再赘述。

3.2.4　直流电动机的启动、调速与制动

3.2.4.1　直流电动机的启动

所谓启动，是指直流电动机接通电源，转子由静止开始加速直到稳定运转的过程。电动机在启动瞬间的电枢电流叫做启动电流，用 I_{st} 表示。启动瞬间产生的电磁转矩称为启动转矩，用 T_{st} 表示。

直流电动机启动的一般要求是：

(1)启动转矩要足够大，以便带动负载，缩短启动时间。

(2)启动电流要限制在一定的范围内，避免对电机及电源产生危害。

(3)启动设备要简单、可靠。

直接启动、电枢串变阻器启动和降压启动是直流电动机的3种启动方法。下面以并励电动机为例分别说明如下。

1. *直接启动*

直接将直流电动机接到额定电压的电源上启动，叫直接启动(实际就是全压启动)。接线如图3-22所示。启动时，应先将并励绕组通电，后接入电枢回路，因此必须先合上开关 K_1，并调节励磁电阻，使励磁电流最大。磁场建立后，再闭合 K_2，将额定电压直接加在电枢绕组上，电动机开始启动。在电动机启动瞬间，$n=0$，$E_a=C_e\Phi n=0$，这时启动电流

$$I_{st}=\frac{U}{R_a} \tag{3-16}$$

启动转矩

$$T_{st}=C_T\Phi I_{st} \tag{3-17}$$

直接启动过程中，i_a 和 n 随时间的变化情况如图3-23所示。刚开始启动时，电流 i_a 和电磁转矩 T 上升很快，当 $T>T_0$(空载转矩)时，电动机开始转动，同时产生反电动势 e。

随着转速的上升，反电动势不断增大，电流上升减慢，达到最大值 I_{st} 后就开始下降，转矩随之减小，此后转速上升缓慢，当 $T=T_0$ 时，转速稳定不变，电流也保持为空载电流 I_{a0}，启动过程完成。

直接启动不需增加启动设备，操作方便，有大的启动转矩，可是启动电流过大，达到 $(10\sim20)I_N$，易使电机温升过高，不利于电机自身换向，对绕组和转轴产生较大的机械冲击，并且还会使电网电压产生很大波动，影响电网上其他用户的设备正常工作。因此，直接启动只适用于很小容量的直流电动机，对较大容量的电动机要采用其他方法启动。

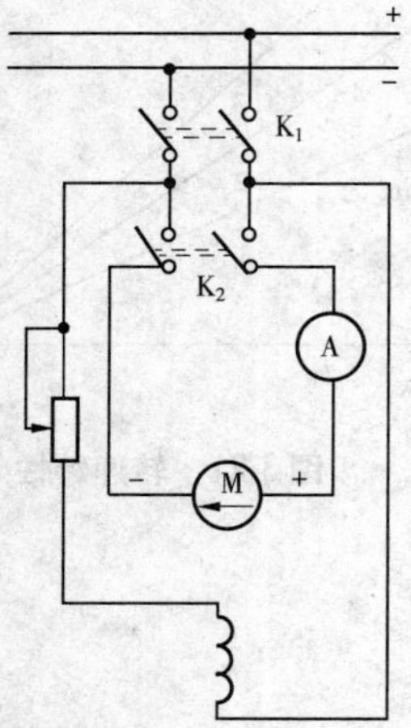

图 3-22　并励直流电动机的直接启动图

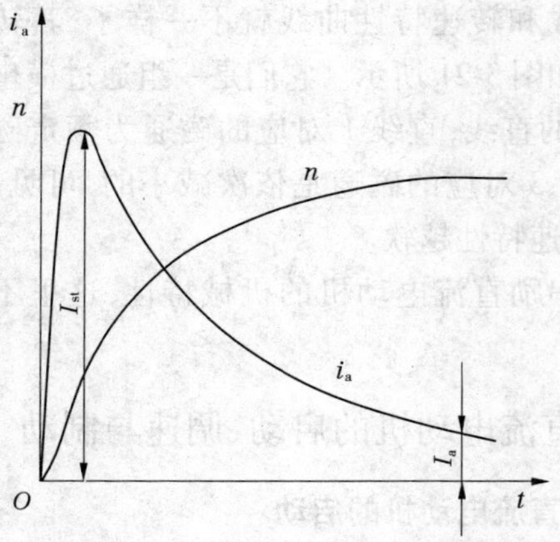

图 3-23　直接启动的电枢电流和转速的变化曲线

2. 电枢电路串变阻器启动

串变阻器启动就是启动时在电枢电路串入启动电阻 R_{st}（可变电阻）以限制启动电流，随着转速上升，逐步逐级切除变阻器。

启动电流为

$$I_{st}\approx\frac{U_N}{R_a+R_{st}}=\frac{U_N}{R_1} \tag{3-18}$$

式中　R_1——启动时第一级电枢回路的总电阻。

为保证有较大的启动转矩，缩短启动时间，启动电流被限定在一定的范围内，一般取 $I_{st}=(1.3\sim1.6)I_N$。

开始启动时，启动电流最大。随着电动机转速的升高，反电动势逐渐变大，启动电流逐渐变小，等下降到规定的最小值时，将启动电阻切除一级，启动电流又回升到最大值，依次按电流的变化切除其他级电阻，完成电动机的启动过程。启动电阻的级数越多，启动过程就越平稳，但设备投资增加。

串变阻器启动所需设备不多，但较笨重，能量损耗大，在中小型直流电动机启动中应用广泛。大型电动机常用降压启动。

3. 降压启动

因为 $I_{st}=\dfrac{U}{R_a}$，所以降低电压可有效地减小启动电流。当直流电源的电压能调节时，可以对电动机进行降压启动。刚启动时,启动电流较小,随着电动机转速的升高,反电动势逐渐加大,这就需要逐渐升高电源电压,保持启动电流和启动转矩的数值基本不变,使电动机转速按需要的加速度上升,满足启动时间的需要。

直流的发电机－电动机组通常作为可调压的直流电源,也就是用一台直流发电机给一台直流电动机供电。通过调节发电机的励磁电流,改变发电机的输出电压,从而改变电动机电枢的端电压。如今,晶闸管技术高度发展,晶闸管整流电源正逐步取代直流发电机。

降压启动的优点是启动电流小、能耗小、启动平稳;缺点是需要专用电源,设备投资较大。因而,降压启动多用于容量较大的直流电动机。

【例题 3-1】 一台他励直流电动机的额定值为:$U_N = 440$ V,$I_N = 76.2$ A。电枢电阻 $R_a = 0.393\ \Omega$。求:

(1)电动机直接启动时的启动电流与额定电流的比值;

(2)如采用串电阻启动,启动电流为1.5倍的额定电流,应在电枢电路串入多大的电阻?

解 (1)直接启动时的启动电流 $I_{st} = \frac{U_N}{R_a} = \frac{440}{0.393} = 1\ 119.59(\text{A})$

启动电流和额定电流的比值为 $\frac{I_{st}}{I_N} = \frac{1\ 119.59}{76.2} = 14.69$

(2)$1.5I_N = 1.5 \times 76.2 = 114.3(\text{A})$

电枢回路总电阻为 $R_a + R_j = \frac{U_N}{1.5I_N} = \frac{440}{114.3} = 3.85(\Omega)$

串入的电阻 $R_j = 3.85 - R_a = 3.85 - 0.393 = 3.457(\Omega)$

3.2.4.2 直流电动机调速

为了提高生产效率和保证产品质量,并符合生产工艺,要求生产机械在不同的情况下有不同的工作速度,这种人为地改变和控制机组转速的方法叫做调速。调速是人为地改变电气参数,使电机的运行点由一条机械特性转移到另一条机械特性上,从而在某一负载下得到不同的转速,以满足生产需要。所以说调速方法就是改变电动机机械特性的方法。

取并励直流电动机拖动恒转矩负载为研究对象,由 $n = \frac{U}{C_e\Phi} - \frac{R_a + R_j}{C_eC_T\Phi^2}T$ 可以看出,有电枢回路串电阻调速、改变电枢端电压调速、改变励磁电流调速三种调速方法。现分别介绍如下。

1. 电枢回路串电阻调速

用图 3-24 来说明电枢回路串电阻调速的原理和过程。其中,曲线1是直流电动机的固有机械特性,曲线2为串入 R_{j1} 后的人工机械特性,曲线3为串入 R_{j2} 后的人工机械特性,曲线4是负载的机械特性。假设直流电动机拖动的是恒转矩负载 T_L,运行于曲线1上的 A 点,其转速为 n_N。当电枢回路串入电阻 R_{j1},并稳定运行于人工机械特性上的 B 点后,转速下降为 n_1。R_j 的值越大,稳定转速越低。电流 i_a 和转速 n 随时间的变化规律如图 3-25 所示。

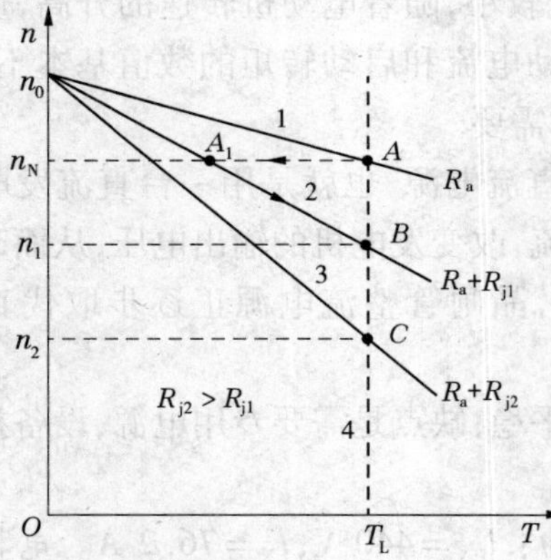

图 3-24 电枢回路串电阻调速

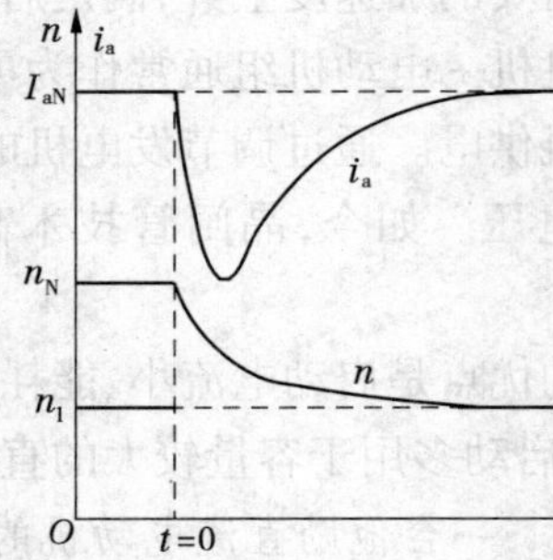

图 3-25 电流和转速随时间的变化规律

直流电动机的具体调速过程如下：运行于 A 点的直流电动机，其电磁转矩 $T=T_L$，转速为 n_N，串入电阻 R_{j1} 后，机械特性变为曲线 2，由于串入电阻的瞬间，电机的转速不变，故反电动势不变，此时电枢电流 I_a 和电磁转矩会减小，工作点平移到 A_1 点，相应的电磁转矩 $T<T_L$，所以电动机的转速开始减小，反电动势 E_a 减小，而 I_a 和 T 要增大，则工作点沿曲线 2 由 A_1 移到 B 点，此时 $T=T_L$，电机以转速 n_1 工作在新的平衡点。

电枢回路串电阻调速的优点是设备简单，操作方便，调速电阻可兼作启动电阻。缺点是 R_j 上电流较大，能量损耗大，效率低。而且转速越低，串入的电阻越大，损耗就越大，效率越低。所以，电枢串电阻调速多用于对调速性能要求不高的生产机械上，如电动机车、吊车等。

2. 改变电枢端电压调速

此种方法只能是降低电枢端电压调速，因为电动机的工作电压是不允许超过额定值的。调速的原理可用图 3-26 来表示。调速过程中的电流和转速的变化情况与图 3-25 相似。

当电源电压为额定值时，电动机带额定负载 T_L 运行于固有特性曲线 1 上的 A 点，对应的转速是 n_N。现将电源电压下调，工作点移到人工机械特性曲线上的 C 点，转速减小为 n_1，如继续降低电压，则机械特性曲线和工作点继续下移。

图 3-26 改变电枢端电压调速

降压调速的具体过程分析如下：直流电动机在 A 点稳定运行时，电磁转矩 $T=T_L$，转速为额定转速 n_N。电压下调后，机械特性变为曲线 2。因为降压瞬时，电动机的转速不变，所以反电动势不变。根据直流电动机电动势平衡方程式可知，I_a 和 T 会很快减小，工作点左移到 B 点。而 B 点对应的 $T<T_L$，电动机转速 n 下降，E_a 变小，而 I_a 和 T 增大，工作点由 B 点沿曲线 2 移到 C 点，此时 $T=T_L$，电动机以转速 n_1 稳定运行。

如电压平滑变化,可得到平滑调速,实现无级调速。调压调速的调速范围宽,能耗小。缺点是需要专用电源,设备投资大。

3. 改变励磁电流调速

改变励磁电流目的是为了改变磁通的大小,而磁通的改变只能从额定值往下调。原因有两点:一是直流电动机额定运行时,磁路基本是饱和的,如励磁电流增加很多,磁路会过饱和,这样会影响电动机的性能;二是磁路饱和后,虽然励磁电流增加很多,但磁通的增量很小。所以说调节磁通的调速就是弱磁调速。其调节原理可根据图 3-27 分析如下。

调速前,直流电动机在固有特性曲线 1(此时的磁通为 Φ_N)上的 A 点带恒转矩负载 T_L 稳定运行,转速为额定转速 n_N。现在增大励磁回路中的电阻,则励磁电流减小,磁通减小到 Φ_1,电动机的机械特性曲线变为直线 2。励磁电流变化的瞬间,转速保持不变,反电动势 E_a 随磁通降低而减小,则电枢电流 I_a 增大,因为 I_a 的变化比 Φ 的减小要显著,所以电磁转矩总体上是增大的,这就使工作点右移到 B 点,此处的 $T>T_L$,电动机加速旋转,n 不断上升,E_a 随之增大,I_a 和 T 减小,工作点沿直线 2 上移到 C 点,此时有 $T=T_L$,电动机处于新的平衡状态,以转速 n_1 稳定运行,从而达到调速的目的。如继续减小励磁电流到某值,电动机会以另一较高速度稳定运行。调速过程中电流和转速的变化情况如图 3-28 所示。

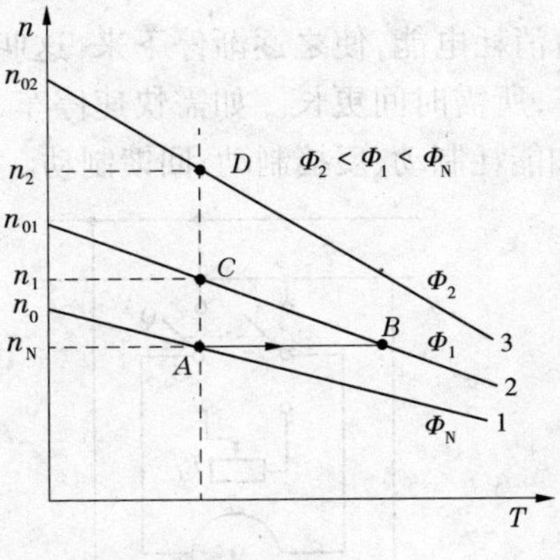

图 3-27 改变磁通调速

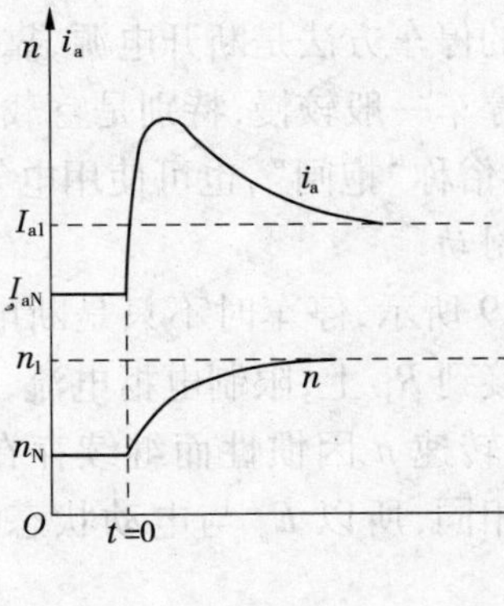

图 3-28 电流和转速随时间的变化规律

改变励磁电流调速的优点是:由于励磁电流小,能耗小,效率高,设备简单,控制方便。但在 T 一定时,Φ 减小,I_a 增大,故不宜将 Φ 减小过多。但对恒功率负载而言,Φ 减小,n 增高,T 减小,I_a 变化不大,故此方法适用于此类负载。

【例题 3-2】 一台他励直流电动机,$P_N=29$ kW,$U_N=440$ V,$I_N=76.2$ A,$n_N=1\ 050$ r/min,$R_a=0.393\ \Omega$。电动机带额定恒转矩负载运行,如果负载不变,且认为磁路是不饱和的,试求:

(1) 电枢电路串入 1.533 Ω 的电阻后,电动机的稳定转速。

(2) 电枢电路不串电阻,降低电枢电压至 220 V 后,电动机的稳定转速。

(3) 电枢电路不串电阻,减小磁通至额定磁通的 0.9 倍,电动机的稳定转速。

解 当电动机带额定负载运行时

$$C_e\Phi_N = \frac{U_N - I_N R_a}{n_N} = \frac{440 - 76.2 \times 0.393}{1\ 050} = 0.391$$

(1)电枢电路串入电阻后,因为带恒转矩负载,所以电动机的电磁转矩不变。另外,因是他励电机,故磁通不变,仍为 Φ_N。那么由公式 $T = C_T\Phi I_a$ 可知电枢电流不变,仍为 I_N。通过分析可求电动机的稳定转速为

$$n = \frac{E}{C_e\Phi_N} = \frac{U_N - I_N(R_a + R_j)}{C_e\Phi_N} = \frac{440 - 76.2 \times (0.393 + 1.533)}{0.391} = 750(\text{r/min})$$

(2)降低电枢电压至 220 V 后,电动机的稳定转速

$$n = \frac{U - I_N R_a}{C_e\Phi_N} = \frac{220 - 76.2 \times 0.393}{0.391} = 486(\text{r/min})$$

(3)因为负载不变,所以电动机的电磁转矩不变,则有

$$C_T\Phi_N I_N = C_T\Phi I_a$$

可得
$$I_a = \frac{\Phi_N}{\Phi} I_N = \frac{\Phi_N}{0.9\Phi_N} \times 76.2 = 84.67(\text{A})$$

那么
$$n = \frac{U_N - I_a R_a}{C_e\Phi} = \frac{440 - 84.67 \times 0.393}{0.9 \times 0.391} = 1\ 156(\text{r/min})$$

3.2.4.3 直流电动机的制动

最简单的停车方法是断开电源,靠摩擦阻力消耗电能,使之逐渐停下来,这叫自由停车法。自由停车一般较慢,特别是空载自由停车,所需时间更长。如需快速停车,可使用电磁制动器,俗称“抱闸”,也可使用电气制动,如能耗制动、反接制动、回馈制动。

1. 能耗制动

如图 3-29 所示,停车时不只是断电,而是将电枢立即接到 R_L 上,限制电枢电流,因为磁场保持不变,转速 n 因惯性而继续存在,且与电动状态时相同,所以 E_a 与电动状态时方向相同。此时

$$U = 0 = E_a + I_a(R_a + R_L),\ I_a = -\frac{E_a}{R_a + R_L}$$

由于电流方向相反,所以 T_a 反向。

由于转矩 T_a 与电动状态相反,产生一制动性质的转矩,使其快速停车。制动过程是电机靠惯性发电,将动能变成电能,消耗在电枢总电阻上,故称能耗制动。能耗制动操作简单,但低速时制动转矩很小。

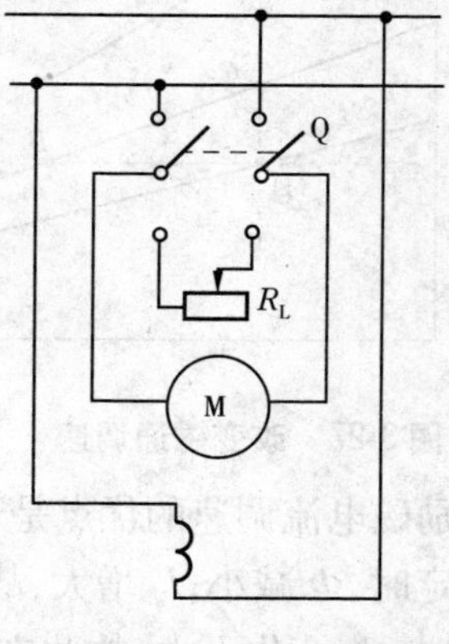

图 3-29　并励直流电动机能耗制动接线图

2. 反接制动

能耗制动在低速时效果差,若采用反接制动,可得到更强烈的制动效果。利用反向开关将电枢反接,反接同时串入电阻 R_L,如图 3-30 所示。

由于 $U = -U, R = R_a + R_L$

所以
$$I_a = \frac{-U - E_a}{R_a + R_L}$$

由于 I_a 为负值，所以 T_a 为负。此时

$$n = -\frac{U}{C_e\Phi} - \frac{R_a + R_L}{C_e C_T \Phi^2} T_e$$

反接制动时最大电流不得超过 $2I_N$，则应使

$$R_a + R_L \geqslant \frac{U_N + E_a}{2I_N} \approx \frac{2U_N}{2I_N} = \frac{U_N}{I_N}$$

$$R_L \geqslant \frac{U_N}{I_N} - R_a$$

对于能耗制动

$$R_L \geqslant \frac{U_N}{2I_N} - R_a$$

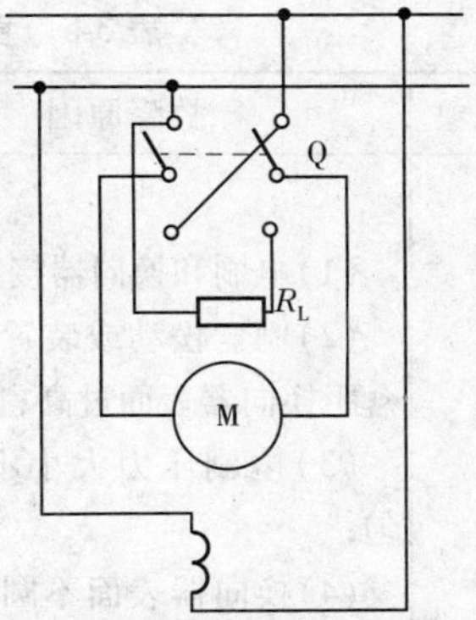

图3-30　并励直流电动机反接制动接线图

缺点：能量损耗大，转速下降到零时，必须及时断开电源，否则有可能反转。

3. 回馈制动

当 $n > n_N$ 时，则 $E_a > U$，$I_a = \dfrac{U - E_a}{R_a}$，所以 I_a 为负，T_a 为负，例如电车下坡时的状态。

电车在平路上行驶时，摩擦转矩 T_L 是制动性质的，这时 $U > E_a$、$n_0 > n$。当电车下坡时，T_L 仍存在，车重产生的转矩是帮助运动的，如合成转矩与 n 方向一致，则转速上升，当 $n > n_0$ 时，$E_a > U$，I_a 变为负值，此时电机进入发电状态，发出电能，回馈到电网，称为回馈制动。

总之，电气制动是电机本身产生一个制动性质的转矩，使电机快速停车。

3.2.4.4　直流电动机改变转向

在电力拖动装置工作过程中，由于生产的要求，常常需要改变电动机的转向，如起重机的提升和下放重物、轧钢机对工件的来回碾压、龙门刨的往复动作等。直流电动机的旋转方向是由气隙磁场和电枢电流的方向共同决定的。所以，改变电动机转矩方向有以下两种方法：

(1)电枢绕组反接(即改变电枢电流的方向)。实际操作就是改变电枢两端的电压极性或把电枢绕组两端反接。

(2)励磁绕组反接(即改变气隙磁场的方向)。实际操作就是改变绕组两端的励磁电压的极性或把绕组两端反接。

如果同时改变励磁磁场和电枢电流的方向，电动机的转向不会改变。由于励磁绕组匝数较多，电感较大，反向励磁的建立过程缓慢，从而使反转过程不能迅速进行，所以通常多采用反接电枢绕组的方法。

如果电动机正转时，转矩和转速的方向为正；反转时，转矩和转速应为负，那么电动机反转后的机械特性应在第三象限内。

3.2.5　直流电动机常见故障及处理

直流电动机发生故障后，应立即停机进行检修。表3-6列出了直流电动机常见故障现象、原因及处理方法。

表 3-6　直流电动机常见故障现象、原因及处理方法

故障现象	故障原因	处理方法
电刷冒火花较大，换向器和电刷发烫	(1)电刷和换向器接触不良； (2)刷盒松动或装置不正，刷盒距换向器表面过高； (3)电刷压力大小不当或不匀； (4)换向器表面不圆、不光滑或有污垢； (5)换向片间云母凸出； (6)电刷位置不在中性线上； (7)电刷磨损过度，或所用牌号和尺寸与技术要求不符； (8)过载或负载波动； (9)电机底脚松动，发生振动； (10)换向极线圈短路； (11)电枢过热，电枢绕组与换向器脱焊； (12)检修时将换向极线圈接反； (13)电刷之间的电流分布不均匀； (14)换向极在过载时饱和； (15)所用电机选型不当； (16)转子平衡未校正好	(1)研磨电刷接触面，并令其在轻载下运行半小时至一小时； (2)紧固或纠正刷握装置，调整刷盒与换向器的表面距离为 2～3 mm； (3)调整刷握弹簧压力或调换刷握，用弹簧秤校正电刷压力为 $1.5 \sim 2.7\ N/cm^2$； (4)清洁或研磨换向器表面； (5)换向器刻槽、倒角再研磨； (6)调整刷杆座到原有记号，或到火花正常为止（发电机可在空载下调整到电压最高的位置）； (7)按厂家要求重新更换电刷； (8)恢复正常负载； (9)紧固底脚螺钉； (10)检查换向极线圈，将绝缘损坏处进行修理； (11)用毫伏计检查换向片间的电压降是否平衡，如压降特别大，说明此处有脱焊现象，需要重新焊接； (12)用罗盘试验换向极极性，并进行纠正（换向极和主极极性关系，顺电机旋转方向，发电机为 n—N—s—S，电动机为 n—S—s—N）； (13)校正电刷压力，如果是电刷牌号不一致造成的，则必须用原来牌号和尺寸的电刷； (14)恢复正常负载； (15)检查所用电机的性能保证值（标准）是否符合使用的工作条件； (16)重新校正转子平衡
电动机不能启动	(1)线路中断； (2)启动时负载过重； (3)启动力矩太小； (4)电刷接触不良； (5)电刷位置不正常； (6)串励绕组接反； (7)启动器与电机连接不正确	(1)检查线路是否完好，启动器连接是否正确；保险丝是否熔断，励磁欠压继电器是否动作； (2)移去过载部分； (3)检查所用启动器是否合适； (4)检查刷握弹簧是否松弛； (5)按电刷架标记，调整刷架位置； (6)按接线图标记接线； (7)在电枢与电源接通前，应先接通励磁绕组，并达到额定励磁电压

续表3-6

故障现象	故障原因	处理方法
电动机转速不正常	(1)电动机转速过高,且有剧烈火花; (2)电刷不在正常位置; (3)电枢及磁场线圈短路; (4)串励电动机轻载或空载运转; (5)串励磁场线圈接反; (6)磁场回路电阻过大	(1)检查磁场线圈连接是否良好,是否接错,磁场线圈或调速器内部是否断路,励磁欠压继电器是否动作,励磁电压是否正常; (2)按所刻记号调整刷杆座位置; (3)检查是否短路(磁场线圈须每极分别测量电阻); (4)停止轻载或空载运转; (5)互换串励线圈两个出线; (6)检查磁场变阻器和励磁绕组电阻,并检查接触是否良好
电枢冒烟,磁场线圈过热	(1)长时间过载; (2)换向器或电枢短路; (3)发电机负载短路; (4)电动机线端电压过低; (5)电动机选型不当,直接启动或反向运转过于频繁; (6)定子转子铁芯相摩擦; (7)并励磁场线圈部分短路; (8)发电机或电动机磁场电压长时超过额定值; (9)电机转速太低	(1)立刻切断电源检查,冷却后恢复正常负载; (2)是否有导电粉尘、金属切屑落入换向器或电枢绕组,用毫伏表检查是否短路; (3)检查线路是否有短路; (4)恢复电压至正常值; (5)检查电动机的性能保证值(标准)是否满足使用的工作条件; (6)检查电动机空气隙是否均匀,有无杂物存在,轴承是否磨损,装配是否良好; (7)分别测量每一线圈电阻,修理或调换电阻特别低的线圈; (8)恢复磁场电压至额定值; (9)提高转速至额定值
其他	(1)机壳漏电; (2)并励(带有少量串励稳定绕组)电动机启动电流大,启动时发生转向正、反摆动现象; (3)轴承漏油	(1)电动机绝缘电阻过低,用500 V兆欧表测量线圈对机壳的绝缘电阻,如低于1 MΩ应加以烘干;接线头碰机壳;出现板或线圈绝缘局部损坏,须检查修理;接地装置不良,加以纠正; (2)串励线圈接反,互换串励线圈两个出线头; (3)润滑油加得太满(正常约为轴承室2/3的空间)或所用润滑脂质地不符合要求;轴承温度过高(轴承如有不正常杂声,应取出清洗,检查换油,如钢珠或刚圈有裂纹,应予以更换)

【思考问题】

1. 负载的机械特性有哪些主要类型？什么叫反抗性负载和位能性负载？
2. 电车前进方向为转速正方向,定性画出电车走平路和下坡时的负载转矩特性。
3. 用哪些方法可改变直流电动机的转向？
4. 能耗制动时,可用什么方法调节制动能力的大小？

5. 有一台他励直流电动机带额定负载运行,其额定数据为:$P_N = 22$ kW,$U_N = 220$ V,$I_N = 116$ A,$n_N = 1\ 500$ r/min,$R_a = 0.175\ \Omega$。如果负载不变,且不计磁路饱和的影响,试求:

(1)电枢电路串入 0.575 Ω 的电阻后,电动机的稳定转速;

(2)电枢电路不串电阻,降低电枢电压到 110 V,电动机的稳定转速;

(3)电枢电路不串电阻,减小磁通至额定磁通的 0.9 倍,电动机的稳定转速。

6. 一台他励直流电动机的 $U_N = 220$ V,$I_N = 30.4$ A,$n_N = 1\ 500$ r/min,电枢回路总电阻 $R_a = 0.45\ \Omega$,要在额定负载下,把电动机的转速降到 1 000 r/min,求:

(1)电枢回路串电阻调速时,应接入的电阻值;

(2)降压调速时,电压应降到多大?

7. 一台并励直流电动机在某负载转矩时转速为 1 000 r/min,电枢电流为 40 A,电枢回路总电阻 $R_a = 0.045\ \Omega$,电网电压为 110 V。当负载转矩增大到原来 4 倍时,电枢电流及转速各为多少(忽略电枢反应)?

8. 一台 Z2 - 52 型并励直流电动机,$P_N = 7.5$ kW,$U_N = 110$ V,$I_N = 82.2$ A,$n_N = 1\ 500$ r/min,$R_a = 0.101\ 4\ \Omega$,$R_1 = 46.7\ \Omega$,忽略电枢反应,求:

(1)当电枢电流为 60 A 时的转速;

(2)若负载为恒转矩,当主磁通减少 15%,达到稳定时的电枢电流及其转速。

【任务评价】

评价内容

实际操作:学生对一台小型直流电动机进行启动、调速,再进行反转、制动,考核其接线、操作、记录过程及正确性,教师自行设计考核表格与评分标准。

解答思考问题:学生解答思考问题,学生自评、互评,老师审定成绩。

职业素质养成考核:遵守安全规章制度,遵守纪律、吃苦耐劳,一丝不苟地工作,与团队成员、教师和工厂师傅进行有效的沟通、协作共事等。

评价方式

实际操作 40%,解答思考问题 40%,基本素质 20%。

项目4　三相同步电动机及拖动

项目描述

三相同步电动机结构较复杂,造价较高,但运行稳定,通过调整励磁电流,可向电网输出感性无功功率,改善电网的功率因数,因此常在一些大功率拖动系统中使用。例如,大功率起重机、大功率送风机、空压机等。

本项目通过三相同步电动机运行中的观测检查,学习同步电动机的基本结构与基本原理。通过三相同步电动机的启动操作,学习三相同步电动机的各种运行特性、各种启动方法与原理。通过对同步电动机故障的观察与分析,了解三相同步电动机的常见故障、现象、原因及处理方法。

任务4.1　三相同步电动机认知及运行

【学习目标】

1. 能力目标

(1)能监视同步电动机的运行状态;

(2)能对同步电动机组设备进行巡回检查与日常维护;

(3)能收集与工作学习相关的信息,能使用各种信息资源完成学习与工作任务,工作结束后能对工作过程和成果进行反思及评价。

2. 知识目标

(1)熟知同步电动机铭牌及额定值、工作原理,本体结构及励磁系统的构成;

(2)知道同步电动机的几种运行方式;

(3)知道同步电动机运行中的监视、巡视检查及维护的项目与注意事项。

3. 素质目标

养成与团队成员友好相处、团结协作,动手动脑,遵守劳动纪律与规章制度的好习惯。

【任务描述】

在工厂或实训室对同步电动机进行巡视检查及日常维护。

【任务准备】

三相同步电动机的检查和日常维护所需的知识、工具

知识:三相同步电动机的基本原理及结构、检查和维护项目。

仪器:温度计。

【任务实施】

一、联系实习地点、确定实习时间、联系实习用车辆。

二、实习动员：安全教育，下达实习任务书，明确实习内容、时间安排及实习成果等。

三、入厂安全教育。

四、实施过程。

在电厂运行值班员的监护下，对正常运行的同步电动机进行巡回检查和维护。

按表4-1所列顺序和内容逐一检查，并将检查结果填入表中。

表4-1 同步电动机监视与检查内容及其记录

序号	监视与检查内容	检查记录
1	电源电压在额定电压的±5%范围内	
2	三相电压不平衡不应大于5%	
3	电源频率在50±1% Hz范围内	
4	滑动轴承最高温度为75 ℃，滚动轴承最高温度为95 ℃	
5	绕组与铁芯最高温升不超过75 K	
6	最高风温：入口风为35 ℃，出口风为55 ℃，风温差为20 ℃	
7	冷却水温不超过：入口水为13~15 ℃，出口水为18~20 ℃，进、出口水温差为5~7 ℃	
8	环境温度最低为5 ℃，最高为35 ℃	
9	空气相对湿度在75%以下	
10	风道保持清洁无水	
11	电动机的轴承间隙不超过电动机轴颈的2%	
12	同步电动机的强励倍数一般不大于1.5倍	
13	电动机允许的最大振动值见表4-2	

表4-2 同步电动机允许的最大振动值

同步电动机转速(r/min)	3 000	1 500	1 000	750及以下
双振幅振动值(mm)	0.05	0.09	0.10	0.12

巡回检查人员应认真监视有关仪表和检测装置，发现异常现象并及时查明原因，做好相关记录。

同步电动机停转后，应进行以下维护和检查：

(1)首先进行清扫，然后详细检查绕组绝缘是否损伤，绕组有无位移现象，各焊接头是否开焊，引线绝缘是否良好，槽楔和槽内垫条是否完好，有无松动现象。

(2)检查转子笼条和端环是否开焊和有无裂纹，各部绝缘绑扎和垫片是否松动，转子支架和机械零部件是否开焊和有无裂缝，磁轭紧固磁极螺栓、穿心螺栓是否松动。

(3)检查轴承和电刷装置是否正常。如刷盒应与铜环保持平行、对准；电刷在刷盒内的间隙一般应为0.1~0.2 mm；刷压应符合规定；刷盒底边与铜环表面距离应为

2 ~ 3 mm;集电环绝缘良好、清洁,无松动现象;铜环表面清洁、呈圆柱体。

【相关知识】

4.1.1 三相同步电动机的铭牌

在同步电动机的外壳上有一块铭牌,铭牌上标有型号和额定值,如图 4-1 所示。

位号	1#			名称	同步电动机		
铭牌	型　　号	TK850-18/1730	额定功率	850　kW	转　　速	333.3　r/min	
	定子电压	10000　V	转子电压	/　V	绝缘等级	B	
	定子电流	58　A	转子电流	/　A	制 造 厂	北京北重汽轮电机有限公司	
	接　　线	Y	功率因数	0.9	出厂日期	2010.6	
	频　　率	50　Hz	效　　率	/	出厂编号	T470-10-006	
	防爆等级		合格证号	/			

图 4-1 同步电动机铭牌

4.1.1.1 同步电动机的型号

我国电机型号的标注法采用汉语拼音法,一般用拼音的首字母来表示。例如某电机型号为 TK850 - 18/1730,其中,各字母及数字分别表示:

T—同步电机;

K—空气冷却;

850—额定功率为 850 kW;

18—电机磁极个数为 18 个;

1730—定子铁芯外径为 1 730 cm。

4.1.1.2 同步电动机的额定值

额定值是制造厂对电动机正常工作所作的使用规定,也是设计和试验电机的依据。同步电动机的铭牌上注明了该电动机的额定值,主要有:

(1)额定功率 P_N 或额定容量 S_N。指同步电动机在额定状态下运行时,输出功率的保证值。即轴端输出的额定机械功率,单位常用 kW。对同步调相机则用线端输出额定无功功率表示,单位常用 kVA 或 kvar。

(2)额定电压 U_N。指电机在额定运行时的三相定子绕组的线电压,常用 kV 为单位。

(3)额定电流 I_N。指电机在额定运行时流过的三相定子绕组的线电流,单位为 A 或 kA。

(4)额定功率因数 $\cos\varphi_N$。指电机在额定运行时的功率因数。

(5)额定效率 η_N。指电机额定运行时的效率。

综合上述定义,额定值间有下列关系

$$P_N = \sqrt{3}U_N I_N \eta_N \cos\varphi_N$$

除上述额定值外,铭牌上还列出了电机的额定频率 f_N、额定转速 n_N、额定励磁电流

I_{fN}、额定励磁电压 U_{fN} 和额定温升等。

4.1.2 三相同步电动机的基本原理及结构

同步电动机是交流旋转电机中的一种,因其转子的转速始终与定子旋转磁场的转速相同而得名。同步电动机将电能转换为机械能,主要用于拖动功率大、转速不要求调节的生产机械,如大型水泵、空气压缩机、矿井通风机、电梯等。同步电动机还可以用作同步调相机,同步调相机实际上就是一台空载运转的同步电动机,专门向电网输送感性无功功率,用来改善电网的功率因数,以提高电网的运行经济性及电压的稳定性。

4.1.2.1 基本工作原理

图 4-2 所示为同步电动机的结构原理图,由定子和转子两部分组成。同步电动机的定子和异步电动机的定子相同,即在定子铁芯内圆均匀分布的槽内嵌放三相对称绕组,图 4-2 中只画出一相绕组,形成两对磁极。转子主要由磁极铁芯与励磁绕组组成,当励磁绕组通以直流电流后,转子立即建立恒定磁场,形成磁极。图 4-2中转子为两对磁极。

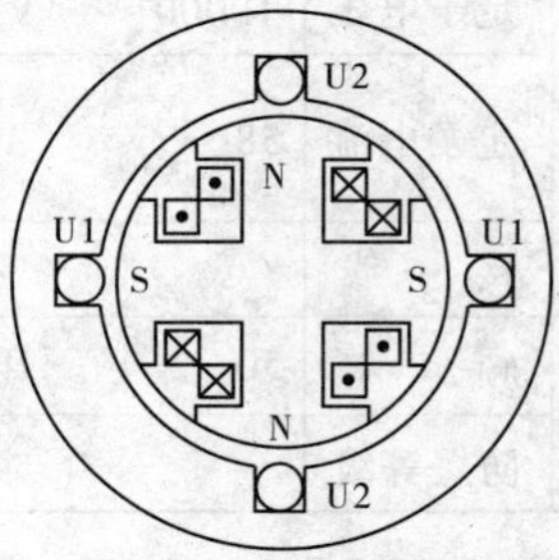

图 4-2 同步电动机的结构原理图

当定子绕组上施以三相交流电压时,电动机内会产生一个定子旋转磁场,其旋转速度为同步转速 n_1,转子将在定子旋转磁场的带动下旋转,并带动负载沿定子磁场的方向以相同的转速旋转,转子的转速为

$$n = n_1 = 60f/p$$

同步电动机的转速与频率之间始终保持严格不变的关系。当电网频率一定时,电动机转速为恒定值,这就是同步电动机和异步电动机的基本差别之一。

由于我国电力系统的标准频率为 50 Hz,所以同步电动机的转速为:二极电动机的转速为 3 000 r/min,四极电动机的转速为 1 500 r/min,以此类推。

同步电动机按结构型式,可分旋转电枢式和旋转磁极式两种。前者适用于小容量同步电动机,近年来应用很少;后者应用广泛,是同步电动机的基本结构型式。

旋转磁极式同步电动机按转子磁极的形状,又可分为凸极式和隐极式两种类型,如图 4-3所示。凸极式有明显的磁极,气隙是不均匀的,极弧底下气隙较小,极间部分气隙较大。隐极式气隙是均匀的,转子做成圆柱形。同步电动机、柴油发电机、水轮发电机和调相机,一般做成凸极式;汽轮发电机一般采用隐极式。

旋转磁极式同步电动机不用在转子绕组中通入直流电来形成磁极,而是用永久磁铁来构成磁极,这就是三相永磁同步电动机。由于三相永磁同步电动机的转子不需用直流电流励磁,所以结构更简单,性能更好,是目前使用的主要伺服电动机之一。

4.1.2.2 同步电动机的基本结构

下面以凸极式同步电动机为例说明其基本结构。

凸极式同步电动机主要由定子、转子和轴承等组成。

1. 定子

同步电动机定子和异步电动机一样,起着输入电功率的作用,并产生旋转磁场。

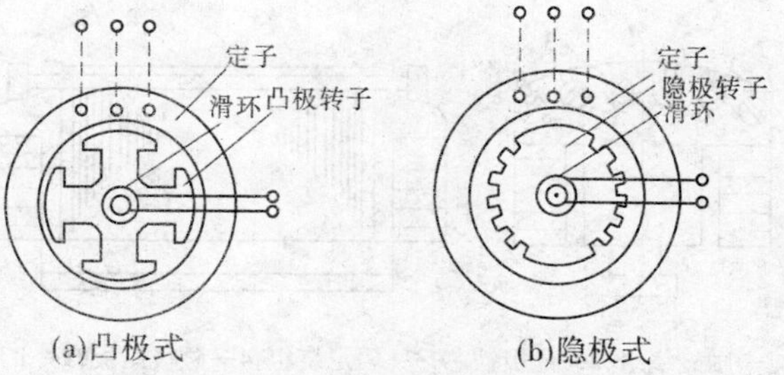

图 4-3 旋转磁极式同步电动机

定子由定子铁芯、定子绕组、机座、端盖、挡风装置等部件组成。定子铁芯由厚度 0.35 mm 或 0.5 mm 的涂漆硅钢片叠成,每叠厚度 3~6 cm。各叠之间留有 1 cm 的通风槽,以利于铁芯散热。当定子铁芯的外径大于 1 m 时,其每层硅钢片常由若干块扇形片拼装而成。叠装时把各层扇形片间的接缝互相错开,压紧后成为一整体的圆筒形铁芯。整个铁芯固定于机座上,如图 4-4(a)所示;扇形钢片如图 4-4(b)所示。

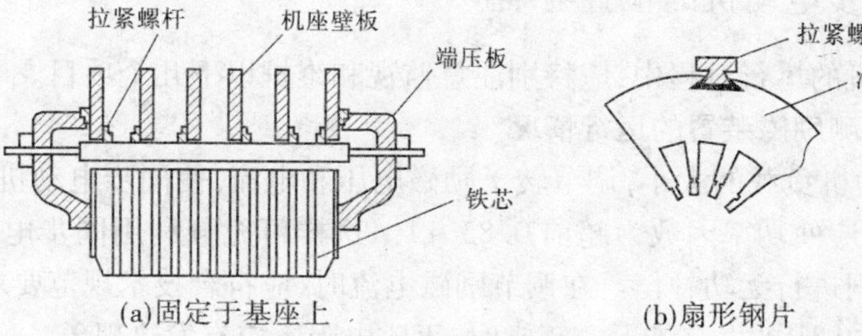

图 4-4 定子铁芯夹紧结构

定子铁芯内圆槽内嵌放定子线圈,按一定规律连接成三相对称绕组,一般均采用三相双层短距叠绕组。为了减少由于集肤效应引起的附加损耗,绕组导线常由若干股相互绝缘的扁铜线并联,并且在槽内及端部还要按一定方式进行编织换位。

定子机座应有足够的强度和刚度。除支撑定子铁芯外,还要满足通风散热的需要。一般机座都是由钢铁焊接而成。

2. 转子

同步电动机转子用来形成恒定磁极,形成转矩,拖动工作机械。

转子由磁极铁芯、励磁绕组、阻尼绕组、集电环、风扇及转轴等部件组成。

磁极铁芯既是磁路的主要组成部分,又承受着由于高速旋转产生的巨大离心力,因而其材料既要求有良好的导磁性能,又需要有很高的机械强度。一般由钢板冲成冲片后叠压而成,磁极上套有励磁绕组,固定在磁轭上,如图 4-5 所示。目前,小型凸极式同步电动机中,已出现整体结构转子,即用钢板冲出极身、极靴和磁轭连在一起的冲片叠压起来,然后绕制励磁绕组。励磁绕组用绝缘的铜线绕成,并与极身部分保持绝缘。

各磁极上的励磁绕组间的连接,必须注意到通过励磁电流后,相邻磁极的极性呈 N 和 S 交替排列,励磁绕组两出线端接到两个集电环上,通过与集电环接触的静止电刷向外引出,接入直流电源。磁极的极靴上还装有呈鼠笼式的绕组,在同步电动机作异步启动时使用,故称为启动绕组。

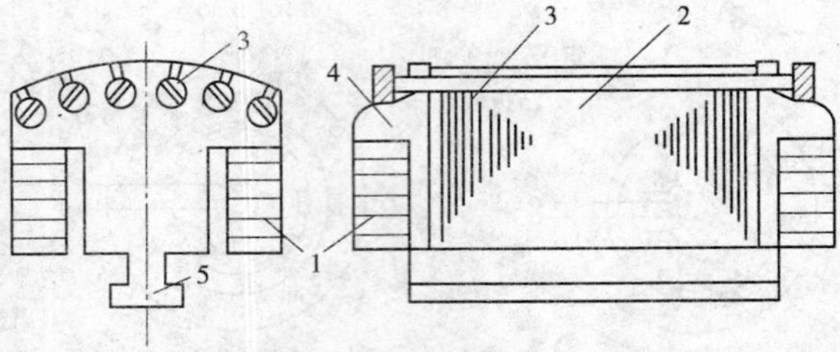

1—励磁绕组;2—磁极铁芯;3—阻尼绕组;4—磁极压板;5—T 尾

图 4-5　转子磁极

励磁绕组是由扁铜线绕成的同心式线圈串联组成的,且利用不导磁、高强度材料做成的槽楔将励磁绕组在槽内压紧。

集电环装在转轴一端,通过引线接到励磁绕组的两端,直流励磁电流经电刷与集电环的滑动接触而引入励磁绕组。

4.1.3　三相同步电动机的检查与维护

在同步电动机的运行过程中,应特别注意监视和维护以下几个项目。

4.1.3.1　注意监测励磁装置的运行情况

(1)根据电动机负载的大小,调节转子励磁电压和电流,使同步电动机运行在最佳功率因数状态,一般应使功率因数为超前 0.85～1。这样可充分利用同步电动机的功率因数调节特性对电网进行无功补偿。在调节励磁电流时,应符合技术规范要求。

(2)监测灭磁电阻的发热情况。正常时,灭磁电阻不应有发热现象。

(3)监视励磁装置风扇的运行情况。励磁风扇是励磁装置中晶闸管散热的冷却设备,一旦发生异常或停止运行,应及时排除故障,否则要停机进行检修。

4.1.3.2　注意观测同步电动机的运行状况

(1)电刷和集电环是励磁电流通入转子励磁绕组的重要部件,所以要特别注意检查电刷的磨损程度,保证电刷在集电环外圆上接触良好,压簧对电刷的压力要适当,并保持电刷在刷握中的灵活性。

(2)注意观测同步电动机在运行中的温升,不允许超过规定要求。

(3)由于同步电动机失步运行的危害很大,要注意监视定子电压、电流和转速的变化情况和电动机的运行噪声,一旦发现异常现象,应立即停机进行检查处理。

4.1.3.3　同步电动机的定期维修项目

通过对同步电动机定期的检查维修,可以及时发现和消除缺陷,预防故障的发生,提高运行的可靠性。如果同步电动机长期处于不良状态下运行,将影响电动机的运行效率和使用寿命。所以,定期检修是保证电动机安全可靠运行的重要环节。

1. 检修的期限

检修的具体时间应根据安装地点的周围环境、电动机的结构型式和现场条件决定。一般电动机每年应大修一次,小修每年至少 2～4 次。

2. 定期检修项目

电动机大修项目(抽转子)包括:检修定子;检修转子及集电环;检修轴承;检修励磁

装置；检修电动机的附属设备、启动装置；检修电动机的通风系统及润滑系统；检修机组中心线并校正；检修电动机的气隙尺寸。

电动机小修项目（不抽转子、端盖可拆下）包括：清扫电动机及启动设备的外部；测量定转子间的气隙；清洗轴承；清扫通风管道；检查集电环、电刷及电刷盒；检查启动装置；机组中心线检查和校正；检查紧固零件是否松动。

【思考问题】

1. 同步电动机是如何工作的？

2. 试比较同步电动机和异步电动机结构上的主要异同点。

3. 电源频率为 50 Hz，10 极同步电动机转速是多少？12 极同步电动机转速又是多少？

4. 为什么同步电动机只能运行在同步转速，而异步电动机不能在同步转速下运行？

5. 在同步电动机运行过程中，应监视哪些项目？

【任务评价】

评价内容

实际操作：学生按照要求监视并巡视同步电动机的运行情况，考核其巡视项目、巡视标准的执行情况，教师自行设计考核表格与评分标准。

解答思考问题：学生解答思考问题，引导学生自评、互评，老师审定成绩。

职业素质养成考核：遵守安全规章制度，遵守纪律、吃苦耐劳，一丝不苟地工作，与团队成员、教师和工厂师傅进行有效的沟通、协作共事等。

成绩构成

实际操作 40%，解答思考问题 40%，基本素质 20%。

任务 4.2　三相同步电动机的电力拖动

【学习目标】

1. 能力目标

(1) 能正确启动三相同步电动机；

(2) 能收集与工作学习相关的信息，能使用各种信息资源完成学习与工作任务，工作结束后能对工作过程和成果进行反思及评价。

2. 知识目标

(1) 知道三相同步电动机的各种运行和启动方法；

(2) 知道三相同步电动机的各种调速方法与原理；

(3) 知道三相同步电动机的常见故障，常见故障的现象、原因及处理方法。

3. 素质目标

养成与团队成员友好相处、团结协作，动手动脑，遵守劳动纪律与规章制度的好习惯。

【任务描述】

在电机实训室完成三相同步电动机的启动。

【任务准备】

三相同步电动机启动调速的所需的相关知识和工具

知识：同步电动机的运行特性和各种启动方法。

工具：电流表、功率表、功率因数表以及导线若干。

【任务实施】

在实训室完成三相同步电动机的启动，老师和实训师负责安全和指导。

一、建立小组，合理分工。每次试验进行中的接线、调节负载、保持电压或电流、记录数据等工作每人应有明确的分工，以保证试验操作协调，数据记录准确可靠。

二、选择组件和仪表。试验前先熟悉该次试验所用的组件、记录电机铭牌和选择仪表量程，然后依次排列组件和仪表，便于测取数据。

三、按图接线。根据试验线路图及所需要的组件、仪表、按图接线，线路力求简单明了，按接线原则是先串联主回路，再接并联支路。为查找线路方便，每路可用相同颜色的导线或插头。

实训接线如图 4-6 所示。

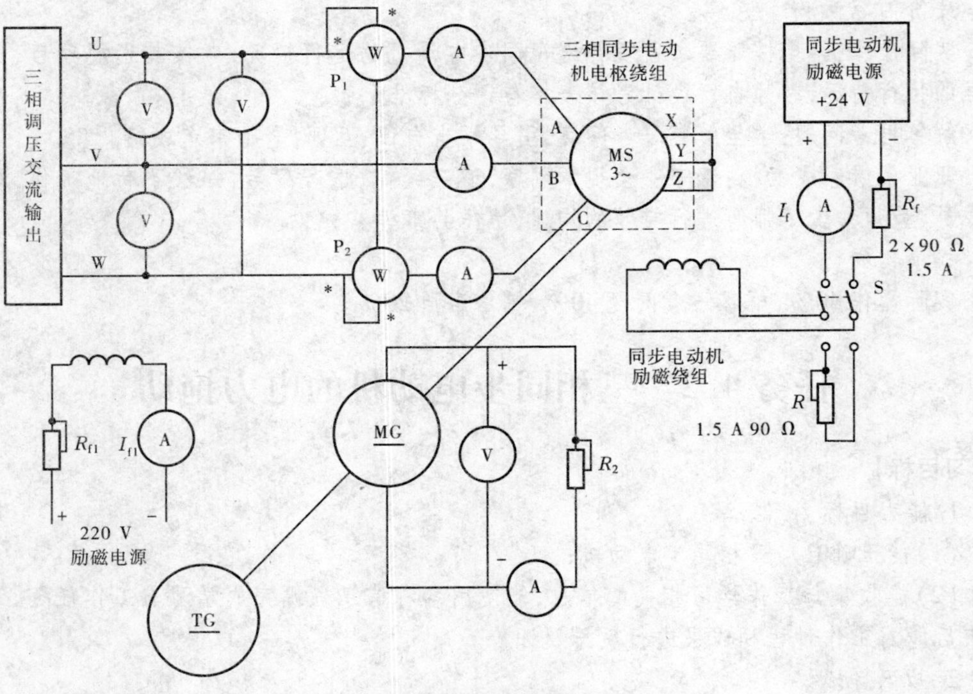

图 4-6　三相同步电动机异步启动试验图

(1) 启动前，同步电动机的励磁电路不允许开路，以免产生过高的感应电动势击穿励磁绕组，故启动时励磁回路中需要串接数值适应的电阻 R，其阻值为励磁绕组电阻值的 8 ~ 10倍（约 90 Ω），不宜过小。

(2) 启动电压需经调压器降压，一般降至 $60\% U_N$ 左右。

(3) 启动时，应将电流表、功率表及功率因数表的电流线圈短接，以免在启动时产生冲击电流损坏仪表。

(4) 无论是降压或直接启动同步电动机，应注意电动机的转向是否符合所规定的方向，否则励磁不能建立。

四、启动电机，观察仪表。在正式试验开始之前，先熟悉仪表刻度，并记录下倍率，然后按一定规范启动电动机，观察所有仪表是否正常（如指针正、反向是否超满量程等）。如果出现异常，应立即切断电源，并排除故障；如果一切正常，即可正式开始试验。

用导线把功率表电流线圈及交流电流表短接，开关S闭合于同步电动机励磁电源一侧，将三相交流调压器输出调节为零。接通电源总开关，并按下电源按钮Q，调节同步电动机励磁电源（+24 V）调压旋钮及电阻R_f阻值，使同步电机励磁电流I_f为0.7 A左右。关闭电源，将开关S投向电阻侧，使励磁绕组经电阻R形成闭合回路（电阻R置到最大值），按下电源按钮Q，并调节调压器输出电压，电动机开始转动，当同步电动机的转速接近同步转速时，迅速将开关S由电阻侧投入励磁电源端，给同步电动机强行励磁牵入同步。

调节调压器输出电压，使升压至同步电动机额定电压220 V，并调节励磁机的磁场变阻器R_f，使电动机电枢电流为最小值，至此，启动过程完毕。把功率表、交流电流表短接线拆掉，使仪表正常工作。

五、测取数据。预习时对电机的实训方法及所测数据的大小做到心中有数。正式实训时，根据实训步骤逐次测取数据。

测取三相同步电动机输出功率为零时的V形曲线。

1. 同步电动机空载时按上述方法启动同步电动机；

2. 调节同步电动机的励磁电流I_f并使I_f增加，这时同步电动机的定子三相电流I亦随之增加，直至达到额定值，记录定子三相电流I和相应的励磁电流I_f、输入功率P；

3. 调节I_f，使之逐渐减小，这时I亦随之减小，直至最小值，记录这时MS定子三相电流I、励磁电流I_f及输入功率P；

4. 继续减小同步电动机的励磁电流I_f，直到同步电动机的定子三相电流反而增大，达到额定值；

5. 在过励和欠励范围内读取数据，并记录在表4-3中。

表4-3

$n=$ ________ r/min；$U=$ ________ V

序号	定子三相电流I(A)				励磁电流I_f(A)	输入功率P(W)		
	I_A	I_B	I_C	I	I_f	P_1	P_2	P

表中：$I=(I_A+I_B+I_C)/3$；$P=P_1+P_2$。

六、认真负责，实训有始有终。试验完毕，须将数据交指导教师审阅。经指导教师认可后，才允许拆线并把实训所有组件、导线及仪器等物品整理好。

【相关知识】

同步电动机的运行稳定性比较高，其过载能力比相应的异步电动机大。异步电动机的转矩与电压平方成正比，而同步电动机的转矩取决于电压和电动机励磁电流所产生的内电动势的乘积，即仅与电压的一次方成比例。当电网电压突然下降到额定值的80%左右时,异步电动机转矩往往下降为64%左右,并因带不动负载而停止运转;而同步电动机的转矩却下降不多,还可以通过强行励磁来保证电动机的稳定运行。同步电动机和异步电动机相比有个非常突出的优点,其功率因数可以通过改变励磁电流而得到调节。由于变频电源的因素,一些功率较大而不需要速度调节的生产机械,例如,空压机、送风机等都优先考虑同步电动机拖动,而对速度有要求的几乎都选择直流调速传动。而随着电力电子技术的发展,交流调速传动领域不断扩大,逐步取代直流调速传动。

4.2.1 三相同步电动机的基本特性

4.2.1.1 同步电动机的方程式和相量图

同步电动机的转子通常采用凸极式结构。当定子绕组通入三相交流电时,便产生一个旋转磁场,并以同步转速 n_1 的速度旋转。凸极式同步电动机,转子有明显的磁极,气隙非常不均匀,当转子位置不同时,定子磁场磁力线路径的磁阻变化很大,故凸极式同步电动机存在两个同步电抗。当定转子处于图4-7所示的d轴位置时,气隙最小,磁阻也最小,即磁导最大,对应的电抗也最大,称为直轴同步电抗,用 X_d 表示。如果定子磁极转过90°电角度,即转到图4-7所示的q轴位置时,气隙最大,磁阻也最大,磁导最小,对应的电抗也最小,称为交轴同步电抗 X_q。用电动机观点,凸极式同步电动机定子绕组每相电压为相电动势及其定子绕组阻抗压降之和,即

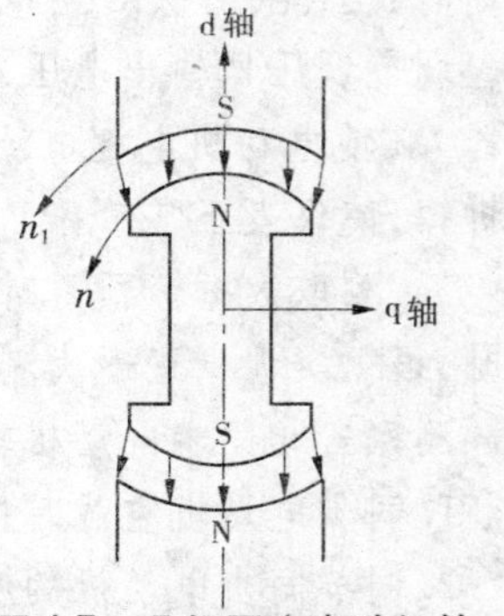

图4-7 凸极同步电动机的纵轴和交轴

$$\dot{U} = \dot{E}_0 + R_a \dot{I}_M + jX_d \dot{I}_d + jX_q \dot{I}_q \tag{4-1}$$

式中 $\dot{U}$——定子相电压;

$\dot{E}_0$——定子感应的相电动势;

$\dot{I}_M$——定子输入相电流;

$\dot{I}_d$——定子输入相电流的直轴分量;

$\dot{I}_q$——定子输入相电流的交轴分量;

R_a——定子绕组内阻;

X_d——直轴同步电抗;

X_q——交轴同步电抗。

按式(4-1)可画出如图4-8所示的凸极式同步电动机在功率因数超前及滞后时的相量图。图4-8中,$\dot{U}$ 超前 $\dot{E}_0$ 一个功率角 δ_M,表示定子磁场拉着转子磁场旋转,功率因数角 $\varphi_M < 90°$,表示电动机自电网吸收有功功率,将电能转化为机械能。

隐极式同步电动机气隙均匀,只有一个同步电抗 X_t,其定子绕组每相电压方程式为

$$\dot{U} = \dot{E}_0 + R_a\dot{I}_M + jX_t\dot{I}_M \tag{4-2}$$

按式(4-2)可画出如图4-9所示的隐极式同步电动机的相量图和等效电路。

同步电动机的电磁功率 P_M 与功率角 δ_M 的关系即为功角特性,利用相量图及功率平

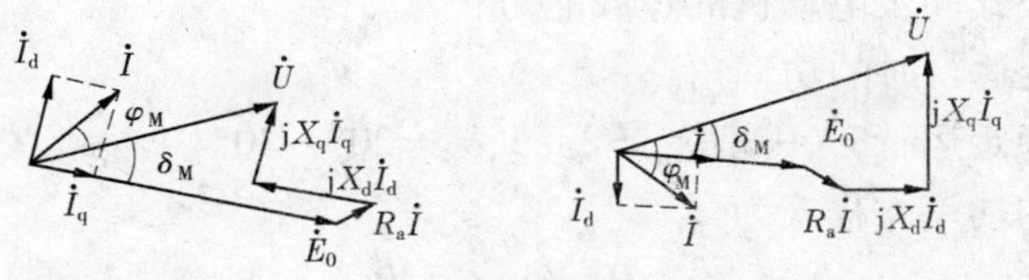

图 4-8　凸极式同步电动机相量图

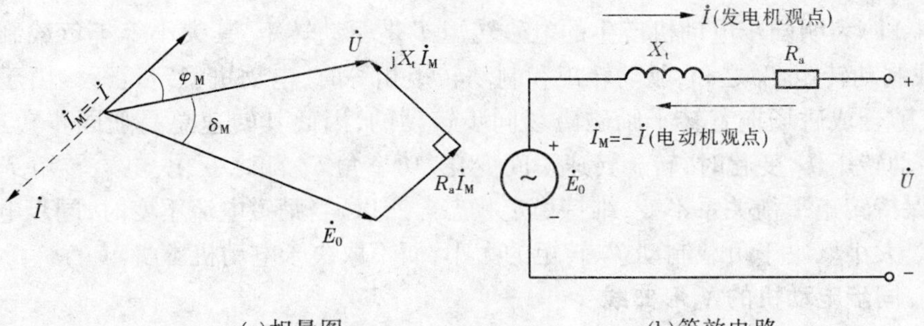

图 4-9　隐极式同步电动机的相量图和等效电路

衡关系，经数学推导可得忽略定子绕组内阻时的凸极式同步电动机电磁功率公式

$$P_M = m\frac{E_0U}{X_d}\sin\delta_M + m\frac{U^2}{2}\left(\frac{1}{X_q} - \frac{1}{X_d}\right)\sin 2\delta_M \tag{4-3}$$

式(4-3)除以同步角速度 Ω_1 得到凸极式同步电动机的电磁转矩为

$$T_M = \frac{mE_0U}{X_d\Omega_1}\sin\delta_M + m\frac{U^2}{2\Omega_1}\left(\frac{1}{X_q} - \frac{1}{X_d}\right)\sin 2\delta_M \tag{4-4}$$

当同步电动机的负载转矩大于最大电磁转矩时，电动机不能保持同步旋转状态，即产生"失步"现象。为了衡量同步电动机的过载能力，常用最大电磁转矩与额定转矩之比值来衡量，即

$$k_m = \frac{T_{max}}{T_N} \tag{4-5}$$

隐极式同步电动机直轴与交轴气隙相等、磁阻相等、磁导相等，直轴同步电抗 X_d 与交轴同步电抗 X_q 相等，故对于隐极式同步电动机，电磁功率公式简化为

$$P_M = m\frac{E_0U}{X_t}\sin\delta_M \tag{4-6}$$

最大电磁功率公式为

$$P_{Mmax} = m\frac{E_0U}{X_t} \tag{4-7}$$

则

$$k_m = \frac{T_{max}}{T_N} = \frac{1}{\sin\delta_N} \tag{4-8}$$

式中 k_m——隐极式同步电动机的过载能力；

δ_N——额定运行时的功率角。

同步电动机稳定运行时，一般 $k_m = 2 \sim 3$，$\delta_N = 20° \sim 30°$。

同步电动机的功率方程式为

$$P_1 = p_{Cu} + P_M \tag{4-9}$$

$$P_M = P_2 + p_0 \tag{4-10}$$

式(4-10)除以同步角速度 Ω_1，可得转矩平衡方程式，即

$$T = T_2 + T_0 \tag{4-11}$$

式(4-11)表明同步电动机产生的电磁转矩 T 是驱动转矩，其大小等于负载制动转矩 T_2 和空载制动转矩 T_0 之和，驱动转矩和制动转矩相等时，电动机稳定运行。由于同步电动机是气隙合成磁场拖着转子励磁磁场同步转动的，因此其转速总是随同步转速变化。当负载制动转矩 T_2 变化时，转子转速瞬间变化，功率角 δ_M 随之变化，电磁转矩 T 也相应变化，以保持转矩平衡关系不变，维持稳定状态。所以，当励磁电流不变时，同步电动机的功率角 δ_M 大小取决于负载制动 T_2 转矩的大小，而不取决于电动机本身。

4.2.1.2 同步电动机的 V 形曲线

当同步电动机输出的机械功率恒定而改变其励磁电流时，可以调节电动机的无功功率输出。为简单起见，仍以隐极式电机为例，不计电枢电阻和磁路饱和的影响，且认为空载损耗不变，则电动机的电磁功率即为输入功率不变，即

$$P_M = \frac{mE_0U}{X_t}\sin\delta_M = mUI_M\cos\varphi_M = 常数$$

由此可得

$$E_0\sin\delta_M = 常数$$

$$I_M\cos\varphi_M = 常数$$

如图 4-10 所示，当励磁电流变化时，$\dot{E}_0$ 的端点将在垂直线 CD 上移动，$\dot{I}_M$ 的端点将在水平线 AB 上移动。正常励磁时，电动机的功率因数等于 1，电枢电流全部为有功电流，故电流的数值最小。当励磁电流大于正常励磁电流时，即 $I_f > I_{f0}$，电动机处于过励状态，除有功电流外，电枢电流还将出现一个超前的无功电流分量，即电枢电流增大。当励磁电流小于正常励磁电流时，即 $I_f < I_{f0}$，电动机处于欠励状态，电枢电流将出现一个滞后的无功电流分量，即电枢电流也增大。所以，电动机在过励时，自电网吸取超前的无功电流和无功功率，功率因数是超前的。在欠励时，自电网吸取滞后的无功电流和无功功率，功率因数是滞后的。

从以上分析可知，调节励磁电流的大小，不仅可以改变同步电动机功率因数的大小，而且还可以改变同步电动机功率因数的性质，同步电动机通常都在过励状态下运行。

由以上分析可知，同步电动机在输出有功功率恒定的情况下，励磁电流的改变将引起电枢电流的变化，曲线 $I_M = f(I_f)$ 形似 V 形，故称为同步电动机的 V 形曲线，如图 4-11 所示。图 4-11 中所示为对应于不同的电磁功率时的 V 形曲线，其中 $P_M = 0$ 的一条曲线对应于同步调相机的运行状态。

由于同步电动机的最大电磁功率 P_{Mmax} 与 E_0 成正比，所以当减小励磁电流时，其过载

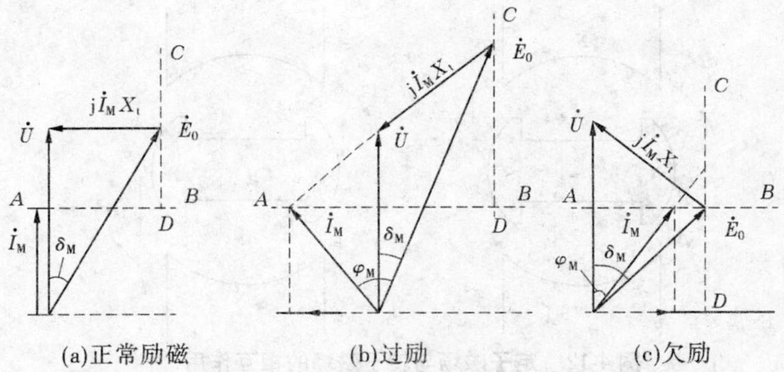

图 4-10　同步电动机输出功率不变改变励磁电流时的相量图

能力也要降低,而对应的功率角 δ_M 则增大。这样一来,当励磁电流减小到一定数值时,电动机就不能稳定运行而失去同步。图 4-11 中虚线表示出电动机不稳定区的界限。

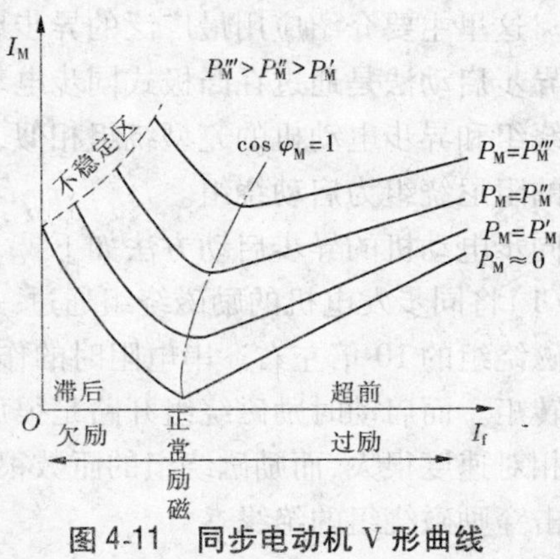

图 4-11　同步电动机 V 形曲线

调节励磁电流可以调节同步电动机的无功电流和功率因数,这是同步电动机最可贵的特点。由于电网上的主要负载是感应电动机和变压器,它们都要从电网中吸取感性的无功功率。如果将同步电动机工作在过励状态,从电网中吸取容性无功功率,则可就地向其他感性负载提供感性无功功率,从而提高电网的功率因数。因此,为了改善电网的功率因数和提高电机的过载能力,现代同步电动机的额定功率因数一般均设计为 1 ~0.8(超前)。

4.2.2　三相同步电动机的启动、制动与调速

4.2.2.1　启动

1. 同步电动机的启动原理

同步电动机的电磁转矩是定子旋转磁场与转子励磁磁场间产生吸引力而形成的,只有两个磁场相对静止时,才能得到恒定方向的电磁转矩。如给同步电动机加励磁并直接投入电网,由于转子在启动时是静止的,故转子磁场静止不动,定子旋转磁场以同步转速 n_1 对转子磁场作相对运动,则一瞬间定子旋转磁场将吸引转子磁场向前,由于转子所具有的转动惯量还来不及转动,另一瞬间定子磁场又推斥转子磁场向后,转子上受到的便是一个方向在交变的电磁转矩,如图 4-12 所示,转子所受的平均转矩为零,故同步电动机不能自行启动。因此,要启动同步电动机,必须借助于其他方法。

同步电动机可以采用异步启动法、变频启动法、准同步启动法、分绕组启动法等进行启动,常用的启动方法有两种,即变频启动法和异步启动法。变频启动法通过使电动机电

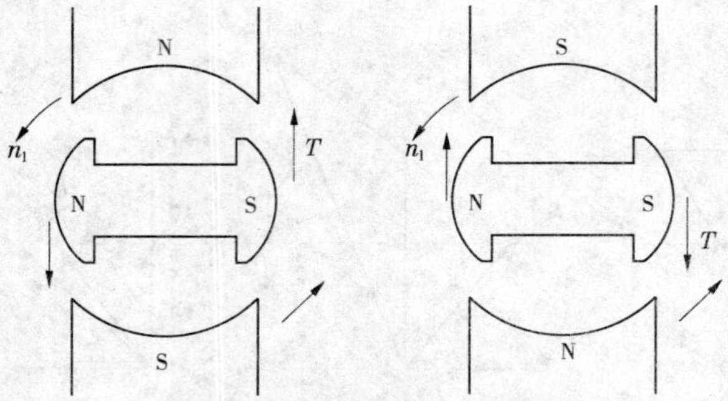

图 4-12　定子磁场与转子磁场的相互作用

源频率从零逐渐增大的办法来启动，是一种很好的同步启动方法，但变频装置复杂且价格昂贵。这里主要介绍应用最广泛的异步启动法。

异步启动法是通过在凸极式同步电动机的转子上装置阻尼绕组来获得启动转矩的。阻尼绕组和异步电动机的笼型绕组相似，只是它装在转子磁极的极靴上，有时就称同步电动机的阻尼绕组为启动绕组。

同步电动机的异步启动方法如下：

(1)将同步发电机的励磁绕组通过一个电阻短接，如图 4-13 所示。短路电阻的大小为励磁绕组的 10 倍左右。串电阻时的作用主要是削弱由转子绕组产生的对启动不利的单轴转矩。而启动时励磁绕组开路是很危险的，因为电机刚启动时定子旋转磁场与转子之间相对速度很大，而励磁绕组的匝数很多，定子旋转磁场将该绕组中感应很高的电压，可能击穿励磁绕组的绝缘。

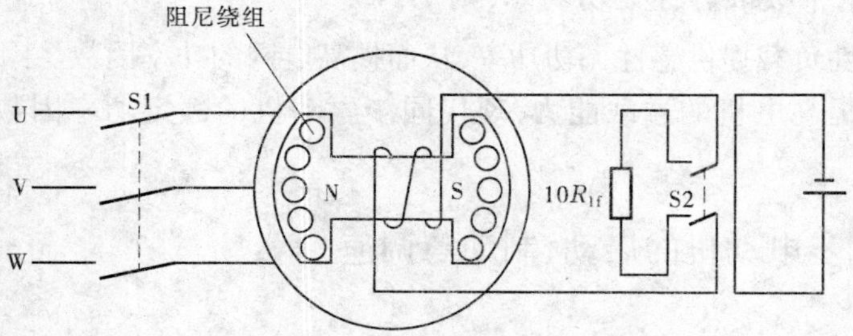

图 4-13　异步启动法接线原理图

(2)将同步发电机的定子绕组接通三相交流电。这时，定子绕组磁场将在阻尼绕组中感应电动势和电流，此电流与定子绕组磁场相互作用而产生异步电磁转矩，同步电动机作为异步电动机而启动。

(3)当同步发电机的转速达到同步转速 95% 左右时，将励磁绕组与直流电源接通，则转子磁极就有了确定的极性。这时转子上增加了一个频率很低的交变转矩，即是转子磁场与定子磁场之间的吸引力产生的整步转矩，将转子逐渐牵入同步。凸极式同步电动机由于有磁阻转矩比隐极式电动机更易牵入同步，当容量小、惯性小时，仅靠磁阻转矩也常可牵入同步。同步电动机牵入同步是一个复杂的过渡过程，如果条件不满足，还不一定能成功。一般地说，在牵入同步前转差越小同步电动机的转动惯量越小，负载越轻，牵入同步越容易。

如果电动机在正常励磁电流下牵入同步运行失败，可采用强迫励磁措施，将励磁电流增大，这时最大电磁转矩将大幅度增加，牵入同步就比较容易。

在三相同步电动机的异步启动时，和三相异步电动机一样，为了限制过大的启动电流，可以采用降压方法启动。通常采用自耦变压器或电抗器来降压，在转速接近同步速度时，应先恢复全电压，然后再给予直流励磁使同步电动机牵入同步运行。

2. 同步电动机启动前的准备工作

对于新安装、大修或停用时间较长的同步电动机，在启动前应做好相关的准备工作。

1）首次启动

同步电动机安装后的第一次启动称为首次启动。在首次启动前一定要做好准备工作，具体如下：

(1)对电动机的内、外等进行清扫，检查定、转子绕组表面、集电环等各零部件是否正常，调整电刷及集电环表面，保证接触良好。

(2)检查轴承内油，应清洁，油流、油速和油面应该正常。

(3)检查定、转子绕组相间及对地绝缘情况，绕组绝缘强度应符合要求。

(4)检查同步电动机的控制电器及励磁装置，对各种保护装置进行整定，对测量仪表进行有效调整。

(5)做好励磁系统与同步电动机之间的调试。

(6)检查各励磁环节的运行可靠性。

(7)按规范次数连续启动同步电动机。

经过上述准备，在试运行中认真观察各个环节的情况，如出现异常情况，应立即进行全面检查和处理。

2）重新启动

同步电动机经过检修或停用一段时间后的再次启动，称为重新启动。重新启动也要做好如下的准备工作：

(1)对电动机的内、外等进行清扫，调整电刷及集电环表面，保证接触良好。

(2)检查控制电路各种保护电器的灵敏度和可靠性。

(3)对励磁装置的电压和电流进行调整，检查灭磁装置是否正常。

经过上述准备后，同样应进行空载和加负载试运行。只有在试验合格后方可投入正常运行。

4.2.2.2 制动

同步电动机采用电气制动停机时，最简单的方法是能耗制动。制动时，先把定子绕组与电源断开，再保持转子励磁绕组的直流励磁的同时，将定子绕组经过一组外接电阻 R 短接，此时，同步电动机就成为定子绕组被短接的同步发电机，定子三相绕组中的短路电流形成的旋转磁场与转子励磁电流相互作用产生制动性转矩，将转子转动的机械能转换为电能，消耗在定子绕组中串接的电阻 R 上，转子转速下降很快，直至停止转动。

由于同步电动机的直流电源已经在运行时接入转子励磁绕组，因而在能耗制动时不需要另外的直流设备。所以，能耗制动广泛应用于同步电动机。

4.2.2.3　**调速**

1. 调速用同步电动机的类型

1)有刷励磁的同步电动机

这种电动机的容量比较大,是最常见的一种同步电动机。转子励磁电流经静止励磁装置通过电刷和集电环输送到绕组,限制了电动机在差环境下的使用。

2)无刷可调励磁的同步电动机

这种电动机容量比较大,其结构如图 4-14 所示。在同步电动机轴上安装一台交流发电机作为励磁电源,经过固定在轴上的整流器变换成直流电供给同步电动机励磁绕组。这样就无须集电环和电刷,可以通过控制交流励磁机定子上的磁场来实现励磁电流的调节,我国引进的化工设备中均采用无刷励磁。

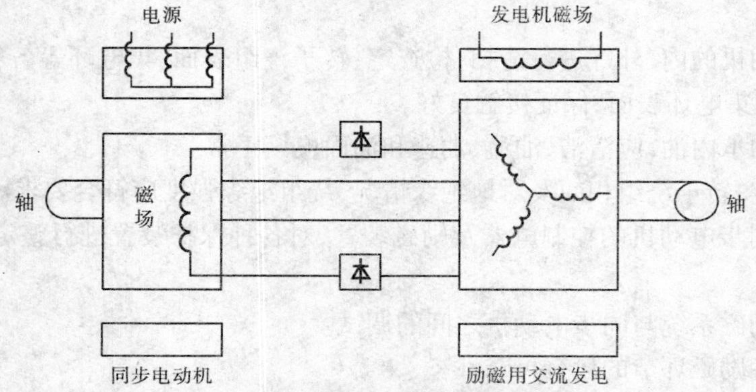

图 4-14　无刷励磁同步电动机原理图

3)永久磁铁励磁的同步电动机

这种电动机转子采用稀土永磁材料励磁,使电动机体积和重量大为减小,结构简单,运行可靠,维护方便,可以取代直流电动机。

2. 同步电动机调速系统的分类和特点

从控制方式上同步电动机变频调速系统分为两类:一类是他控式变频调速系统,其变频装置是独立的,输出频率直接由速度给定信号决定,由于没有解决同步电动机失步、振荡等问题,其实际使用较少;另一类是自控式变频调速系统,一般的变频调速均采用这种方式,其主电路由同步电动机、变频器、转子磁极位置检测器及控制装置组成,如图 4-15 所示。

自控式同步电动机调速系统可分为三种最常见的基本类型。

1)交—直—交电压型同步电动机调速系统

此系统常与小容量永磁同步电动机结合组成永磁同步电动机伺服系统。由于永磁同步电动机采用自控式,其原理与直流电动机伺服系统相似,但无刷,故人们常称为无刷直流电动机系统。此系统结构简单,控制灵活,调速范围宽(可做到 3 000∶1或更高),永磁同步电动机转子无损耗、效率高、功率密度大。但由于永磁同步电动机弱磁困难,不适合在基速以上的恒功率区工作。

2)交—直—交电流型负载换相同步电动机调速系统

这种同步电动机调速形式类似于直流电动机,转子磁极位置检测器和逆变器代替了

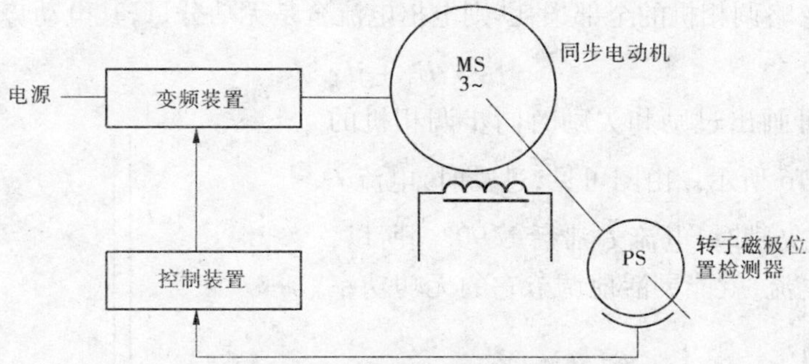

图4-15 自控式同步电动机调速系统示意图

直流电动机的换向器和电刷的功能，这种电动机曾被称为无换向器电动机。其结构简单，使用的晶闸管少，控制方便，能适应恶劣环境运行，容易做成高电压和高转速的调速系统；能实现无级调速，调速范围一般为10:1，能四象限运行。但低速时换相困难，运行性能不好，过载能力低。

3）交—交变频同步电动机调速系统

该系统结构复杂，主要用于大容量同步电动机。其过载能力较大，低速效果好，可用于轧机或提升机传动。

4.2.3 三相同步电动机调相运行及同步调相机

接到电网上的负载，除少数外，绝大多数既消耗有功功率，也消耗无功功率，因此电力系统除要供给负载有功功率外还供给无功功率。一个现代化的电力系统，异步电动机负载需要的无功功率占电网供给的总无功功率的70%、变压器的20%、其他设备的10%。这些无功功率完全由电网供给，就会导致功率因数的降低。电网的传输能力是一定的，负载功率因数越低，电网传送到用电点的有功功率越小，致使整个电流系统的设备利用率降低。此外，由于功率因数降低，线路损耗和压降增大，同时输电质量下降，运行很不经济。为此，在负载需要大量无功功率的用电点，装上同步调相机补偿负载所需的无功功率来提高电网的功率因数。另外，还可以让同步电动机做调相运行向电网提供无功功率。

4.2.3.1 同步电动机调相运行

同步电动机处在空载运行状态，从电力系统吸收少量的有功功率，抵偿电机运转的各种损耗，并向电力系统送出无功功率，即为同步电机的调相运行。其方式为增加转子励磁电流，电机在过励状态下运行，向电网输送感性无功功率，此时，应当控制转子电流和定子电流不超过额定值，定子端电压不超过额定值的10%。

4.2.3.2 同步调相机

通常所说的发电机和电动机，仅对有功功率而言，当电机向电网输出有功功率时便为发电机运行，当电机从电网吸收有功功率时便为电动机运行。同步电机也可以专门供给无功功率，特别是感性无功功率，这种专供无功功率的同步电机称为同步调相机或同步补偿机。

同步调相机实际上就是一台在空载运行情况下的同步电动机。它从电网吸收的有功功率仅供给电机本身的损耗，因此同步调相机总是在接近零的电磁功率和零功率因数的

情况下运行。忽略调相机的全部损耗，则电枢电流全是无功分量，其电动势方程式为

$$\dot{U} = \dot{E}_0 + j\dot{I}x_t$$

根据上式可画出过励和欠励时同步调相机的相量图，如图 4-16 所示。由图可见，过励时，电流 $\dot{I}$ 超前 $\dot{U}$ 90°。而欠励时，电流 $\dot{I}$ 滞后 $\dot{U}$ 90°。所以，只要调节励磁电流，就能灵活地调节它的无功功率的性质和大小。

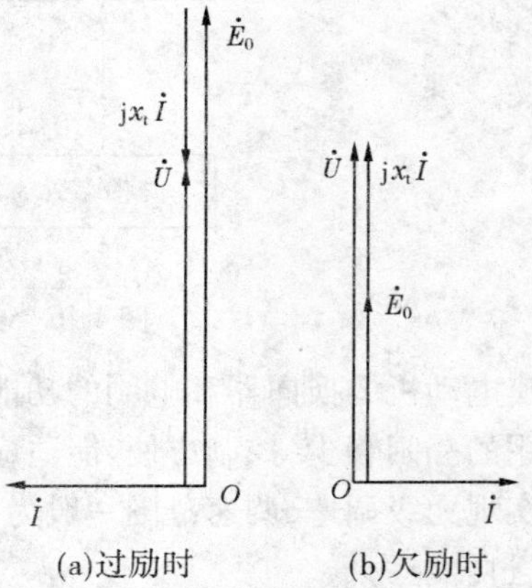

图 4-16　同步调相机的相量图

同步调相机的 V 形曲线参见图 4-11 中的 $P_M=0$的曲线，由于电力系统大多数情况下带感性无功功率，故调相机通常都在过励状态运行，故向电网提供无功功率，提高功率因数。

同步调相机的额定容量是指它在过励时的视在功率，通常按过励状态时所允许的容量而定，这时的励磁电流称为额定励磁电流。考虑到稳定等因素，欠励时的容量均为过励时额定容量的 50% ~65%。同步调相机一般采用凸极式结构，由于转轴上不带机械负载，故在机械结构上要求较低，转轴较细。静态过载倍数也可小些，相应地可以减小气隙和励磁绕组的用铜量。为节省材料，调相机的转速较高。调相机的转子上装有鼠笼式绕组，作异步启动之用。启动时常采用电抗器降压法，以限制启动电流和启动时对电网的影响。

4.2.4　三相同步电动机常见故障及处理

同步电动机的常见故障现象、原因及处理方法如表 4-4 所示。

表 4-4　同步电动机的常见故障现象、原因及处理方法

故障现象	可能的原因	处理方法
不能启动	(1)电源电压过低； (2)电源缺一相或两相； (3)定子绕组接地、短路或断路； (4)启动绕组断路； (5)定、转子相擦； (6)负载机械卡住	(1)设法提高启动电压； (2)检查并更换熔断器； (3)查找故障点并设法修复； (4)找出短路处，重新焊接； (5)找正中心或清理杂物； (6)会同机修人员修复
启动后投励，不能牵入同步	(1)电源电压过低； (2)励磁电流过小； (3)励磁装置投励过早； (4)负载过重	(1)设法提高启动电压； (2)检修并调整励磁装置； (3)调整投励环节的投励时间； (4)适当减轻负载或空载启动

续表4-4

故障现象	可能的原因	处理方法
温升过高	(1)通风不良; (2)负载过重; (3)定、转子绕组有匝间短路; (4)电源电压过高或过低; (5)励磁电流过大或过小	(1)清理通风道或检修冷却器; (2)适当减轻负载或调松皮带; (3)查找故障点并设法修复; (4)设法使电压恢复正常; (5)调整励磁电流为正常值
振动过大	(1)三相电源电压不对称; (2)定、转子绕组短路或接地; (3)定、转子铁芯松动; (4)带励或失励失步运行; (5)电机底板固定不牢; (6)转轴弯曲; (7)负载机械不平衡; (8)轴瓦磨损或间隙过大	(1)检查三相电压并设法修复; (2)查找故障点并设法修复; (3)重新紧固铁芯; (4)找出失步原因并进行修复; (5)加固基础,紧固底板螺丝; (6)校直转轴并检验平衡; (7)会同机修人员修复; (8)调整轴瓦间隙或更换轴瓦
励磁绕组接地	(1)励磁绕组绝缘受潮; (2)绕组表面脏污; (3)电动机长期过载、过热; (4)线圈松动; (5)励磁绕组突然断开,产生高压击穿绝缘; (6)励磁绕组短路烧焦绝缘; (7)集电环绝缘有刷粉和油污	(1)进行烘干处理; (2)吹风清扫或清洗干燥; (3)更换老化的绝缘; (4)检查出原因并进行固定; (5)更换绝缘,装设新的过电压保护装置; (6)更换励磁绕组绝缘; (7)清理集电环绝缘或更换新绝缘

【思考问题】

1. 试述同步电动机的三种励磁状态,其功率因数是如何调节的?为了补偿电网功率因数,同步电动机应工作在哪种励磁状态?

2. 同步电动机的启动方式有哪几种?各有什么特点?

3. 简述同步电动机的异步启动过程,为什么启动绕组既不能开路也不能短路?

4. 同步电动机不能启动的原因有哪些?应如何处理?

5. 同步电动机启动后投励,仍不能牵入同步的原因有哪些?

6. 何谓同步补偿机?它起什么作用?为什么总是工作在过励磁状态?

【任务评价】

实际操作:学生启动三相同步电动机,考核其接线、操作过程,及记录与计算的正确性等内容,教师自行设计考核表格与评分标准。

解答思考问题:学生解答思考问题,学生自评、互评,老师审定成绩。

职业素质养成考核:遵守安全规章制度,遵守纪律、吃苦耐劳,一丝不苟地工作,与团队成员、教师和工厂师傅进行有效的沟通、协作共事等。

成绩构成

实际操作40%,解答思考问题40%,职业素质20%。

项目5 电动机的控制与选择

项目描述

三相异步电动机使用广泛，其控制除少数情况采用直接控制外，大多数情况都是采用控制电路控制，控制电路有的采用传统的接触器控制，也有的采用现代可编程控制器控制，本项目通过安装一台小型异步电动机的正、反转控制电路，学习传统的接触器控制电路的原理与方法。

为了使电动机与其拖动的生产机械配合良好，必须正确选择电动机的功率及其类型、额定电压、额定转速和型式。本项目通过选择一台直流电动机，学习电动机的选择原则与方法。

任务5.1 三相异步电动机的控制

【学习目标】

1. 能力目标

(1) 能识读三相异步电动机控制电路图；

(2) 能根据三相异步电动机控制电路图完成控制电路的安装；

(3) 能收集与工作学习相关的信息，能使用各种信息资源完成学习与工作任务，工作结束后能对工作过程和成果进行反思及评价。

2. 知识目标

(1) 熟知控制电路中各类低压控制电器功能；

(2) 熟知三相异步电动机的启、停功能的实现方法；

(3) 熟知三相异步电动机的正、反转功能的实现方法；

(4) 熟知三相异步电动机的能耗制动功能的实现方法。

3. 素质目标

养成与团队成员友好相处、团结协作，动手动脑，遵守劳动纪律与规章制度的好习惯。

【任务描述】

根据控制电路图，在一体化教室完成三相异步电动机的正、反转控制电路的安装，并通电检验电路是否正确。

【任务准备】

三相异步电动机正、反转控制电路安装所需的知识、设备、工具、材料及安装注意事项知识：三相异步电动机控制电路原理图识读、配线图识读；**【相关知识】**中的内容。

设备及仪表:设备及仪表见表5-1。

表5-1 设备及仪表

序号	名称	型号	数量	备注
1	三相鼠笼式异步电动机	Y-100L2-4 3 kW 6.8 A	1	
2	交流接触器	CJ10-10线圈电压380 V	2	
3	热继电器	JR15-8/3整定电流6.8 A	1	
4	按钮开关	LA10-3H	3	
5	负荷开关	HK1-30/3 30 A	1	
6	熔断器	RL1-15 15 A配10 A熔体	5	
7	接线排	JX2-1009	2	
8	电压表	交流500 V	1	备用

安装工具及材料:安装工具及材料见表5-2。

表5-2 安装工具及材料

序号	名称	型号	数量	备注
1	测电笔		1	
2	电工钳		1	
3	剥线钳		1	
4	电工刀		1	
5	螺丝刀	一字	1	
6	螺丝刀	十字	1	
7	绝缘导线	BV1.5mm^2		主电路(三色区别)
8	绝缘导线	BV1mm^2		控制电路(两色区别)
9	绝缘导线	BVR0.75mm^2		按钮线(三色区别)

安装注意事项:

(1)电动机及按钮的金属外壳必须可靠接地;

(2)螺旋熔断器座螺壳端应接负载,另一端接电源;

(3)所有电器上的空余螺钉一律拧紧;

(4)热继电器的主触点和辅助触点应分别安装在主电路和控制电路;

(5)互锁触头不能按错,否则会出现两相电源短路的事故;

(6)电动机在正、反转时会出现较大的反接制动电流和机械冲击力,因此电动机的正、反转不要过于频繁(特别是双重互锁的直接正、反转控制线路);

(7)电动机在反转时会在试验台面跳动,应注意固定好电动机,以免发生意外。

【任务实施】

三相异步电动机正、反转控制电路安装。

1. 三相异步电动机控制电路的安装步骤

(1)根据原理图 5-1 绘制安装接线图 5-2;

(2)检查电器元件。检查按钮、接触器的分合情况,测量接触器、继电器等的线圈电阻,观察电动机接线盒内的端子标记等;

(3)固定电气元件。按照安装接线图 5-2 规定位置定位,将各元件固定牢靠;

(4)按图接线。按安装接线图 5-2 的线号顺序接线;

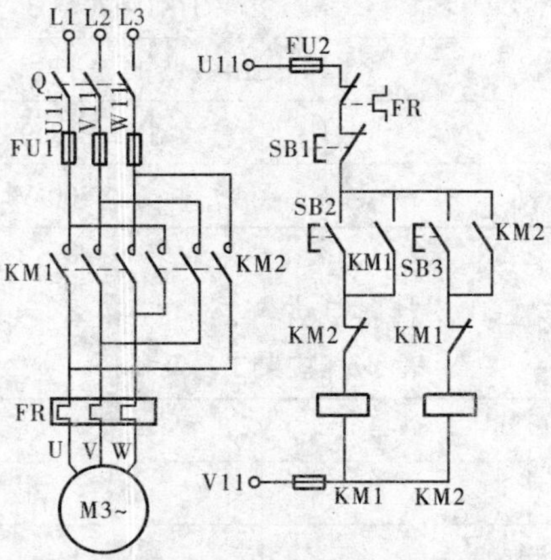

图 5-1 三相异步电动机控制电路原理图

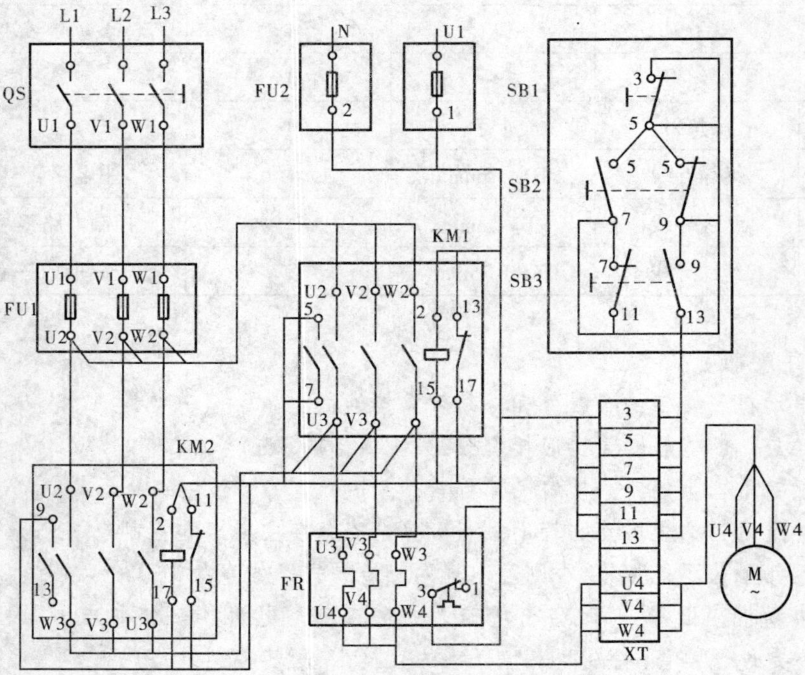

图 5-2 三相异步电动机控制电路安装接线图

2. 板前布线安装工艺规定

(1)在电气线路上编号,可遵循以下规则:

①主电路三相电源相序依次编写为L1、L2、L3,电源控制开关的出线桩按三相电相序依次编号为1L1、1L2、1L3。电动机三根引线按相序依次编号为U、V、W,从上至下每经过一个电器元件的接线桩后,编号要递增,如U1,V1,W1,U2,V2,W2,…,没有经过接线柱的编号不变。

②控制电路与照明、指示电路,从左至右(或从上至下)只以数字编号,以一个串联回路内电压最大的元件线圈为中心,左侧用单号,右侧用双号(或上侧用单号,下侧用双号)。号码自小排起,每经过一个接线柱编号要递增,6号和9号应尽量不同时用在一个控制线路中,以免造成混乱不便判断。

(2)布线前根据电气原理图绘制出电气设备及电器元件布置与电气接线图。

(3)根据电气原理图中电动机容量,选择出所需要的电气设备、电器元件、安装附件、导线等,并进行检查。

(4)在控制板上,依据布置图固装元器件,并按电气原理图上的符号,在各电器元件的醒目处,贴上符号标志。

(5)所有的控制开关、安装的控制设备和各种保护电器元件,都应垂直安装或竖直放置,空气开关和电磁开关以及插入式熔断器等应装在振动不大的地方。

(6)板前布线工艺应注意:

①布线通道尽可能少,同路并列的导线按主、控电路分类集中,单层密排,紧贴安装而布线。

②同一平面导线不能交叉,非交叉不可时只能在另一导线因进入接点而抬高时,从其下空隙穿越。

③布线要横平竖直,弯成直角,分布均匀和便于检修。

④布线次序一般是以接触器为中心,由里向外,由低至高,先控制线路后主电路,主控制回路上下层次分明,以不妨碍后续布线为原则。

(7)接头、接点处理应做到:

①给剥去绝缘层的线头两端套上标有与原理图编号相符的号码套管。

②不论是单股线还是多股线的芯线头,插入连接端的针孔时,必须插入到底。多股导线要绞紧,同时导线绝缘层不得插入接线板的针孔,而且针孔外侧导线裸露不能超过芯线外径。螺钉要拧紧不可松脱。

(8)线头与平压式接线桩的连接应注意:

①单股芯线头连接时,将线头按顺时针方向弯成平压圈(俗称羊眼圈),导线裸露不超过导线芯线外径。

②软线头绞紧后以顺时针方向,围绕螺钉一周后,回绕一圈,端头压入螺钉。外露裸导线不超过所使用的导线的芯线外径。

③每个电器元件上的每个接点不能超过两个线头。

(9)控制板与外部连接应注意:

①控制板与外部按钮、行程开关、电源负载的连接应穿护线管,且连接线用多股软铜

线。电源负载也可用橡胶电缆连接。

②控制板或配电箱内的电器元件布局要合理,这样既便于接线和维修,又保证安全和规整好看。

3. 板后网式布线安装工艺规定

(1) 布线工艺上,复杂的电器控制板(箱)可采用板后布线方式,一般是用专用的绝缘穿线板,由板后穿到板前,接到电气控制设备、电器元件的接线柱上。

(2) 板后布线采用网式布线就是根据两个接线柱的位置决定自由方式走线,只要求导线拉直即可。

(3) 从板后穿到板前部分的导线,要求线路走径横平竖直,弯成直角。导线根据设计要求软线或单股硬线均可。

(4) 接头、接点工艺处理均按板前布线安装要求。

4. 控制电路通电测试

(1) 线路检查:线路检查一般用万用表进行,先检查主回路,再查控制回路,分别用万用表测量各电器与电路是否正常。

(2) 控制电路操作试车:经上述检查无误后,检查三相电源,断开主电路的保险,按一下对应的启动、停止按钮,各接触器等应有相应的动作。

(3) 正转试车在控制电路操作试车后,将电源开关断开,插上保险,然后合上电源开关,按一下启动按钮,电动机应动作运转,然后按一下停止按钮,电动机应断电停车。

(4) 正、反转试车:在控制电路操作试车后,将电源开关断开,插上保险,然后合上电源开关,按一下启动按钮,电动机应动作运转,然后按一下反转按钮,电动机应反方向动作运转。

【相关知识】

5.1.1 异步电动机常用控制电器

工作在交流 1 200 V 及以下、直流 1 500 V 及以下电路中的电器都属于低压电器。低压电器用于控制电路中,是对主电路起开关、控制、保护和调节作用的电气设备,以及控制、保护和调节非电过程和非电装置的用电设备。

5.1.1.1 低压刀开关

低压刀开关又称低压隔离刀闸,它广泛使用在 500 V 以下的低压配电装置的电路中。普通刀开关不能带负荷操作,它也是在负荷开关切断电路后起隔离电压的作用,有明显的绝缘断开点,以保证检修、操作人员的安全。装有灭弧罩(起灭弧作用)的刀开关,可以切断小负荷电流,以控制小容量的用电设备或线路。

5.1.1.2 低压熔断器

低压熔断器又称低压保险器,它广泛应用在低压 500 V 以下的电路中,作为电力线路、电动机或其他电器的过载保护和短路保护之用。熔断器由熔断管、熔体和插座三部分组成。熔断管制成开启式、无填料封闭式和有填料封闭式等数种,管身用绝缘材料制成。常用低压熔断器外形如图 5-3 所示。熔体由铅、铅锡合金、锌、铝、铜等金属材料制成。熔断器的工作原理是利用熔体在通过大于它额定值的负荷电流时(过负荷或短路)所产生的热量，使其发热融化，断开故障电路，从而对电气设备起到保护作用。熔断器和熔体制成多种规格，供用户根据需要选用。

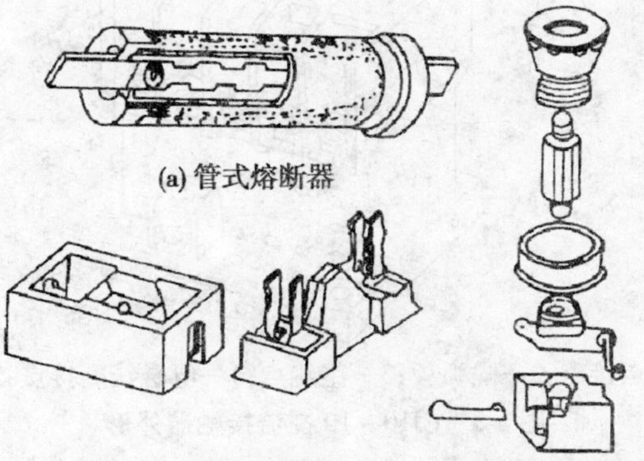

(a) 管式熔断器　(b) 插式熔断器　(c) 螺旋式熔断器

图5-3　熔断器

5.1.1.3　按钮

按钮属于主令电器，通过触点通断状态来发布控制命令，改变电气控制系统的工作状态。按钮的结构原理如图5-4所示。

图5-4中，1—1和2—2是静触点，3—3是动触点，图中各触点位置是自然状态。静触点1—1由动触点3—3接通而闭合。静触点2—2断开。工作时，将按钮往下按，动触点3—3下移，首先使静触点1—1（称动断触点）断开，然后接通静触点2—2（称动合触点），使之闭合；松手后在弹簧4作用下，动触点3—3返回，各触点的通断状态又回到图5-4所示位置。

图5-4　按钮的结构原理

5.1.1.4　交流接触器

交流接触器是用户中广泛使用的、适合于频繁操作的控制电器，外形如图5-5所示，可远距离分、合电动机，还可控制电动机的正、反转等。由于它具备灭弧罩，因此可以带负荷分、合电路，动作快速，安全可靠。交流接触器本身不能起保护作用，但可配以热元件（或熔断器等附件）而构成控制和保护两部分的组合装置，如磁力启动器等电器。

交流接触器的结构主要由电磁系统、灭弧装置、触点等部件组成。电磁系统吸合磁铁带动触点工作，达到分、合电路的目的；灭弧罩是交流接触器能够带负荷分、合电路的主要部件，必须保持完好；触点起断开和接通电路的作用。

交流接触器的动作是由电磁系统的吸引线圈和吸合磁铁产生的，如图5-6所示。它的工作电压有一定范围，当电源工作电压在额定值的85%～105%时，能保证可靠地吸合；当电源电压在额定值的40%～80%时，能可靠释放；当电源电压低于额定值的40%时，则动作不作保证。利用电源电压在额定值的40%～80%时，能可靠释放铁芯，断开触点的特性，使接触器具有零压保护作用。

5.1.1.5　低压空气断路器

在500 V及以下的低压用电系统中，低压空气断路器广泛地作为线路或单台用电设备的控制和过载、短路及失压保护之用。由于它具有灭弧装置，因此可以安全地带负荷

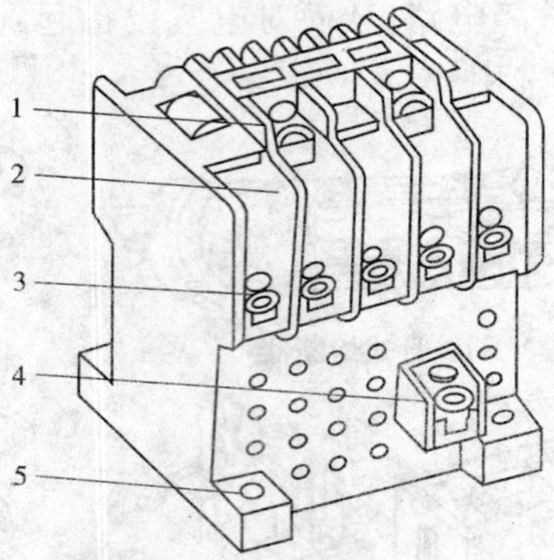

1—辅助触点接点;2—隔弧板;3—主触点;4—电磁线圈接点;5—固定孔

图 5-5　CJ10－10 交流接触器外形

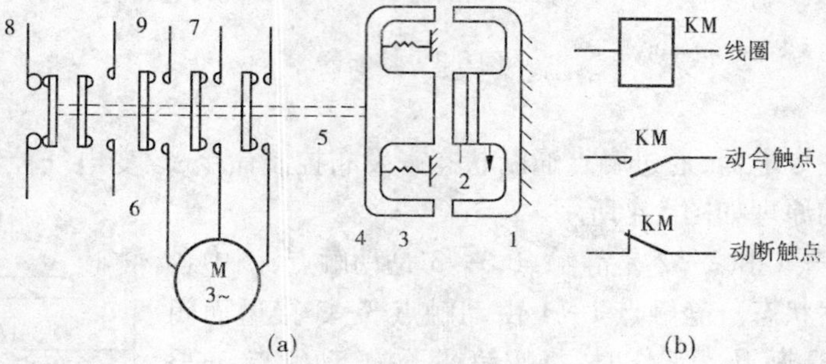

图 5-6　接触器原理图

分、合电路,但由于它的操作传动机构比较复杂,因此不易作频繁性的操作。

低压空气断路器以空气作为灭弧绝缘介质。断路器由触点系统、灭弧系统、保护装置和操作传动机构等几部分组成。它的触点系统由静触点(主静触点,灭弧静触点)、动触点(主动触点,灭弧动触点)组成,用以分、合电路。灭弧触点在主电路分、合时具有先投入后切开的动作行程,因此电弧只形成在灭弧触点上,从而保护了主触点的稳定工作。

5.1.1.6　控制继电器

控制继电器是一种自动电器,在控制系统中用来控制其他电器动作,或在主电路中作为保护用电器。继电器的输入量可以是电压、电流等电学量,也可以是温度、速度等非电学量。当输入量变化到某一定值时,控制继电器动作,使输出量发生预定的阶跃变化。

控制继电器的种类繁多,按输入信号的不同可分为电压继电器、电流继电器、时间继电器、热继电器、速度继电器与压力继电器等。在此主要介绍热继电器、电流继电器、电压继电器、中间继电器、时间继电器。

1. 热继电器

热继电器是一种广泛应用在低压交流 500 V、额定电流 150 A 及以下的电力线路中,用来反映被控制设备的发热状态、监视设备的过热情况,作为交流电动机或其他设备的过负荷保护用的电器,它常和交流接触器组合形成磁力启动器。热继电器主要由热元件(由两种膨胀系数不同的金属压轧一起组成)、辅助触点等部件组成。它串联于负荷电路中,利用负荷电流所产生的热量,使双金属片受热弯曲,推动导板动作,切断故障电路。继电器上有整定电流调节装置，整定值范围一般是热元件额定值的 60% 或 80% 或 100% 三个数值。这是利用调节旋钮装置来改变热元件双金属片与动作定位螺丝间的距离大小，使双金属片受热弯曲时碰触定位螺丝时的距离不同，以造成不同的脱扣位置，这样就有不同的动作整定值了。

2. 电磁式电流继电器、电压继电器及中间继电器

低压控制系统中采用的控制继电器大部分为电磁式继电器。这是因为它结构简单、价格低廉，能满足一般情况下的技术要求。

图 5-7 为电磁式电流继电器的结构示意图。图中为一拍合式电磁铁，当通过电流线圈 1 的电流超过某一额定值，电磁吸力大于反作用弹簧力时，衔铁 3 吸合并带动绝缘支架 9 动作，使动断触点 10—11 断开，动合触点 6—7 闭合。反作用调节螺母 5 用来调节反作用力的大小，即用以调节继电器的动作参数。

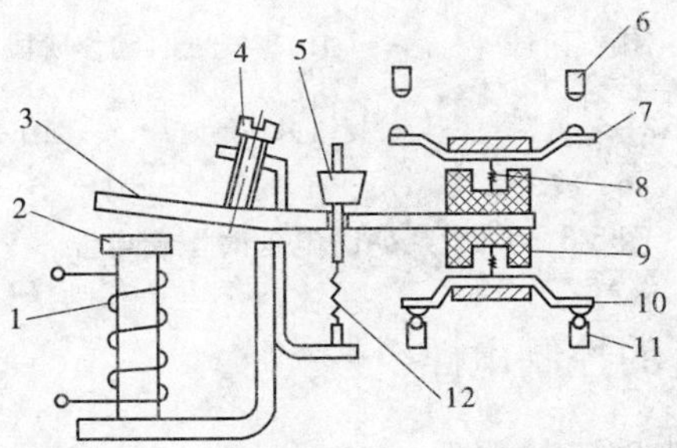

1—电流线圈；2—铁芯；3—衔铁；4—止动螺钉；5—反作用调节螺母；6、11—静触点；
7、10—动触点；8—触点弹簧；9—绝缘支架；12—反作用弹簧

图 5-7　电磁式电流继电器的结构示意图

电流继电器与电压继电器在结构上的区别主要在线圈上，电流继电器的线圈与负载串联，用以反映负载电流，故线圈匝数少，导线粗；电压继电器的线圈与负载并联，用以反映电压的变化，故线圈匝数多，导线细。

中间继电器的触点量较多，在控制回路中起增加触点数量和起中间放大作用。由于中间继电器的动作参数无须调节，所以中间继电器没有调节弹簧装置。

3. 时间继电器

当继电器的感受部分接收外界信号后，经过一段时间才使执行部分动作，这类继电器称为时间继电器。按其动作原理可分为电磁式、空气阻尼式、电子式和电动式；按延时方式可分为通电延时型与断电延时型两种。常用的有空气阻尼式、电子式和电动式。图 5-8(a) 为 JS23 系列通电延时型继电器，图 5-8(a) 中电磁线圈处于断电状态，衔铁释放，阀杆 8 上移，压缩气囊与阀门弹簧，使阀门打开，推出空气，为通电延时做准备。当线圈通电后，衔铁被吸，松开阀杆，阀门弹簧复原，阀门被关闭。气囊在动作弹簧 5 的作用下有伸长趋势。此时外界空气在气囊内外压力差的作用下经过滤气片 2，通过延时片的延时环形槽渐渐进入气囊，当气囊伸长到能触动脱扣机构时，延时触电动作，如图 5-8(b) 所示。从继电器线圈通电到延时触点动作这段时间即为延时时间。

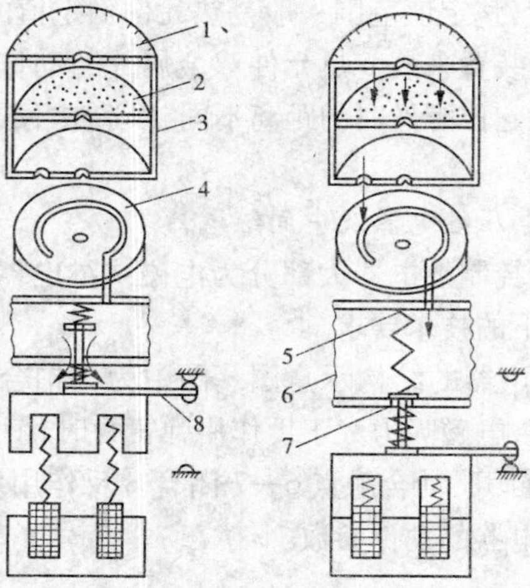

(a)排气阶段　　(b)进气延时动作阶段

1—钮牌;2—滤气片;3—调时旋钮;4—延时片;5—动作弹簧;
6—波纹状气囊;7—阀门弹簧;8—阀杆

图 5-8　JS23 系列通电延时型继电器

5.1.2　三相异步电动机的控制电路

5.1.2.1　异步电动机控制电路工作原理

使用低压电器构成的电路,可以在逻辑上使三相异步电动机完成启动、调速、制动等工作过程,并按照设计拖动生产机械的运行,以完成各种生产任务,同时还能对电能的产生、分配起控制和保护作用。应用这些电器组成的自动控制系统称为电器控制系统(原称继电器—接触器控制系统)。

电器控制线路图的表示方法有两种:一种是安装图;一种是原理图。安装图是根据电器实际位置和实际接线用规定符号画出的,这种电路便于安装。原理图是根据工作原理绘制的,这种电路便于分析其工作原理。

以鼠笼式电动机直接启动为例,安装图如图 5-9 所示。

图 5-9 中使用了组合开关 Q、交流接触器 KM、按钮 SB、热继电器 FR 及熔断器 FU 等几种电器。线路图可分为两部分:主电路和控制电路。

主电路是:三相电源—Q—FU—KM(主触头)—FR(热元件)—M3 ~。

控制电路是:

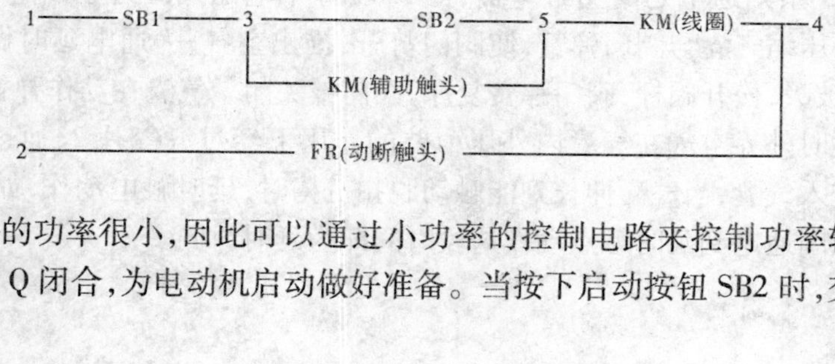

控制电路的功率很小,因此可以通过小功率的控制电路来控制功率较大的电动机。先将组合开关 Q 闭合,为电动机启动做好准备。当按下启动按钮 SB2 时,交流接触器 KM

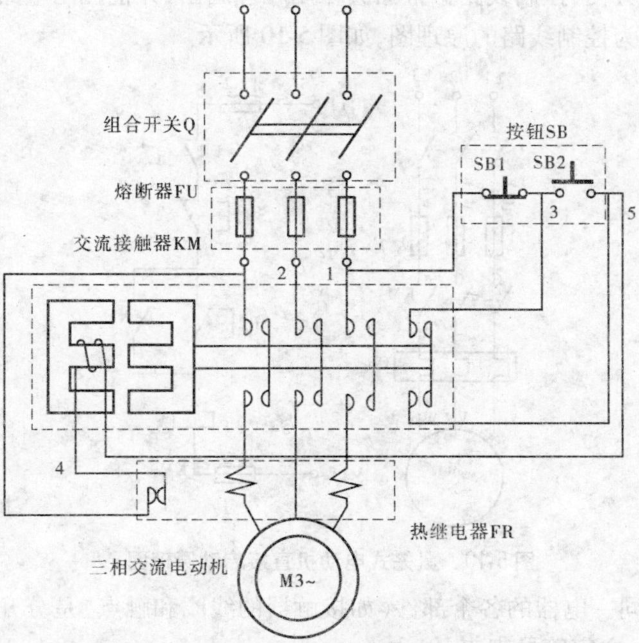

图5-9 鼠笼式电动机直接启动的控制线路安装图

的线圈通电,动铁芯被吸合而将三个主触点闭合,电动机M便启动。当松开SB2时,它在弹簧的作用下恢复到断开位置。但是,由于与启动按钮并联的辅助触点和主触点同时闭合,因此接触器线圈的电路仍然接通,而使接触器触点保持在闭合位置。这个触点称为自锁触点。如将停止按钮SB1按下,则将线圈的电路切断,动铁芯和触点恢复到断开的位置。

采用上述控制电路还可以实现短路保护、过载保护和零压保护。

起短路保护的是熔断器FU。一旦发生短路事故,熔丝立即熔断,电动机立即停车,使电动机及电路得到保护。

起过载保护的是热继电器FR。当过载时,它的热元件发热,将其动断触点断开,使接触器线圈断电,主触点断开,电动机也就停下来。为了可靠地保护电动机,常用两个热元件,分别串接在任意两相中。这样不仅在电动机过载时有保护作用,而且当任意一相中的熔丝断作单运行时,仍有一个或两个热元件中通有电流,电动机因而也得到保护。

零压保护是指当电源停电时,电动机即自动从电源切除。因为这时接触器线圈中的电流消失,动铁芯释放而使主触点断开。当电源电压恢复时如不重按启动按钮,则电动机不能自行启动,因为自锁触点已断开。如果不是采用电器控制系统而是直接用刀开关或组合开关进行手动控制时,由于在停电时未及时断开开关,当电源恢复时,电动机即自行启动,使电动机在低压下启动而造成烧电动机事故。

图5-9中,各个电器都是按照实际位置画出的,属于同一电器的各部件都集中在一起。这样的图称为安装图。这样的画法比较容易识别电器,便于安装和检修。

当电路比较复杂和使用的电器较多时,线路可能看不清楚。因为同一电器的各个部件在机械上虽然连在一起,但在电路上并不一定互相关联。因此,为了读图和分析方便,也为了设计线路的方便，控制线路常根据其作用原理画出，并把控制电路和主电路清楚地分开。这样的图称为控制线路的原理图，如图 5-10 所示。

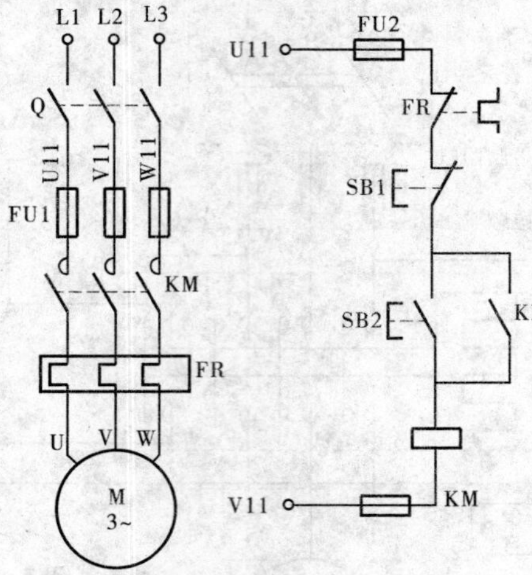

图 5-10　鼠笼式电动机直接启动原理图

在图 5-10 中，同一电器的各个部件（如接触器的线圈和触点）是分开画出的。为了识别起见，它们用同一文字符号来表示。

在不同的工作阶段，各个电器的动作不同，触点时闭时开。规定在原理图中只表示出一种位置，即未通电或没有发生机械动作时的位置。对接触器来说，是在动铁芯没有被吸合时的位置；对按钮来说，是在未按下时的位置等。在起始的情况下，如果触点是断开的，则称为动合触点（因为一动就合）；如果触点是闭合的，则称为动断触点（因为一动就断）。

5.1.2.2　鼠笼式电动机单向运行的控制电路

1. 点动控制电路

点动控制多用于机床、起重机等设备。鼠笼式电动机点动原理如图 5-11 所示。其工作过程为：

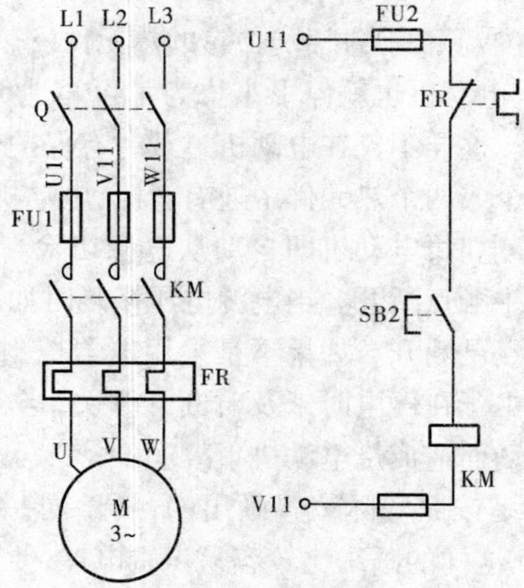

图 5-11　鼠笼式电动机点动原理图

合上电源开关 Q，按下按钮 SB2，KM 线圈通电，铁芯吸合，KM 主触点闭合，电动机 M 启动运转。松开按钮 SB2，KM 线圈失电，铁芯复位，KM 主触点断开，电动机 M 停止运行。

图 5-11 中，熔断器 FU1 起短路保护作用，热继电器 FR 起过负荷保护作用，接触器起零压或欠压保护作用。

2. 连续转动控制电路

如图 5-10 所示，该图是在图 5-11 基础上，增加一个停止按钮 SB1，并在启动按钮 SB2 旁并联一个接触器的常开触点 KM 构成的。其工作过程为：

合上电源开关 Q，按下启动按钮 SB2，KM 线圈通电，铁芯吸合，KM 主触点闭合，电动机 M 启动运转，同时并联在按钮 SB2 旁的常开触点 KM 也闭合，使控制回路在按钮 SB2 松开后，继续保持接通状态，称为自保持，使电动机在 SB2 松开后继续运行。若要停止电动机，须按下停止按钮 SB1。此时，KM 线圈失电，铁芯复位，KM 主触点断开，电动机 M 停止运行，自保持触点 KM 断开，控制回路不再接通。

5.1.2.3　鼠笼式电动机正、反转的控制电路

在生产上往往要求运动部件向正、反两个方向运动。例如：机床工作的前进与后退，起重机的提升与下降重物，机械主轴的正转与反转，电动门的开启与关闭，等等。要实现正、反转，只要将接到电源的任意两根连接线对掉接头即可。为此，只要用两个交流接触器就能实现这一要求，如图 5-12 中的主电路所示。

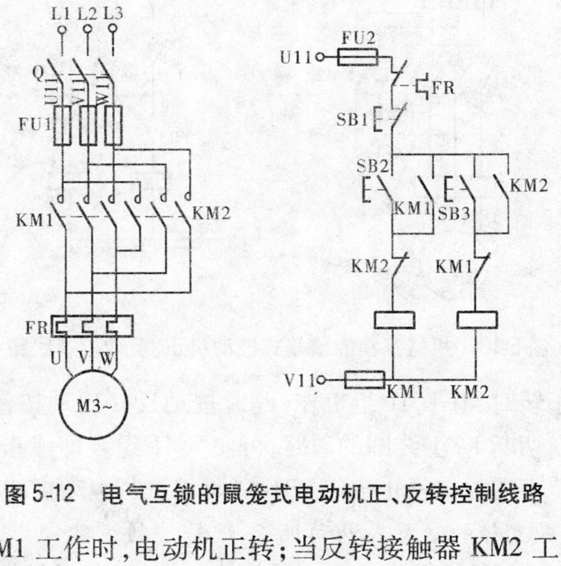

图 5-12　电气互锁的鼠笼式电动机正、反转控制线路

当正转接触器 KM1 工作时，电动机正转；当反转接触器 KM2 工作时，由于调换了两根电源线，所以电动机反转。

如果两个接触器同时工作，从图 5-12 中的主电路可知，有两根电源线绕过它们的主触点而将电源短路了。所以，对正、反转控制线路最根本的要求是：必须保证两个接触器不能同时工作。

这种在同一时间里两个接触器只允许一个工作的控制方法称为互锁（互相锁死对方）控制或联锁控制。下面分析两种有互锁保护的正、反转控制线路。

1. 电气互锁的鼠笼式电动机正、反转控制线路

如图 5-12 所示的控制线路中，正转接触器 KM1 的一个动断辅助触点串接在反转接触器 KM2 的线圈电路中，反转接触器 KM2 的一个动断辅助触点串接在正转接触器 KM1 的线圈电路中。这两个动断触点称为互锁触点，它们共同完成互锁保护功能。

当按下正转启动按钮 SB2 时正转接触器线圈 KM1 通电，主触点 KM1 闭合，电动机正转。与此同时，互锁触点（KM1 动断触点）打开，断开了 KM2 的线圈电路。因此即使误按反转启动按钮 SB3，反转接触器线圈 KM2 也不能得电，从而保证了反转电路不工作。

2. 机械互锁的鼠笼式电动机正、反转控制线路

在图 5-12 所示的电气互锁鼠笼式电动机正反转控制线路中有个缺点，要想改变电动机的转向，必须选按停止按钮 SB1，让互锁动断触点回位后，才能改变电动机的转向。例如，电动机已在正转时有 KM1 组工作（KM1 线圈得电，KM1 的动断触点断开，实现了 KM1 与 KM2 之间互锁），此时按动反转启动按钮 SB3 不能使 KM2 组工作，必须先按下停止按钮 SB1 解除 KM1 组的工作状态，才能使 KM2 组投入运行，给操作带来不便。采用两个双联按钮可以在机械联动上实现互锁。如图 5-13 所示。

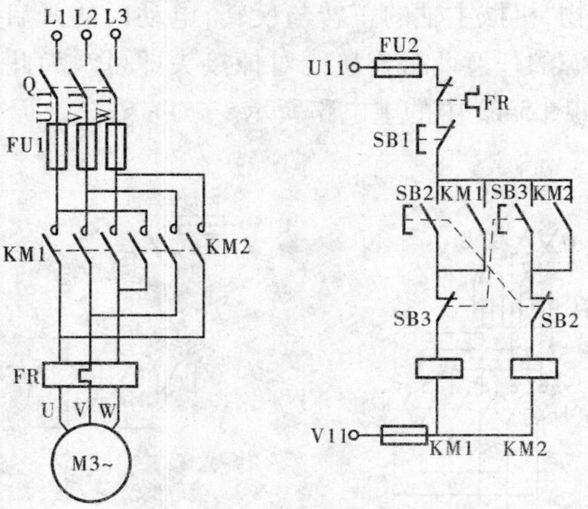

图 5-13　机械互锁的鼠笼式电动机正、反转控制线路

例如，当电动机正转时，有 KM1 组工作，此时按动反转启动按钮 SB3，双联按钮的机械联动动断按钮断开，切断 KM1 线圈的通路，可使 KM1 组合即停止工作，并使 KM2 组开始工作，电动机反转。不需先按停止按钮 SB1，就可以进行电动机的换向操作。

3. 电气和机械复式互锁的鼠笼式电动机正、反转控制线路

图 5-14 所示为电气和机械复式互锁的鼠笼式电动机正、反转控制线路，机械联动实现换向操作，同时也实现了互锁，电气互锁与机械互锁形成双重保护。

5.1.2.4　行程控制电路

在生产过程中，常需要控制生产机械的某些运动部件的行程。例如，龙门刨床、导轨磨床的工作台等，需要在一定的行程范围内自动的往复循环运动，这种运动可由行程开关来控制。

行程开关有一对动合触点和一对动断触点，静触点在绝缘的基座上，动触点与推杆连

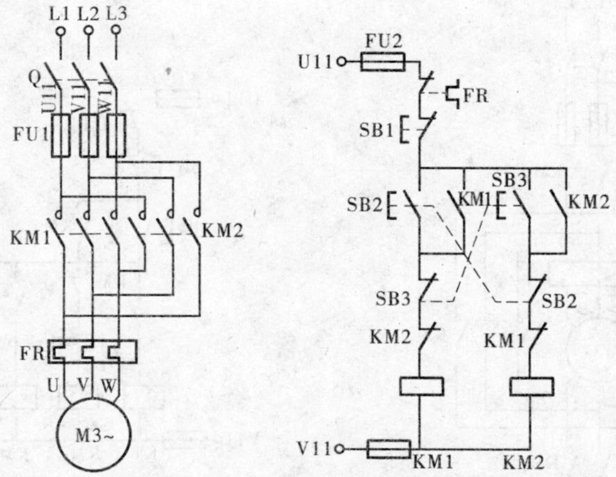

图 5-14　电气和机械复式互锁的鼠笼式电动机正反转控制线路

接。当推杆受到装在运动部件上的挡铁作用时，触点换接，在挡铁离开推杆后，恢复弹簧，使开关自动复位。

由行程开关控制的工作台自动循环线路如图 5-15 所示，交流电动机拖动的工作台可以向前或向后往复运动。图中的 SQ 即为行程开关。

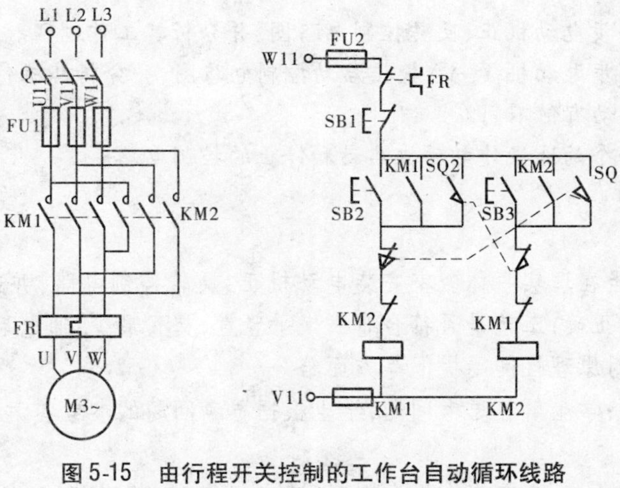

图 5-15　由行程开关控制的工作台自动循环线路

5.1.2.5　时间控制电路

在自动控制系统中，经常要延迟一定的时间或定时地接通和分断某些控制电路，以满足生产上的要求。例如：电动机作 Y—△方式启动时，先以 Y 接线方式运行，延时一段时间后（启动完毕），再改为△方式运行，这种自动转换控制称为时间控制。用时间继电器可以完成时间控制。

常用的时间继电器常备四种触点：动合延时闭合、动合延时断开、动断延时闭合、动断延时断开。图 5-16 所示为 13 kW 以下的电动机 Y—△启动电路，KT 即为时间继电器。

【思考问题】

1. 试叙述按钮、交流接触器和低压空气开关的作用或功能、使用场合以及工作特点。

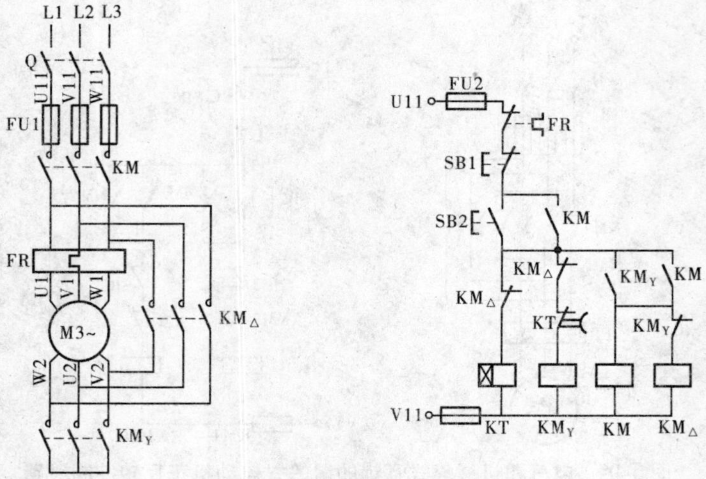

图 5-16　13 kW 以下的电动机 Y—△启动电路

2. 试叙述热继电器、电流继电器、电压继电器、中间继电器、时间继电器的作用或功能、使用场合以及工作特点。

3. 短路保护、过负荷保护和零压保护各由什么元件实现的,没有这些保护有何不良后果?

4. 画出三相异步电动机正、反转控制电路图,并分析其工作过程。

5. 画出三相异步电动机 Y—△换接启动控制电路图,并分析其工作过程,比较直接启动和 Y—△换接启动有何不同?

6. 自行设计一个两地操作电动机启动和停止的控制电路。

【任务评价】

评价内容

实际操作:学生在理实一体教室安装电动机正、反转控制电路,并通电试运行。教师根据电路制作是否正确;工艺是否符合布线横平竖直,交叉最少;通电后,各按钮是否能实现对应功能;老师对原理性问题提问等方面给分。

解答思考问题:学生解答思考问题,学生根据思考问题的参考答案,自评与互评,老师抽查并审定成绩。

职业素质养成考核:遵守安全规章制度,遵守纪律、吃苦耐劳,一丝不苟地工作,与团队成员、教师和工厂师傅进行有效的沟通、协作共事等,由教师在学习过程中考核。

成绩构成

实际操作 40%,解答思考问题 40%,职业素质 20%。

任务 5.2　电动机的选择

【学习目标】

1. 能力目标

(1)能根据不同的环境、生产要求选择一台电动机;

(2)能收集与工作学习相关的信息,能使用各种信息资源完成学习与工作任务,工作结束后能对工作过程和成果进行反思及评价。

2. 知识目标

(1)熟知电动机类型、额定电压、额定转速、结构型式的选择方法;

(2)熟知电动机功率选择的一般步骤和基本方法;

(3)熟知电动机的发热与冷却过程;

(4)熟知电动机的工作制对电动机功率选择的影响。

3. 素质目标

养成与团队成员友好相处、团结协作,动手动脑,遵守劳动纪律与规章制度的好习惯。

【任务描述】

一台离心式水泵的排水量为 60 m^3/h,扬程总高为 18 m,转速为 1 450 r/min,泵的效率为 0.4,泵与电动机直接相连。试选择电动机的类型、额定电压、额定转速、结构型式和功率。

【任务准备】

电动机选择所需的知识、设备和工具如下:

知识:电动机类型、额定电压、额定转速、结构型式、额定功率的选择方法;发热校验和短时过载能力的校验的方法。

设备和工具:产品目录,计算和绘图工具。

【任务实施】

1. 类型选择

因异步电动机结构简单、价格便宜,能满足水泵工作和环境要求,故选择三相异步电动机。

2. 额定电压选择

因水泵功率不大,选择常用的380/220 V 电压。

3. 转速选择

选择与生产机械的转速相同,即 1 450 r/min。

4. 结构型式

选择卧式,因电动机所处环境潮湿,选择封闭式异步电动机。

5. 功率选择

水泵取水的比重为 9 810 N/m^3,则水泵的功率为

$$P_L = \frac{q\gamma h}{\eta_b \eta} \times 10^{-3} = \frac{9\ 810 \times 60/3\ 600 \times 18}{0.4 \times 1} \times 10^{-3} = 7.358(\mathrm{kW})$$

综合考虑,查产品目录,可选 Y 系列 4 极鼠笼式异步电动机,额定功率 $P_N = 7.5$ kW,额定转速 $n_N = 1\ 450$ r/min 。

【相关知识】

电动机是电力拖动系统的原动力,它的配置是否得当,直接影响系统的可靠性和经济性。电动机的选择包括电动机的类型、额定电压、额定转速、结构型式和额定功率等的选择,其中额定功率的选择最重要也最复杂。

5.2.1 电动机的发热、温升与工作制

5.2.1.1 绝缘材料和允许温度

在电动机的功率选择中，往往要进行电动机的发热校验，使电动机运行的最高温度不大于其绝缘材料所允许的最高温度。在电动机中，耐热最差的就是绕组的绝缘材料，绝缘材料所允许的最高温度就是电动机允许的最高温度。根据绝缘材料允许的最高温度不同，把绝缘材料分为 Y、A、E、B、F、H 和 C 7 个等级，常用的有 A、E、B、F、H 5 个等级，其性能介绍如下：

（1）A 级绝缘，指经过绝缘浸渍处理的棉纱、丝、纸等，普通漆包线的绝缘漆，允许的最高温度为 105 ℃。

（2）E 级绝缘，指高强度漆包线的绝缘漆，环氧树脂，三醋酸纤维薄膜、聚酯薄膜及青壳纸，纤维填料塑料，允许的最高温度为 120 ℃。

（3）B 级绝缘，指用有机材料黏合或浸渍的云母、玻璃纤维、石棉等，以及矿物填料塑料，允许的最高温度为 130 ℃。

（4）F 级绝缘，指用耐热优良的环氧树脂黏合或浸渍的云母、玻璃纤维、石棉等，允许的最高温度为 155 ℃。

（5）H 级绝缘，指用硅有机树脂黏合或浸渍的云母、玻璃纤维、石棉，硅有机橡胶，无机填料塑料，允许的最高温度为 180 ℃。

当电动机的温度不超过所用绝缘材料允许的最高温度时，绝缘材料的使用寿命较长，可达 20 年以上；相反，如果温度超过上述允许的最高温度，则绝缘材料容易老化、变脆，缩短了电动机的使用寿命，严重情况下，将使绝缘材料碳化、变质，失去绝缘性能，从而使电动机烧坏。

5.2.1.2 电动机的允许温升

温升是电动机发热校验中常用的一个重要概念。电动机在运行时，由于内部损耗引起发热，使电动机的温度升高。电动机温度 t 与周围环境温度 t_0 的差值，称为电动机的温升，用 τ 来表示，即 $\tau = t - t_0$，单位为℃。我国幅员广阔，各地区温度相差较大，为了设计和选用电动机有统一的标准，我国规定标准环境温度为 40 ℃。

所谓电动机的允许温升，是指电动机允许的最高温度与标准环境温度的差值。即

$$\tau_{max} = t_{max} - t_0 \tag{5-1}$$

式中 τ_{max}——电动机的允许温升，℃；

t_{max}——电动机绝缘允许的最高温度，℃；

t_0——标准环境温度，40 ℃。

例如，使用 A 级绝缘材料的电动机，其允许温升为：$\tau_{max} = 105 - 40 = 65$（℃）。

5.2.1.3 电动机的发热过程

电动机发热过程是指运行时由于内部损耗产生的容量，使电动机的温度升高的过程，运行时电动机内部损耗产生的容量 Q 可分为两部分，其中：一部分热量储存在电动机中，使电动机的温度升高，称为储存热 Q_a；另一部分热量则散热到周围的介质中去，称为散发热 Q_s。即

$$Q = Q_a + Q_s$$

电动机刚开始运行时，由于温度低，它产生的热量主要用于升高电动机的温度，并储存起来。随着温度的升高，温差增大，散发的热量逐渐增多，当散发的热量与发热量相等时，电动机的温度就不再升高，这时电动机的温升叫稳定温升 τ_{bt}。

电动机的发热过程是指电动机的运行时温升 τ 随时间 t 的变化关系，即温升曲线 $\tau = f(t)$。由于电动机的热源产生在绕组、铁芯、轴承等部位，其各部位产生的热量不相等，各部位的温度也不相同，且各部位向周围介质散热的条件和方式也不相同。如果按实际情况来分析电动机的发热过程，将是十分复杂的。因此，在分析电动机发热过程中需要作如下假设：

(1)电动机是均匀的发热体。电动机各处的温度相等，各处的比热和散热系数相等，且等于常数。

(2)电动机的负载恒定。电动机在单位时间内产生的热量相等。

(3)电动机向周围介质散发的热量与温升 τ 成正比，周围环境温度不变。

通过数学推导，可知电动机发热按下式的规律升高。

$$\tau = \tau_{bt}(1 - e^{t/T}) + \tau_{af}e^{-t/T} \tag{5-2}$$

式中 τ_{bt}——$t = \infty$ 时电动机的稳定温升，℃；

T——发热时间常数，s；

τ_{af}——$t = 0$ 时的起始温升，℃。

如果电动机由环境温度开始发热，起始温升 $\tau_{af} = 0$，则有

$$\tau = \tau_{bt}(1 - e^{t/T}) \tag{5-3}$$

根据式(5-1)和式(5-2)可作出电动机发热过程的温升曲线，如图 5-17 所示，曲线 1 表示起始温升不为 0 的情况，曲线 2 表示起始温升为 0 的情况。

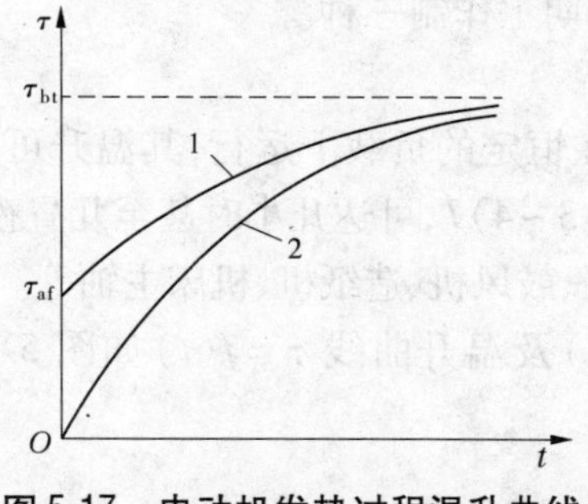

图 5-17 电动机发热过程温升曲线

电动机的稳态温升 τ_{bt} 与电动机所带的负载大小有关，负载增加时，损耗增加，发热量最大，故 τ_{bt} 也最大 。

值得注意的是，发热时间常数 T 是表明电动机温度变化快慢的物理量，而不是电动机达到稳态温升所需的时间。

5.2.1.4 电动机的冷却过程

电动机的冷却过程是指电动机的发热量小于散热量，电动机的温度逐渐降低，温升逐渐减小的过程。这一过程出现在电动机所带的负载减小或停止工作的状态。因此，电动

机的冷却过程可分两种情况来分析。

当电动机的负载减小时，损耗减小，发热量也减小，原来的热平衡遭到破坏，由于发热量小于散热量，电动机的温度将逐渐下降，由原来的稳态温升逐渐下降到负载减小后对应的稳态温升。此时电动机温升变化过程的表达式为

$$\tau = \tau_{bt}(1 - e^{-t/T}) + \tau_{af}e^{-t/T} \tag{5-4}$$

式中　τ_{bt}——负载减小后对应的稳态温升，℃；

τ_{af}——冷却开始时的温升，℃。

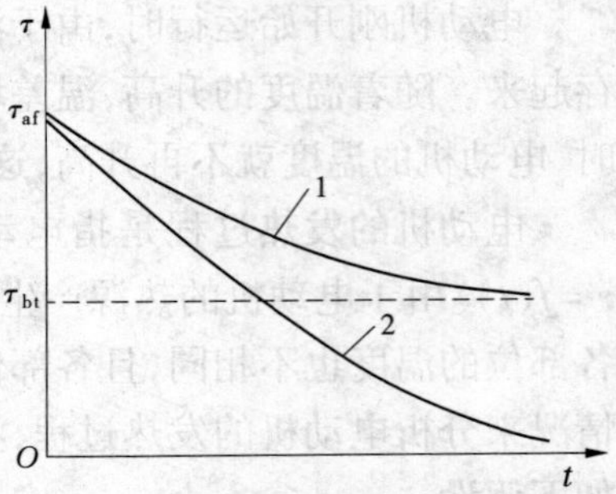

图 5-18　电动机冷却过程温升曲线

这时 $\tau_{af} > \tau_{bt}$，温升的变化是按指数规律衰减的，电动机冷却过程温升曲线如图 5-18 中的曲线 1 所示。

电动机停止工作时，损耗为零，发热量 $Q=0$，则稳态温升 $\tau_{bt}=0$ 时的温升曲线如图 5-18 中的曲线 2 所示，其表达式为

$$\tau = \tau_{af}e^{-t/T} \tag{5-5}$$

式(5-5)表明，电动机将内部储存的热量逐渐散发到周围的介质中，直到与周围的温度相同，稳态温升为零，这时发热时间常数用 T_0 表示。对于风扇自冷式电动机，由于风扇停转，散热条件变差，$T_0 > T$；对他冷式电动机，$T_0 = T$ 。

5.2.1.5　电动机的工作制

电动机的温升不仅与负载的大小有关，而且与负载持续时间的长短有关。也就是说，对于相同的某一负载，运行时间的长短，对电动机的发热情况影响很大。若长时间持续运行，电动机必将达到稳态温升，若仅作短时间运行，其将达不到稳态温升。为充分利用电动机的容量，按电动机发热的不同情况，可将电动机分为连续工作制、短时工作制和断续周期工作制三种。

1. 连续工作制

连续工作制是指电动机在恒定的负载下运行，其温升可达稳态值。显然，工作时间 $t_w > (3\sim4)T$，可达几小时甚至几昼夜，属于这一类的生产机械有水泵、鼓风机、造纸机、机床主轴等。

其简化的负载图 $P=f(t)$ 及温升曲线 $\tau=f(t)$ 如图 5-19 所示。

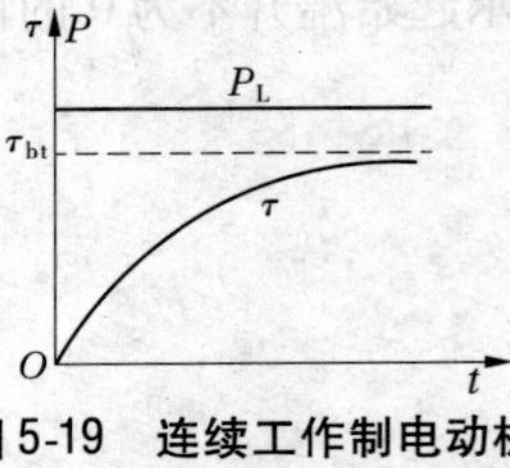

图 5-19　连续工作制电动机负载及温升曲线

2. 短时工作制

短时工作制是指电动机在恒定负载下作短时间运行，$t_w < (3\sim4)T$，其温升达不到稳态值，而停止运行的时间又较长 $t_s > (3\sim4)T$，其温升能够降到零。这种电动机的容量称为短时容量，它的负载图 $P=f(t)$ 和温升曲线 $\tau=f(t)$ 如图 5-20 所示。由图 5-20 可以看出，短时工作电动机的最高允许温升小于稳态温升，如果电动机运行时间超过工作时间 t_w，其温升将沿曲线的虚线部分上升，超过绝缘材料的允许温升 τ_{max}，这是不允许的。我国生产的这类电动机，其工作时间 t_w 有 15 min、30 min、60

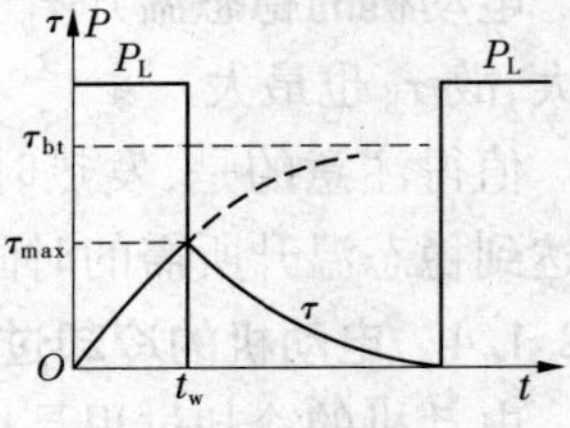

图 5-20　短时工作制电动机负载及温升曲线

min、90 min 四种定额。属于短时工作的生产机械有管道和水库闸门等。

3. 断续周期工作制

断续周期工作制是指电动机运行和停机周期性接替进行，其运行时间与停机时间都比较短，即 $t_w < (3 \sim 4)T$，$t_s < (3 \sim 4)T$，在运行期间温升来不及达到稳态值，在停机时间温升也降不到零，这种电动机的容量称为断续周期容量，其负载图 $P = f(t)$ 和温升曲线 $\tau = f(t)$ 如图 5-21 所示。

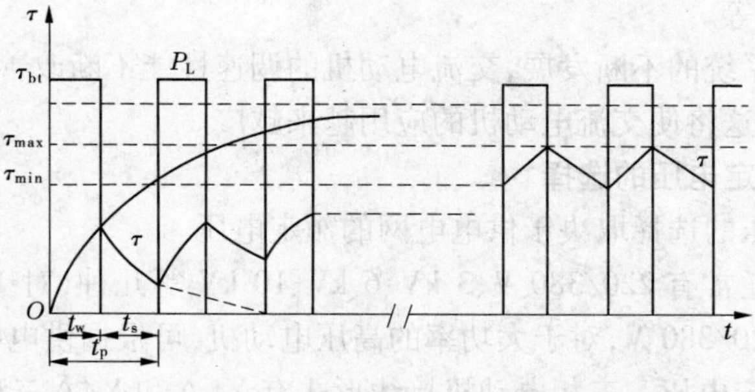

图 5-21 断续周期工作制电动机负载及温升曲线

在开始工作的前几个周期，每次运行时起始温升和终了温升都有所增加，最后电动机的温升将在 τ_{max} 与 τ_{min} 之间上下波动。属于这类工作制的生产机械有起重机、电梯、轧钢辅助机械等。与短时工作制相似，这类电动机不可作连续运行，否则电动机会过热而烧毁。

在断续周期工作制中，负载工作时间 t_w 与整个工作周期 t_p 之比称为负载持续率，用 $zc\%$ 表示，即

$$zc\% = \frac{t}{t_p} = \frac{t_w}{t_w + t_s} \times 100\% \tag{5-6}$$

我国规定的标准负载持续率有 15%、25%、40%、60% 四种定额，一个工作周期 $t_p = t_w + t_s \leqslant 10$ min。

5.2.2 电动机类型、电压、转速和结构型式的选择

在电动机选择时，电动机的功率选择是最重要的，此外还应根据具体情况，正确选择电动机的类型、额定电压、额定转速和型式。

5.2.2.1 电动机类型的选择

电动机的类型有鼠笼式异步电动机、绕线式异步电动机、同步电动机和直流电动机。类型选择的主要原则是：在满足生产机械特点的前提下，尽量优先选用结构简单、维护方便、价格便宜的电动机。

鼠笼式异步电动机具有结构简单、维护方便、运行可靠、价格便宜等优点，但启动和调速性能较差。因此，对不要求调速的生产机械应优先选用鼠笼式异步电动机，如机床、水泵、通风机等。对要求较大启动转矩的生产机械，可选择深槽式或双鼠笼式异步电动机，如空气压缩机、皮带运输机等。

绕线式异步电动机具有较大的启动转矩和在一定范围内调速的性能，多用在启动、制

动比较频繁,需要较大启动转矩、调速范围不大的生产机械上,如起重机、卷扬机、电梯、矿井提升机等。

同步电动机具有转速恒定、功率因数大等特点。但其造价高,运行维护较复杂,因此仅用在负载功率较大,且不要求调速的生产机械上,如空气压缩机、球磨机、破碎机等。

直流电动机具有启动转矩大、调速性能好等优点,但它的结构复杂、造价高、运行维护较困难。因此,只有在交流电动机无法满足要求的生产机械上才用,如高精密数控车床、龙门刨车、电力机车等。

随着交流调速系统的不断发展,交流电动机的调速性能不断改善,其技术经济指标正向直流电动机接近,这将使交流电动机的应用越来越广。

5.2.2.2 电动机额定电压的选择

电动机额定电压的选择取决于供电电网的额定电压。

交流供电电压通常有220/380 V、3 kV、6 kV、10 kV等几种,对于中小型低压异步电动机,一般都采用220/380 V,对于大功率的高压电动机,可根据供电电源情况选择3 kV、6 kV或10 kV的额定电压。三相电动机接线形式有Y、△和Y/△三种,当采用Y/△降压启动时,则应选择△接线的电动机。

直流电动机的额定电压有110 V、220 V、330 V、440 V、660 V等,其电压的选择应根据电源装置来确定。常用的直流电源装置有直流发电动机、可控硅整流装置和蓄电池组。

5.2.2.3 电动机额定转速的选择

电动机额定转速的高低,将影响设备投资费用和工作机械的输出效率。额定功率相同的电动机,额定转速越高,额定转矩越小,则电动机的体积、质量和造价也越小,因此选用高速电动机较为经济。但是,对于一定转速的生产机械,若电动机的转速越高,势必加大传动机构的传动比,使传动机构复杂,造价高,因此在电动机额定转速选择时,必须综合考虑电动机与输出机械两方面的情况,作出正确的选择。

对于连续工作的电动机,一般从初期投资和运行维护费用来考虑,就几个不同的额定转速(即不同的转速比)方案,经比较,选出最合适的转速;对于经常启动、制动及反转,但过渡过程的持续时间对产生的影响不大的电动机,除考虑初期投资外,主要根据过渡过程能量消耗为最小的条件来选择;对于经常制动及反转,但过渡过程的持续时间对生产的影响较大的电动机(如龙门刨床的主电动机),主要根据过渡过程持续时间为最短的条件来选择。

实际上,一般都可按与系统动能储存量成正比的$GD^2n_N^2$之值为最小的条件来选择电动机的额定转速及转速比。因为过渡过程的能力损耗及持续时间都和$GD^2n_N^2$之值成正比。

5.2.2.4 电动机型式的选择

电动机的选择,除要进行以上几个方面的选择外,还要注意选择电动机的结构型式。

电动机的结构型式,按安装方式不同,有卧式和立式两种。一般情况多选用卧式,只有特殊情况才选用立式,如深井水泵、潜水泵和钻床等。按防护型式不同,有开启式电动机、防护式电动机、封闭式电动机、密闭式电动机和防爆式电动机等,这些型式的选择,应根据电动机的使用地点、使用环境来确定。

开启式电动机,有较大的通风孔,价格便宜,散热性能良好,但尘埃、水滴和铁屑等有害物质容易侵入电动机内部,影响其正常运行和使用寿命,仅在干燥和清洁的环境中使用。

防护式电动机,这种电动机一般防滴、防雨、防溅,及防止外界物体从上面落入电动机内部,但不能防潮、防尘,因此适用于干燥、灰尘不多,没有腐蚀性、爆炸性的环境。

封闭式电动机,这类电动机又分为自扇冷式、他扇冷式和封闭式三种。前两类可用于潮湿、多腐蚀性灰尘、易受风雨侵蚀的环境中。第三类一般用于浸入水中的设备,这种电动机价格较高。

防爆式电动机,这种电动机是在封闭式结构基础上,制成防爆式的,适用于具有易燃、易爆性气体或尘埃的环境中,如煤矿、煤库、煤气站等。

5.2.3 电动机功率选择

电动机功率选择的一般步骤:

(1)确定负载的功率 P_L。

(2)根据负载功率预选一台功率相当的电动机:$P_N \geqslant P_L$。

(3)对预选的电动机进行发热、过载能力和启动能力校检,若不合格,应另选一台额定功率稍大一点的再进行校检,直至合格为止。

连续工作制电动机的负载可分为两类,即恒定负载和周期性变化负载。现分别介绍不同类型负载下不同工作制情况下选择电动机额定功率的方法。

5.2.3.1 恒定负载时电动机额定功率的选择方法

在生产中属于恒定负载的生产机械很多,如水泵、风机、大型机床的主轴等。给这类生产机械选电动机的功率很简单,只要算出生产机械的功率 P_L,就可以选择一台额定功率 P_N 等于或稍大于负载功率 P_L 的电动机,即

$$P_N \geqslant P_L$$

因为连续工作制的电动机是按长期在额定负载下运行来设计和制造的,当 $P_N \geqslant P_L$ 时,电动机的稳态温升不会超过允许温升,因此不必进行热校验。

当环境温度与标准环境温度不同时,可对电动机实际可供容量进行修正,修正方法有计算法和经验估算法,经验估算法可按表 5-3 进行。

表 5-3 不同环境温度下电动机容量的修正

环境温度(℃)	30	35	40	45	50	55
可供功率变化的百分数(%)	+8	+5	0	-5	-12.5	-25

生产机械的功率通常可在其铭牌上查得,也可通过计算求得,现将常用的几种计算方法介绍如下。

(1)作直线运动的生产机械功率为

$$P_L = \frac{F_L v}{\eta} \times 10^{-3} \qquad (\text{kW}) \tag{5-7}$$

式中 F_L——负载力,N;

v——运动速度,m/s;

η——传动装置的效率。

(2)作旋转运动的生产机械功率为

$$P_L = \frac{T_L n}{9\ 550\eta} \quad (\text{kW}) \tag{5-8}$$

式中 T_L——负载转矩,N · m;

n——负载转速,r/min;

η——传动装置的效率。

(3)泵类生产机械功率为

$$P_L = \frac{q\gamma h}{\eta_b \eta} \times 10^{-3} \quad (\text{kW}) \tag{5-9}$$

式中 q——单位时间排送液体的体积,m^3/s;

γ——液体的比重,N/m^3;

h——排送高度,m;

η_b——泵的效率,活塞泵为0.8~0.9,低泵为0.3~0.6,高压离心泵为0.5~0.8;

η——传动装置的效率,直接连接为0.95~1,皮带连接为0.9。

(4)风机类生产机械功率为

$$P_L = \frac{qP}{\eta_f \eta} \times 10^{-3} \quad (\text{kW}) \tag{5-10}$$

式中 q——单位时间排送气体的体积,m^3/s;

P——排除气体的压力,N/m^2;

η_f——风机的效率,大型风机为0.5~0.8,中型风机为0.3~0.5,小型风机为0.2~0.35;

η——传动装置的效率。

5.2.3.2 周期性变化负载时电动机额定功率的选择方法

有些生产机械的负载在连续的运行中不是恒定的,时大时小,最大值与最小值相差较大,但负载的变化具有周期性规律,比如大型龙门刨床和矿井提升机等。这类电动机功率的选择较为复杂,既不能按最大负载来选,也不能按最小负载来选,而是在最大值和最小值之间来选择。其选择步骤如下。

(1)计算并绘制周期负载图:$P=f(t)$或$T=f(t)$曲线。

(2)将一个周期按负载(功率或转矩)大小分成若干个时间段,在每一个时间段内负载是一定的。

(3)根据负载图计算一个周期内的平均负载(功率或转矩)为

$$P_{Lavg} = \frac{P_1 t_1 + P_2 t_2 + \cdots + P_n t_n}{t_1 + t_2 + \cdots + t_n} \tag{5-11}$$

$$T_{Lavg} = \frac{T_1 t_1 + T_2 t_2 + \cdots + T_n t_n}{t_1 + t_2 + \cdots + t_n} \tag{5-12}$$

(4)根据平均负载大小预选电动机。电动机的预选额定功率为

$$P_N = (1.1 \sim 1.6)P_{Lavg} \tag{5-13}$$

或

$$P_N = (1.1 \sim 1.6)\frac{T_{Lavg}n_N}{9\,550} \tag{5-14}$$

(5)对预选的电动机进行校验。经计算,若电动机的发热小于允许发热,且相差不大,则热校验合格;否则,重新选择电动机的容量,再次进行热校验,直到合格为止。

(6)过载能力校验。预选电动机的最大电磁转矩 T_m 必须大于负载图中的最大转矩 T_{Lm},即

$$T_m \geqslant T_{Lm} \tag{5-15}$$

注意:对于交流的电动机,考虑到可能电压的波动,应取

$$T_m = (0.8 \sim 0.85)k_m T_N \tag{5-16}$$

式中 k_m——电动机的过载倍数;

T_N——电动机的额定转矩。

(7)启动能力校验。对于鼠笼式电动机,必要时要校验其启动能力。

热校验是选择电动机容量的主要内容,所谓热校验,就是要校核电动机运行时的最高温升是否超过绝缘材料所允许的最高温升。只有当电动机运行时的最大温升不大于绝缘材料所允许的最高温升时,该电动机的热校验才是合格的。热校验,理论上可以计算出电动机的运行温升,绘制温升曲线,检查最高运行温升是否小于最高允许温升,但这样直接绘制温升曲线是比较困难的(因为发热时间常数 T 和散热系数 A 难预知),所以热校验一般都用间接的方法——平均损耗法和等效法进行。其中等效法又有等效电流法、等效转矩法和等效功率法。现就这几种间接的热校验方法介绍如下。

1. 平均损耗方法

利用电动机的效率曲线,求出每一段负载时的功率损耗 p_i,即

$$p_i = p_{i1} - p_{i2} = \frac{p_{i1}}{\eta} - p_{i2} \tag{5-17}$$

式中 p_{i1}——第 i 段时间电动机输入功率;

p_{i2}——第 i 段时间电动机输出功率;

η——第 i 段时间电动机的效率。

再求出每一周期的平均功率损耗 p_{avg},即

$$p_{avg} = \frac{p_1t_1 + p_2t_2 + \cdots + p_nt_n}{t_1 + t_2 + \cdots + t_n} \tag{5-18}$$

当 $p_{avg} \leqslant p_N$ 时,热校验合格。p_N 是预选电动机在额定负载时的功率损耗,因电动机的发热产生于内部损耗,所以当 $p_{avg} \leqslant p_N$ 时,电动机的温升不会超过允许温升。

当 $p_{avg} \ll p_N$ 时,预选电动机功率太大,电动机得不到充分利用。这时需要改选功率较小的电动机,重新进行发热校验。

当 $p_{avg} > p_N$ 时,说明预选电动机的功率太小,发热校验不满足要求。需重选功率较大的电动机,再进行发热校验。

这种方法可用于电动机大多数工作情况下的发热校验。其缺点是计算步骤比较复杂。

2. 等效电流法

等效电流法是用一个不变的等效电流 I_{eq} 代替实际变化的负载电流。代替所需满足的条件是:在一个周期时间 t_p 内,等效电流产生的热量与实际变化的负载电流产生的热量相等,即

$$p_{eq}t_p = p_1 t_1 + p_2 t_2 + \cdots + p_n t_n \tag{5-19}$$

式中 p_{eq}——等效电流对应的损耗功率,相当于平均损耗。

因为电动机的损耗由不变损耗 p_0(铁损耗和机械损耗)和可变损耗(铜损耗)两部分组成,于是式(5-19)可写成

$$(p_0 + I_{eq}^2 R)t_p = (p_0 + I_1^2 R)t_1 + (p_0 + I_2^2 R)t_2 + \cdots + (p_0 + I_n^2 R)t_n \tag{5-20}$$

考虑到电阻 R 不变,将式(5-20)整理得

$$I_{eq} = \sqrt{\frac{I_1^2 t_1 + I_2^2 t_2 + \cdots + I_n^2 t_n}{t_p}} \tag{5-21}$$

只要预选电动机的额定电流 $I_N > I_{eq}$,则热校验合格;否则应重新选择电动机,再次校验。等效电流法是在铁耗和电阻 R 不变的条件下推导出来的,因此只适应于一般电动机。双深槽式和双鼠笼式异步电动机,因在经常启动、制动和反转时,其铁耗和电阻 R 均在变化,不能使用。

3. 等效转矩法

等效转矩法是从等效电流法推导出来的。当电动机的磁通保持额定值不变时,电动机的转矩与电流成正比。则式(5-21)可以写成转矩形式,即

$$T_{eq} = \sqrt{\frac{T_1^2 t_1 + T_2^2 t_2 + \cdots + T_n^2 t_n}{t_p}} \tag{5-22}$$

式中 T_{eq}——等效转矩。

只要预选电动机的额定转矩 $T_N > T_{eq}$,则发热校验合格;否则应重新选择电动机,再次校验。应用等效转矩法,除应满足等效电流法的条件外,还应满足磁通不变的条件。因此,它仅适用于他励直流电动机和负载接近于额定值的异步电动机。但因电动机的负载转矩曲线容易获得,故该种方法还是得到了普遍的使用。

4. 等效功率法

等效功率法是由等效转矩法推导出来的,当电动机的转速基本不变时,输出功率与转矩成正比,则式(5-22)可写成

$$P_{eq} = \sqrt{\frac{P_1^2 t_1 + P_2^2 t_2 + \cdots + P_n^2 t_n}{t_p}} \tag{5-23}$$

只要预选电动机的额定功率 $P_N \geq P_{eq}$,则发热校验合格;反之,若 $P_N < P_{eq}$,则重新选择电动机,再次校验,直到合格为止。

等效功率法只有恒电压、恒磁通的直流电动机和机械特性较硬的异步电动机才可以使用。

5.2.3.3 短时工作制电动机额定功率的选择方法

对于短时工作制,可以选择专为短时工作制而设计的电动机,也可以选择为连续工作

制而设计的电动机。这两种情况分别介绍如下。

1. 选择专为短时工作制而设计的电动机

我国专为短时工作制而设计的电动机,其工作时间有 15 min、30 min、60 min 和 90 min 四种定额。同一台电动机,对于不同的工作时间定额,其额定功率是不同的,时间定额越小,额定功率越大,其关系是 $P_{15} > P_{30} > P_{60} > P_{90}$;而电动机的最大功率是一定的,因此过载倍数 k_m 也不同的,其关系为 $k_{15} < k_{30} < k_{60} < k_{90}$。

如果短时负载 P_L 是恒定的,且负载的工作时间 t_w 与电动机的额定时间相同或相近时,则可直接选择电动机的额定容量(额定功率),即

$$P_N \geqslant P_L$$

如果短时负载是不动的,则可按等效功率法计算出等效功率,如式(5-23)所示。再按等效功率来选择电动机的功率,即

$$P_N \geqslant P_{eq}$$

如果负载工作时间 t_w 与电动机的额定时间 t_q 相差较大时,应将负载在工作时间 t_w 下的负载功率 P_L 换算成电动机在额定时间 t_q 下的功率 P_{1c},再按换算后的功率 P_{1c} 来选择电动机。把 P_L 换算成 P_{1c} 的依据是在这两种情况下电动机的损耗相等,即发热相同,由此得出 P_L 与 P_{1c} 的关系为(推导过程略)

$$P_{1c} = \frac{P_L}{\sqrt{\frac{t_q}{t_w} + k\left(\frac{t_q}{t_w} - 1\right)}} \tag{5-24}$$

式中 k——电动机不变损耗与可变损耗的比值,$k = \frac{p_0}{p_{Cu}}$。

当 t_w 与 t_q 相差不大时,可略去 $k\left(\frac{t_q}{t_w} - 1\right)$,则

$$P_{1c} = \sqrt{\frac{t_w}{t_q}}P_L \tag{5-25}$$

按电动机的额定功率 $P_N \geqslant P_{1c}$ 来选择,容量确定后,还要进行过载能力和启动能力的校验。

2. 选择为连续工作制而设计的电动机

若按短时负载功率来选择连续工作制的电动机,如果选择 $P_N \geqslant P_L$,则因工作时间较短,电动机的温升达不到允许值,即在工作时间 t_w 后,电动机的温升 τ_w 小于允许温升 τ_{max}。从发热角度来讲,电动机的容量得不到充分利用,如图 5-22 中曲线 1 所示。

为了能充分利用电动机的容量,应选用 P_N 稍小于 P_L 的电动机,使其在工作时间 t_w 内过载运行,并满足在 t_w 内,使电动机的温升 τ_w 等于允许温升 τ_{max}。如图 5-22 中曲线 2 所示,则此时

$$P_N = P_L / k_w \tag{5-26}$$

式中 k_w——按发热观点的功率过载倍数。

$$k_w = \sqrt{\frac{1 + k e^{-t_w/T}}{1 - e^{-t_w/T}}} \tag{5-27}$$

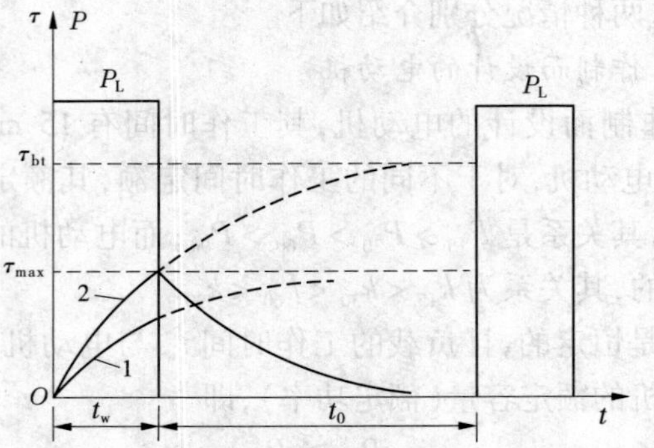

图 5-22 短时工作制电动机负载及温升曲线

式中 k——不变损耗与可变损耗之比,即 $k = \dfrac{p_0}{p_{Cu}}$。

值得注意的是,当 $\dfrac{k_w}{T}$ 较小时,k_w 值可能大于电动机的过载倍数 k_m。例如:$\dfrac{k_w}{T} = 0.3$ 时,$k_w = 2.5$,这时应按式(5-28)选择连续工作制电动机的额定功率

$$P_N \geqslant P_L / k_m \tag{5-28}$$

因满足电动机的过载能力时,一般发热肯定能通过,可能还有裕度,因此不必进行发热校验。

5.2.3.4 断续周期工作制电动机额定功率的选择方法

断续周期工作制既可选择专门为断续周期工作制而设计的电动机,也可以选择连续工作制的电动机。

1. 选择断续周期工作制的电动机

断续周期工作制是指负载的工作时间 t_w 和停机时间 t_s 交替进行的,且每个周期时间 $t_p = t_w + t_s \leqslant 10$ min。该类电动机因频繁地启动和制动,因此一般的电动机难以满足要求,故多采用专门为这类负载设计的电动机。

我国生产这类的电动机,负载持续率 $zc\%$ 有 15%、25%、40% 和 60% 四种。对于同一台电动机而言,负载持续率 $zc\%$ 不同,其额定输入功率不同,负载持续率越大,额定输出功率越小,即 $P_{15\%} > P_{25\%} > P_{40\%} > P_{60\%}$。此外,对于同一台电动机,其最大电磁矩 T_m 是固定的,而额定电磁转矩 T_N 与额定输出功率 P_N 成正比,额定输出功率越大,则额定电磁转矩越大,其工作能力 $k_m = T_m / T_N$ 将减小,即

$$k_{15\%} < k_{25\%} < k_{40\%} < k_{60\%}$$

断续周期工作制的电动机,每一周期内都有启动、制动过程,停机时间又较短,因此其功率的选择与连续周期工作制变化负载下电动机功率选择过程是相似的。在一般情况下,也要经过预选、校验等步骤。在计算负载功率后作出生产机械负载图,初步确定负载持续率 $zc\%$,根据负载功率的平均值(计算平均值时应是工作时间的平均值,不计算停机时间 t_s)和 $zc\%$ 来预选电动机的功率,然后作出电动机的负载图,进行机械发热、过载能力、启动能力的校验。

如果负载的实际持续率 $zc\%$ 与标准持续率 $zc_b\%$ 不相同,应向靠近的标准持续率进行

折算，折算后的负载功率 P_{Lb} 与实际负载功率 P_L 之间的关系为（推导从略）

$$P_{Lb}=\frac{P_L}{\sqrt{\frac{zc_b\%}{zc\%}+k\left(\frac{zc_b\%}{zc\%}-1\right)}} \tag{5-29}$$

也可用式(5-30)作近似计算

$$P_{Lb}\approx P_L\sqrt{\frac{zc\%}{zc_b\%}} \tag{5-30}$$

在进行发热校验时，不论用什么方法，其计算公式中都包括停机时间 t_s。

当负载持续率 $zc\%<10\%$ 时，可按短时工作制选择电动机；当 $zc\%>70\%$ 时，可按连续工作制选择电动机。

2. 选择连续工作制的电动机

当电动机的功率为 P_N 连续运行时，其允许温升就是稳态温升 τ_{bt}；当在同样的负载下作连续周期运行时，其最大温升 τ_{max} 肯定要比 τ_{bt} 小。为了充分利用电动机的容量，可以选择一台容量比 P_N 稍小的连续容量的电动机，使其作连续周期的过载运行，只要满足运行时的最大温升 τ_{max} 不超过该电动机的允许温升 τ_{bt} 即可。

预选电动机的功率 P_N 与负载功率 P_L 之间的关系式为

$$P_N=P_L\sqrt{\frac{t_w}{(k+1)(t_w+t_s)}-k}=P_L\sqrt{\frac{zc\%}{k+1}-k} \tag{5-31}$$

式中 $zc\%$——负载持续率；

k——电动机额定情况下不变损耗与可变损耗之比（普通鼠笼式电动机 $k=0.5\sim0.7$；冶金用中小型绕线式电动机 $k=0.45\sim0.6$；冶金用大型绕线式电动机 $k=0.9\sim1$；冶金用直流电动机 $k=0.5\sim0.9$；普通直流电动机 $k=1\sim1.5$）。

由式(5-31)可知，所选电动机功率 P_N 与负载持续率 $zc\%$ 大小有关。负载持续率越低，选用电动机的功率越小，电动机的工作能力受到限制。当过载能力不满足要求时，应按电动机的过载能力来选择。

【思考问题】

1. 电力拖动系统中电动机的选择包括哪些内容？其中最主要的是什么？

2. 选择电动机功率的一般步骤有哪些？

3. 什么是电动机的稳态温升？什么是允许温升？稳态温升与允许温升分别与哪些因素有关？

4. 电动机的工作方式有哪几种？各有哪些特点？

5. 如何选择连续工作制周期性变化负载时电动机的功率？

6. 短时工作制负载可选择哪几种电动机？选择的方法是什么？

7. 断续周期工作负载可选择哪几种电动机？选择的方法是什么？负载持续率的含义是什么？

8. 将一台连续工作制电动机用于短时工作制时，其输出功率可以最大，试问它的过载能力如何变化？为什么？

9. 有一抽水电站，欲将河水抽到 20 m 高的渠道中去，泵的流量是 600 m^3/h，转速为

1 450 r/min，效率为 0.63，泵与电动机直接相连，水的比重为 9 810 N/m^3，环境温度最高为 40 ℃，现有功率 22 kW、30 kW、37 kW、45 kW、55 kW、75 kW、90 kW 的鼠笼式电动机，试问选哪一台比较合适？

10. 某生产机械的负载曲线 $T=f(t)$、转速曲线 $n=f(t)$ 如图 5-23 所示，试选择标准环境温度下，$U_N=220$ V，直流他励直冷风扇式电动机的功率，并进行热校验。

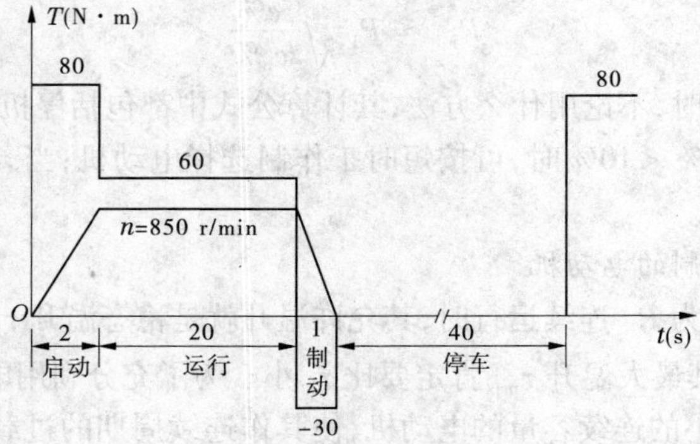

图 5-23　某生产机械的负载曲线和转速曲线

【任务评价】

评价内容

实际操作：学生在教室做电动机的选择，确定电动机的型号，考核其计算的正确性，教师自行设计考核表格与评分标准进行考核。

解答思考问题：学生解答思考问题，学生根据思考问题的参考答案，自评与互评，老师抽查并审定成绩。

职业素质养成考核：遵守安全规章制度，遵守纪律、吃苦耐劳，一丝不苟地工作，与团队成员、教师和工厂师傅进行有效的沟通、协作共事等，由教师在学习过程中考核。

成绩构成

实际操作 40%，解答思考问题 40%，职业素质 20%。

拓展阅读　单相异步电动机

一、单相异步电动机的工作原理

单相异步电动机广泛用于容量小于 1 kW 及只有单相电源的场合，如家用电器、医疗设备、电动工具等，图 1 所示是单相异步电动机的外形。

单相异步电动机接在单相电源上工作，它的定子装有一个工作绕组，这个工作绕组通入单相交流电流时，会产生一个脉动磁动势，该磁动势在电动机气隙内空间位置固定不变，幅值随时间作正弦变化。这个脉动磁动势可以分解成两个幅值相同、转速相等、转向相反的两个旋转磁动势 F^+ 和 F^-，分别在气隙中建立正转磁场和反转磁场，转速为同步转速 $n_1=\dfrac{60f}{p}$，分别在转子绕组上产生两个大小相等、方向相反的感应电动势和电流，这两个电流与定子磁场相互作用，分别产生两个大小相等、方向相反的电磁转矩 T_+ 和 T_-。其转矩特性如图 2 所示。

图 1　单相异步电动机

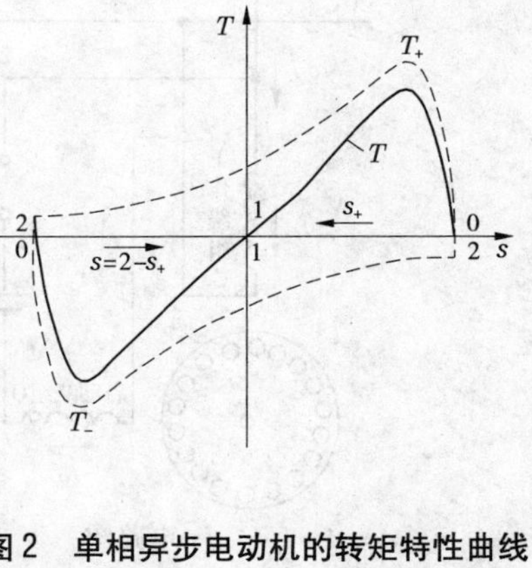

图 2　单相异步电动机的转矩特性曲线

对于正转磁场而言，转差率

$$s_+=\frac{n_1-n}{n_1}=s \tag{1}$$

对于反转磁场而言，转差率

$$s_-=\frac{n_1-(-n)}{n_1}=\frac{n_1+n_1-(n_1-n)}{n_1}=2-s \tag{2}$$

T_+ 与 s_+ 的关系，如 $T_+=f(s_+)$ 所示，它与三相异步电动机的 $T=f(s)$ 相似；T_- 与 s_- 的关系，如 $T_-=f(s_-)$ 所示；单相电动机的合成转矩为 $T=T_++T_-$。

从图 2 中可以得出以下几点结论：

(1) 单相异步电动机若只有工作绕组，启动时的合成转矩为零。启动时，$n=0$，$s=1$，由于正方向的电磁转矩与反方向的电磁转矩大小相等、方向相反，其合成转矩 $T=T_+ +$

$T_{-}=0$,这时电动机没有启动转矩而不能自行启动。

(2)如果借助外力,可使转子向任一方向转动起来。在 $s=1$ 的两边,合成转矩曲线是对称的。因此,单相异步电动机没有固定的旋转方向。当外力驱使电动机正向旋转时,合成转矩为正,该转矩能维持电动机继续正向旋转;反之,当外力驱使电动机反向旋转时,合成转矩为负,该转矩能维持电动机继续反向旋转。由此可见,电动机的旋转方向取决于电动机启动时的方向。

二、单相异步电动机的启动

1. 分相式单相异步电动机启动

为了在启动时建立一个旋转磁场,电动机的定子上除工作绕组外,还加装一个启动绕组,这两个绕组在空间上相差90°电角度,如图3(a)所示。工作绕组G呈感性,该绕组上的电流 $\dot{I}_G$ 滞后于电源电压 $\dot{U}_1$ 一个 φ_G 角,而启动绕组Q常常串入一个较大电容,使整个绕组呈容性,相应的其启动电流 $\dot{I}_Q$ 超前于 $\dot{U}_1$ 一个 φ_Q 角,如图3(b)所示。当电容器的电容量选择合理时,就可以使 $\dot{I}_G$ 与 $\dot{I}_Q$ 之间的相位差为90°,称为分相。在空间上相差90°电角度的两个绕组中,流入时间上相差90°电角度的两个电流,就可以产生旋转磁场,单相电动机就可在这个旋转磁场作用下旋转起来。

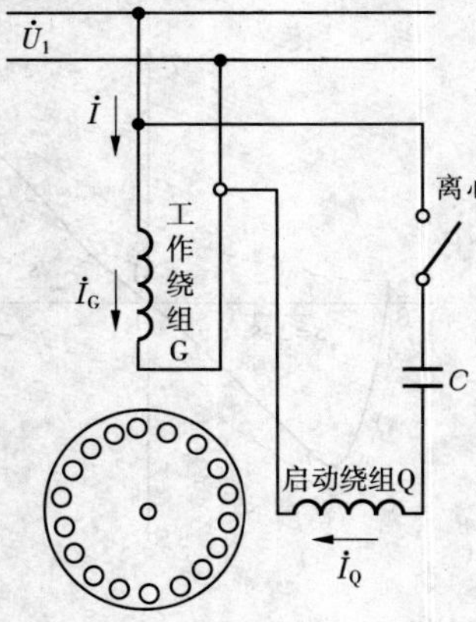

(a)电路图

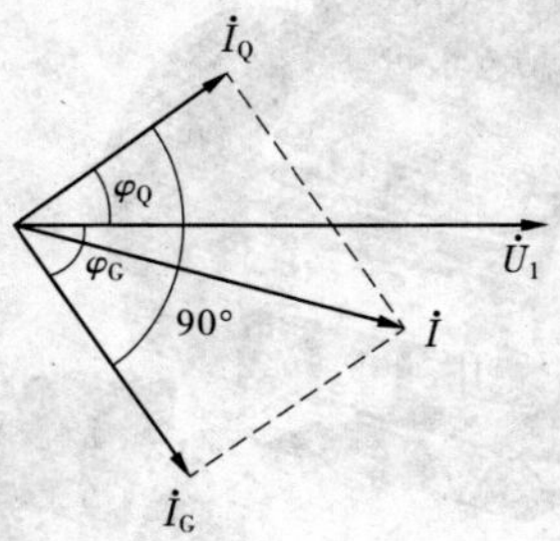

(b)相量图

图3 电容启动单相异步电动机

若单相异步电动机的启动绕组及电容是按短时工作方式设计的,则不能长期通电工作。因此,在启动绕组中串有离心开关K,启动开始时,离心开关闭合,当电动机的转速达到同步转速的75%~80%时,离心开关断开,切除启动绕组。此时,电动机中只有工作绕组通电工作,异步电动机作单相运行,常称为电容启动单相异步电动机。若把启动绕组及电容按连续方式设计为长期运行,运行时不切除启动绕组,实质上成为了两相异步电动机,可以提高过载能力,改善功率因数,称为电容运转单相异步电动机。

2. 罩极式单相异步电动机启动

罩极式单相异步电动机的转子仍为鼠笼式,定子一般为凸极式,定子铁芯为硅钢片叠压而成。如图4(a)所示,定子磁极上有两个绕组,其中一个套在凸出的磁极上,称为工作绕组;在磁极表面的一边1/4~1/3的地方开有一凹槽,并用一短路铜环把这一部分罩起来，故称之为罩极式异步电动机。其中的短路铜环起到协助启动的作用，所以短路铜环被称为启动绕组。

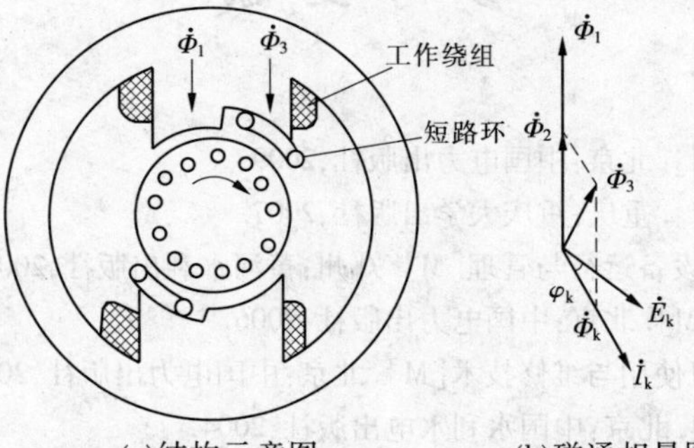

(a)结构示意图　　(b)磁通相量图

图4　罩极式异步电动机

当工作绕组通入单相交流电流时，建立脉动磁动势，产生交变磁通穿过磁极，其中大部分为穿过未罩极部分的磁通 $\dot{\Phi}_1$，另有一小部分为穿过铜环的磁通 $\dot{\Phi}_2$（因为 $\dot{\Phi}_1$ 和 $\dot{\Phi}_2$ 都是由工作绕组中的电流产生的，所以同相位），铜环中将产生感应电动势 $\dot{E}_k$ 和感应电流 $\dot{I}_k$，并产生磁通 $\dot{\Phi}_k$，$\dot{\Phi}_k$ 与 $\dot{\Phi}_2$ 叠加后形成通过短路铜环的合成磁通 $\dot{\Phi}_3$，即 $\dot{\Phi}_3 = \dot{\Phi}_2 + \dot{\Phi}_k$。最后，短路铜环内的感应电动势应为 $\dot{\Phi}_3$ 所产生，所以 $\dot{E}_k$ 应滞后 $\dot{\Phi}_3 90°$；而 $\dot{I}_k$ 滞后 $\dot{E}_k$ 一个相位角 φ_k，$\dot{\Phi}_k$ 与 $\dot{I}_k$ 同相位，如图4(b)所示。

由图4可见，被罩极部分的磁通 $\dot{\Phi}_3$ 与未罩极部分磁通 $\dot{\Phi}_1$ 之间存在一定的时间相位差，同时，工作绕组和短路铜环在空间上也存在一定的电角度。只要两个磁场在时间和空间上互差一定的电角度，它们的合成磁场便是一个单方向的旋转磁场，同样会产生一个单方向的电磁转矩，使电动机能够自行启动。罩极式电动机的旋转方向总是从未罩极部分向罩极部分转动。

三、单相异步电动机改变转向

要改变单相异步电动机的转向，对于分相式单相异步电动机，须拆开电动机，将启动绕组两个接线端头对换位置后接好即可。对于罩极式单相异步电动机，不能通过改变绕组接线来改变转向，只能将转子反向安装，达到使负载反转的目的。

四、单相异步电动机的用途

单相异步电动机与同容量的三相异步电动机相比，有体积较大、效率和功率因数较低、过载能力较差的缺点。但当功率较小时，这些缺点并不突出。所以，单相异步电动机一般都做成微型的，其功率在几瓦至几百瓦之间。单相异步电动机由单相电源供电，广泛应用于家用电器、医疗器械及轻工设备中。其中，分相式单相异步电动机的功率较大，从几十瓦到几百瓦，常用于电风扇、空气压缩机、电冰箱和空气调节器中；罩极式单相异步电动机虽然其结构简单、制造方便、运行可靠，但启动转矩较小，一般用于小型电风扇、录音机等家用电器中，其功率一般在40 W以下。

参考文献

[1] 赵君有,等.电动机学[M].北京:中国电力出版社,2009.
[2] 张小兰,等.电动机学[M].重庆:重庆大学出版社,2007.
[3] 龚在礼,等.水电厂机电设备运行与管理[M].郑州:黄河水利出版社,2009.
[4] 程红杰.电工工艺实习[M].北京:中国电力出版社,2006.
[5] 才家钢.图解三相电动机使用与维修技术[M].北京:中国电力出版社,2002.
[6] 肖兰.电动机与拖动[M].北京:中国水利水电出版社,2004.
[7] 魏涤非,戴源生.电动机技术[M].北京:中国水利水电出版社,2004.
[8] 杨星跃,朱毅.电动机技术[M].郑州:黄河水利出版社,2009.
[9] 郑立平,等,电动机与拖动技术[M].大连:大连理工大学出版社,2006.
[10] 王晓敏,段正忠.电动机与拖动[M].郑州:黄河水利出版社,2008.